国家自然科学基金项目（41261026）

宁夏大学优秀学术著作出版基金

沙漠旅游

环境容量与
预警系统研究

李陇堂 等◎著

中国社会科学出版社

图书在版编目（CIP）数据

沙漠旅游环境容量与预警系统研究/李陇堂等著.—北京：
中国社会科学出版社，2019.3
ISBN 978-7-5203-3922-3

Ⅰ.①沙… Ⅱ.①李… Ⅲ.①沙漠—旅游环境容量—
研究—中国 Ⅳ.①X26

中国版本图书馆 CIP 数据核字（2019）第 000256 号

出 版 人　赵剑英
责任编辑　郭晓鸿
特约编辑　宗彦辉
责任校对　李　莉
责任印制　戴　宽

出　　版　中国社会科学出版社
社　　址　北京鼓楼西大街甲 158 号
邮　　编　100720
网　　址　http://www.csspw.cn
发 行 部　010-84083685
门 市 部　010-84029450
经　　销　新华书店及其他书店

印　　刷　北京明恒达印务有限公司
装　　订　廊坊市广阳区广增装订厂
版　　次　2019 年 3 月第 1 版
印　　次　2019 年 3 月第 1 次印刷

开　　本　710×1000　1/16
印　　张　22.5
插　　页　2
字　　数　294 千字
定　　价　88.00 元

目　　录

第一章　绪论

第一节　研究背景及意义

一　研究背景

旅游业已成为全球经济发展中势头最强劲和规模最大的产业之一。世界旅游组织公布的数据显示，从 1990 年至 2010 年的 20 年间，全球国际旅游人数年均增幅超过 8%，2011 年全球国际旅游人数已达 9.8 亿人次，国际旅游收入约 10300 亿美元，旅游业已经并将继续成为推动当今国际社会经济发展的重要引擎。与此同时，我国旅游业也已进入快速发展阶段。1991 年全国接待入境旅游人数 0.3 亿人次，2013 年达到 1.2 亿人次，从旅游外汇收入看，1991 年全国为 28.45 亿美元，2013 年达到 516.64 亿美元。中国现已成为全球最大的国内旅游市场，至 2020 年，将成为世界第一大旅游目的地国，旅游业正强劲带动中国社会经济的发展。国内外旅游市场需求的不断扩大与旅游产业规模的迅猛增长加速推动了我国各种类型旅游资源的开发与利用,独具特色与魅力的沙漠旅游正在借此东风蓬勃发展。

中国是世界上沙漠分布最多的国家之一,面积达 80.89 万平方公里,约占国土面积的 8.4%,位居世界第三,属于中亚沙漠的重要组成部分。广袤的沙漠呈一条弧形分布于西北、华北北部、东北西部的内陆盆地与高原之间,不仅有丰富的沙丘、沙山、戈壁、雅丹、河湖、绿洲等自然旅游资源,在沙漠古道上还散布着众多的窟寺、陵墓、古城、要塞、宗教、民俗等人文景观。我国沙漠旅游资源类型多样且具有较高的景观特质,为众多沙漠旅游景区的开辟提供了得天独厚的资源条件。30 余年的发展实践表明,沙漠旅游作为干旱区可持续发展的一种有效途径,对于沙漠区域生态环境的改善具有重要的作用,同时作为沙产业的一部分对当地社会经济的发展产生了巨大的联动效应。

沙漠旅游开发之初就被划归到生态旅游之列,因此十分强调生态建设,只有将资源开发与生态保护有机结合,才能实现干旱区旅游业的持续健康发展。沙漠型景区多处在沙漠边缘,为典型的生态环境脆弱区域,环境承载力比其他类型景区明显偏低,频繁的旅游活动干扰及全方位立体开发,都在客观上加速了沙漠生态系统的恶化,并不同程度地影响了其结构的完整性和功能的多样性。在不合理的旅游开发、较低的环境承载力、严重超载的游客量等因素的共同作用下,旅游对沙漠环境的影响已由主要对自然环境的负面影响衍生到对区域经济、社会和人文环境的冲击,威胁到了沙漠旅游的可持续发展。近年来国内沙漠旅游发展虽取得了一些成就,但与实质意义上的沙漠生态旅游差距尚远,资源开发、生态保护和景区发展的多重矛盾,已成为现实中景区旅游管理无法回避的问题。因此,判断旅游发展是否控制在合理环境容量之内，将旅游预警纳入旅游景区日常工作管理中，是沙漠旅游目前面临的重要课题之一。

宁夏及西部地区是沙漠旅游资源丰富而典型的地区，以沙坡头、沙湖、黄沙古渡等为代表的沙漠型旅游区是宁夏以及西北地区最具特色的旅游景区。沙坡头景区是一处汇聚大漠、黄河、山岳、绿洲为一体的典型沙漠景区，丰富的自然及人文景观，使该区具备了观光旅游、生态旅游、水上运动、度假旅游、文化旅游、科学考察等多种功能，在沙漠旅游中独具特色。沙湖、黄沙古渡是宁夏北部沿黄灌区的两个著名沙漠风景区，地处当地面貌的沙漠之中，却又紧邻黄河，形成了"沙中有水，水中有沙，沙水相伴"的独特而奇妙的自然景观。如此独具特色的沙漠旅游资源引得游客蜂拥而至。沙湖景区2014年共接待游客115.8万人，高峰单日游客达4.2万人，而同期沙坡头游客接待量已超过沙湖景区。高峰期内如此多的游人远超过了沙漠旅游区的合理环境容量，给景区带来了损伤甚至不可逆的负面影响。如沙漠滑向黄河谷地的速率增快所造成的河堤坍塌；沙漠植被减少退化；湖泊及河水富营养化加快；湖内鸟类数量减少；大量公共设施被损；三废污染加剧；服务质量下降等[①]。许多景区虽意识到问题的严重性，却因保护经费短缺等诸多现实因素而无法实施有效的措施，通过旅游创收作为弥补经费短缺的主要手段进一步加剧了旅游资源的退化。

景区管理者所面临的挑战绝不是避免旅游活动对景区资源环境的影响，而是如何加快旅游预警系统建立，将不可避免的影响控制在最低限度。基于上述思路，国内外众多学者提出了旅游环境容量（Tourism Carrying Capacity）的概念以期对旅游资源的开发利用进行研究和管理。沙漠旅

---

① 薛晨浩、李陇堂、任婕：《宁夏沙漠旅游适宜度评价》，《中国沙漠》2014年第3期。

游环境容量研究也正是在人们对旅游环境问题日益关注、对旅游质量要求日益提高的背景中产生并推进的。

二 研究意义

旅游环境容量是指旅游地开发与发展在不影响旅游地资源环境永续利用和降低旅游者体验的条件下，旅游地环境、生态、社会和经济、当地居民和游客心理等方面所能承受的旅游活动强度或游客量。旅游环境容量是一个概念体系、是多种容量概念的通称，一般认为应包括空间容量、生态环境容量、社会文化容量、经济容量以及旅游环境容量管理等几个部分。其概念在不断地发展和完善，从开始只注重游客体验发展成游客、目的地居民同等对待，从单一的旅游物质容量发展到对旅游、经济、心理、环境、社会等多层面进行研究。旅游环境容量的核心是旅游地生态环境的可持续性和旅游者的心理体验性，生态环境容量是旅游地环境容量的基础和前提条件，对沙漠型旅游区尤为重要。因此，在对旅游环境容量状况具体理解的基础上，寻求合理有效的旅游环境容量预警与调控管理系统，从控制旅游者人数走向控制旅游环境影响，从而实现调控与管理旅游地的目标，是目前我国旅游环境容量研究的重点之一。

沙漠地区以特殊的自然和人文环境为背景，强烈的地域和文化差异对回归大自然与原生态的诉求逐渐增强的现代旅游者构成很大的吸引力。国内外的沙漠旅游已由传统的考古、沙漠观光转向参与式的探险、体验、体育旅游和生态旅游，从探险家的乐土逐渐成为大众的新宠。然而伴随着我国沙漠旅游的快速发展，其所带来的生态环境、资源、社会等问题也日益突出。我国沙漠旅游地主要分布在"三北"地区沙漠边缘地带的草原与沙漠或绿洲与沙漠的过渡地区，这些地区是生态环境十分脆弱的特殊区域，而沙漠旅游对沙漠生态环境的依赖性与其他类型的旅游景区相比，显得更为突出，因此，生态环境容量是沙漠旅游地环境容量的基础和前提，对沙漠型旅游区进行旅游环境容量，特别是生态环境容量的研究十分迫切和重要。进行沙漠旅游环境容量的研究是保护沙漠旅游资源、寻求人类与自然和谐共处、促进沙漠资源的可持续利用和旅游业发展的最有效途径。沙漠旅游区生态环境容量研究认识性和应用性并重，综合考虑沙漠景区的生态环境和人为因素的特殊性，以沙漠生态环境为切入点，特别是水分、植被、沙漠表皮壳、地形地貌等因子，从生态、资源、社会心理和经济等方面进行综合的分析研究，为沙漠景区的旅游合理开发和规划提供重要依据。

作为沙漠型旅游景区旅游环境容量与预警系统研究的一次尝试，本研究实施框架对于今后的相关研究工作具有一定的借鉴意义。同时为科学地确定沙漠旅游景区旅游环境容量和制定预警机制提供理论依据。以沙坡头等景区为研究对象，从沙漠旅游景区可持续发展出发，在综合既有旅游环境容量研究的基础上，探讨沙漠地区旅游生态环境的演化规律、旅游活动对沙漠环境影响的过程机制，旅游环境容量特别是生态环境容量的影响因子、指标体系与评价模型，采用动态的测算研究方法从不同的视角来探讨宁夏沙漠旅游区旅游环境容量问题，并依据沙漠旅游环境容量变化的规律提出与我国国情相适应的沙漠型景区旅游利用管理方法和环境容量预警机制，对解决沙漠旅游区旅游环境容量的可控性和预警性，促使生态环境系统良性发展及把沙漠旅游引入可持续发展的轨道具有重要的现实意义。

第二节　国内外研究进展

一　沙漠旅游研究进展

（一）国外沙漠旅游研究进展

沙漠旅游起源于15世纪，一队英国探险家从摩洛哥开始，进行了徒步穿越撒哈拉沙漠的探险活动，行动虽以失败告终，却开启了沙漠旅游的先河。19世纪中后期，旅游业初步发展，沙漠旅游粗具雏形，沙特阿拉伯、北非地中海沿岸地带一些著名的沙漠旅游景区开始引起探险家、科学家的关注。20世纪以来，沙漠旅游逐渐成为国际上探险旅游和体育旅游的主要类型之一，沙漠也逐渐由探险家的乐园转变为大众旅游的目的地之一。

国外对沙漠旅游的研究视角多样、成果丰富。研究前期众多学者主要阐释了沙漠旅游的定义，并解释沙漠旅游的诸多关键因子，如特殊的气候条件、不同的地貌特征，植被群落，沙漠徒步，原始居民，沙漠绿洲，生态保护区多样性等。Lonsdale认为沙漠资源是吸引旅游者的重要自然资源，且沙漠旅游的开发应与国家职能相联系起来；Tremblay认为沙漠地区的自然和人文景观都可以吸引旅游者，发展沙漠旅游对沙漠地区居民的增收有促进作用；Amiran等人认为沙漠地区发展旅游应克服自然条件恶劣、可进入性差、人口稀少等问题，根据实际情况选择适合的开发方式。Krakover认为荒漠地区的旅游开发应包括初创、发展和成熟三个阶段，每个阶段的旅游者类型和旅游开发的重点都应有所不同；Kim等人认为在自然风光吸引力欠缺的沙漠区，也可以发展人造沙漠景观，这实际上扩大了沙漠旅游的内涵。Carson 和 Taylor 则对澳大利亚的沙漠旅游市场进行了研究，认为发展自驾游可以缓解正在萎缩的澳大利亚沙漠旅游市场。在沙漠旅游对生态环境的影响研究方面，一些学者认为即使谨慎的沙漠旅游活动对生态承载力差的沙漠区也会有很大的负面影响，而另一些学者认为沙漠旅游的发展会为当地沙漠环境生态保护提供资金支持。在沙漠旅游发展策略方面，Mohammed 等人视角独特，认为干旱地区的旅游发展应将"社区理论"和"可持续发展理论"相结合，利用社区力量共同保护沙漠旅游资源。随着沙漠旅游的发展，一些学者认为，日渐成为热点的沙漠旅游很大程度上促进了当地经济增长，为地区的发展带来了积极的影响。但是游客的一些不文明行为或者旅游行为也不可避免地直接或间接影响了沙漠环境、景观和当地居民的生活，以至于危害了沙漠脆弱的生态系统，进而破坏了沙漠地区的"吸引力"。综合国外对沙漠旅游的研究，借鉴刘海洋对国外沙漠旅游研究进展的梳理可发现：国外沙漠旅游研究的方法多样、视角广泛，研究主题主要集中于沙漠旅游开发的必要性与可行性、沙漠旅游发展模式及客流特征、沙漠旅游的可持续发展等方面[1]；其中，关于沙漠旅游发展的策略，更多的是从经济学、管理学、社会学等视角探讨沙漠旅游的经济效益与环境的关系、可持续管理方法及社区联合保护等方面。

(二) 国内沙漠旅游研究进展

我国是世界上沙漠分布较广的国家，沙漠面积约为国土面积的 7.4%，主要集中在西北地区，华北和东北地区也有分布。国内沙漠旅游研究大致可分为萌芽（2000 年以前）、初步探索（2000—2010 年）、综合深化（2010 年

---

[1]　刘海洋：《国外沙漠旅游研究进展与启示》，《世界地理研究》2016 年第 2 期。

至今）三个阶段①。萌芽阶段的研究主要是对沙漠旅游的定性描述，侧重沙漠旅游的初步开发和建议，如倪频融建议将达里雅博依绿洲开辟为沙漠旅游公园以防止其继续退化；郝晓兰认为沙漠旅游应是内蒙古优先开发的主题旅游产品之一。初步探索阶段主要是对沙漠旅游概念、沙漠旅游资源及沙漠旅游开发方面的研究，如郑坚强、李先锋、吴必虎等都对沙漠旅游的概念进行了定义；黄耀丽等对中国沙漠旅游资源的总体特征进行了总结；沙爱霞、米文宝等对宁夏沙漠旅游的发展进行了探讨；潘秋玲对新疆沙漠旅游的发展进行了分析；何雨等则对内蒙古沙漠旅游资源及其开发进行了研究。综合深化阶段，沙漠旅游研究有了更新的研究视角，研究内容也更加丰富，主要包括对沙漠旅游适宜性、沙漠旅游市场及沙漠旅游生态环境效应的研究等，如刘海洋、董瑞杰、薛晨浩等对沙漠旅游的适宜度进行了研究；尹郑刚、王鑫、刘海洋等则从不同视角对沙漠旅游者与沙漠旅游市场进行了研究；而薛晨浩、李陇堂、张至楠等采用不同的方法对沙漠旅游的生态环境效益进行了研究。

综上所述，可以发现，国内关于沙漠旅游的研究发展迅速且成果较为丰富，但依然存在研究广度与深度不够、研究方法单一、研究区域空间对比分析不足等问题。尽管有学者对沙漠旅游的适宜性、生态环境的脆弱性等方面进行了探讨，也提出沙漠旅游应是生态旅游，但都还不够成熟，研究层面也较浅显。随着人们对沙漠旅游的青睐，沙漠景区在旅游旺季游客人数暴涨，进一步加大了脆弱的沙漠生态的负担，而目前对沙漠景区旅游环境容量的研究几乎处于空白。

总体来看，我国旅游环境容量预警研究还处在初步阶段，理论和方法都不很成熟，就研究对象及研究区域来看，多是景区、景点、城市，且集

---

① 王艳茹、李陇堂、张冠乐：《中国沙漠旅游研究现状及展望》，《中国沙漠》2016年第2期。

中在经济发达的沿海地区，缺乏对内陆城市及旅游景区环境承载力预警的研究。对沙漠旅游的研究主要集中在沙漠旅游概念、沙漠旅游资源、沙漠旅游产品、沙漠景区竞争力及沙漠旅游适宜度评价等方面，就沙漠旅游对环境的影响方面的研究还比较薄弱，而沙漠旅游环境容量及其预警的研究几乎是空白状态。本书以处于西北内陆的宁夏 5A 级沙坡头旅游景区为研究对象，在分析沙坡头旅游发展现状的基础上，构建旅游环境容量预警模型，评价沙坡头旅游景区预警状态，根据评价结果提出调控对策，以促进其可持续发展，同时为其他沙漠型旅游景区提供借鉴。

二 旅游环境容量研究进展

（一）国外旅游环境容量研究综述

1. 理论研究

旅游环境容量的研究源于国外。自 Forest 提出"环境容量"概念以后，美国学者于 20 世纪 30 年代率先对"饱和点"展开了研究[①]，直到 20 世纪 60 年代由于过量游客涌入旅游地所引发的体验质量下降、生态环境污染、旅游资源受损等一系列问题才得到研究者们的关注，环境容量理论开始被引入旅游研究领域。在此背景下，美国学者韦格在其学术专著《具有游憩功能的荒野地的环境容量》中首次提出了旅游环境容量的概念，他认为游憩环境容量是一个游憩地区能够长期维持产品品质的游憩使用量，但由于缺乏对问题的深入研究，其成果未能得到广泛接受。紧接着，Mathieson 和 Wall 提出了旅游环境容量的经典定义并在当时被普遍认可。随后，

---

① 杨锐：《风景区环境容量初探——建立风景区环境容量概念体系》，《城市规划汇刊》1996 年第 6 期。

一些学者以游憩使用量及利用强度为切入点对旅游环境容量进行了探讨，标志着该领域进入到系统化研究阶段。1978 年，世界旅游组织正式提出旅游环境容量的概念，开始被应用于一些国家的旅游规划与管理中。至 20 世纪 70 年代末，该领域相关研究成果已发表 2000 余篇（部），但大部分是对数字计算的探讨，而由于当时旅游活动及开发强度相对较低，旅游环境系统接受外界"刺激"能力较强，导致该阶段旅游环境容量的研究未能得到真正重视。

20 世纪 80 年代，伴随旅游活动的盛行及开发强度的加剧，旅游环境系统破坏问题日益凸显，大量关注旅游环境问题的研究成果在此时期发布。部分学者开始从环境、经济、社会、心理等不同方面探讨旅游活动对环境系统的影响，并提出采取间接措施对客流量进行管控，使旅游环境容量的研究逐步摆脱了单一的数量计算。1980 年，史迪科提出了旅游环境容量研究应遵循的三个原则，摆脱了旅游环境容量计算的"数字泥潭"，重新审视该领域要解决的本质问题。1983 年，世界旅游组织以风险管理理论为指导，对超载导致的容量风险进行了评估。道格拉斯·皮尔斯于 1985 年在其所著的《旅游开发》一书中提出了旅游环境容量的构成体系。Douglas 从物质、环境、心理等多个角度对旅游环境容量内涵进行了详细阐释。Edward 从旅游接待能力及环境承受能力方面对旅游环境容量问题做出了进一步探讨。

20 世纪 90 年代，随着旅游环境的不断恶化及可持续发展理论的提出，生态旅游日渐兴起并被广泛接受，研究者对生态环境质量的关注日益增多。Elio Canestrelli 和 Paolo Costa 从环境容量的角度探讨了旅游活动与生态平衡的关系。Phillips 将旅游环境容量定义为：自然资源在没有受到不可接受的破坏程度基础上所能维持的利用资源的质量。随着研究的不断深入，旅游环境容量内涵也拓展到了一定程度所能维持的资源质量。Derrin Davis

等从经济学角度对旅游环境资源进行了探讨，提出了旅游经济容量的概念，进一步丰富了环境容量的概念体系。

进入 21 世纪，Alexis 等开始关注旅游业对当地居民的利益影响，并对社会环境容量进行了研究。Jurado 等针对海滨型旅游区构建了海滨景区旅游环境容量评估指标体系。Zvi Schwartza 等以旅游环境容量为管理手段，对国家公园的旅游收益问题进行了探讨。国外旅游环境容量理论体系随着不断的实践还在进一步拓展完善之中。

2. 实践应用

旅游环境容量研究的最终目的是有效地指导实践。20 世纪 70 年代，该理论在与实践结合的过程中，强调"数字计算"，注重控制游客量来减轻对环境的影响，但鉴于旅游地的公共物品属性，单一限制人数的手段收效甚微。20 世纪 80 年代至 90 年代，学者们从实践中汲取经验教训，在积极拓展旅游环境容量内涵的同时，逐步探索通过改善管理达到保护资源与环境的途径。在此背景下，美国国家林业局首次提出"可接受的变化极限"（Limits of Acceptance Change，LAC）管理框架，它以一套九步骤的管理程序来代替单纯的"容量计算"，给国家公园与保护区规划、管理带来了巨大变革。随后，在此基础上结合各国实际，"游客体验与资源保护"（VERP）、"游客活动管理规划"（VAMP）、"旅游管理最佳模型"（TOMM）等一系列容量管理模式纷纷制定，在解决旅游发展与资源环境保护之间的矛盾方面收效甚佳。

进入 21 世纪，借助计算机等辅助工具从多角度对旅游环境容量进行管理研究已成为新趋势。Tony 引用"适宜生态管理"（AEM）和"多角度监测承载力"（MASTEC）模型体系，来减轻旅游活动对资源环境的负面影响。Steven 等利用计算机模型从社会角度对国家公园的社会环境容量进行了模拟监测研究，并提出切实可行的管理对策。Singh 等将旅游环境容量利用程度分为弱载、适载和最大负荷三种状态，对旅游环境承载率进行了探讨。Jovicic 明确了旅游环境容量作为一种调控手段在旅游规划及旅游管理中的作用。Bimonte 等通过对 5 个旅游地的环境容量测评，提出了相应的管理措施。

（二）国内旅游环境容量研究综述

1. 20 世纪在理论和实践方面的相关研究

国内关于旅游环境容量的研究起步相对较晚。早期研究阶段侧重于理论框架，并逐步涉及旅游环境容量的概念、构成、测算方法、指标体系及管理等内容。20 世纪 80 年代，刘家麒、赵红红、刘振礼等学者率先对旅游环境容量问题进行了探讨。丁文魁在国内外研究的基础上界定了旅游环境容量的测算模型。楚义芳首次对旅游环境容量的概念体系、量测方法及其实用方向进行了较为系统的研究。汪嘉熙、保继刚分别对苏州园林及颐和园的旅游环境容量进行了测评，实现了该领域理论研究与实践的结合。20 世纪 90 年代，郭来喜、保继刚、冯孝琪、崔凤军、胡炳清、明庆忠和李宏等对旅游环境容量的理论体系、概念内涵、最适合和最大值、测算方法、实证研究等进行了深入探讨；翁钢民、杨秀平等对国内旅游环境容量研究的理论及实践进行了总结与展望[①]。

2. 21 世纪国内研究动向

第一，研究对象类型不断扩大。学者们基于相对成熟的旅游环境容量测算模型体系，对不同类型旅游景区（点）的旅游环境容量进行了量化测算研究。近年来，该领域研究对象已拓展到更大空间尺度的旅游城市，胡

---

① 翁钢民、杨秀平：《国内外旅游环境承载力研究的发展历程与展望》，《生态经济》2015 年第 8 期。

希军、孙睦优、汪宇明等分别对金华市、秦皇岛市及上海市的旅游环境容量进行了测算并提出促进旅游业可持续发展的对策。

第二，动态测评研究逐渐增多。吴国清等以时空为切入点量化分析了旅游环境容量问题；杨秀平等从可持续发展角度构建了由状态模型和发展模型组成的旅游环境可持续承载动态模型；康俊香等基于市场需求承载力矩阵模型比较分析了西安城区 19 个遗产景点的旅游承载潜能[1]；翁钢民等以动态视角强调应维系旅游环境容量各要素之间的平衡，并对其理论体系、评估方法及管理应用做出了系统探讨。

第三，量化测评方法不断创新。随着理论研究与实践的进展，旅游环境容量在研究方法上也不断取得突破。杨秀平修正了传统层次分析法并提出改进后的动态模型，根据景区旅游环境容量单项测评指标的季节变动，应用"权变"理论突出旅游淡、平、旺季的动态变化特征；侯志强基于 Poisson 分析过程对游客行为及景区管理进行了研究；李江天等将生态足迹理论与传统量化方法相结合构建容量评估模型；文波等借助物元分析法对旅游环境容量进行了分析。

第四，容量预警研究日渐兴起。传统旅游环境容量的研究往往是"补救"，而将预警理论引用到容量研究后可实现"预防"，翁钢民首次将两者结合，初步构建了旅游环境容量预警体系，开启了国内该领域研究之先河；王辉等将旅游者生态足迹模型应用到旅游环境容量预警研究；杨春宇等对生态旅游景区容量问题进行了分析，并对旅游地生态环境变化过程进行了预警研究[2]；梅占军等将统计学、计量经济学、管理数学等相关理论与方法应用到旅游环境容量预警机制研究之中；杨秀平基于模糊推理、灰

---

① 康俊香、杨新军、马秋芳：《基于市场需求——承载力矩阵模型的遗产旅游潜能研究——以西安城区 19 个遗产景点为例》，《旅游学刊》2006 年第 7 期。

② 杨春宇、邱晓敏、李亚斌：《生态旅游环境承载力预警系统研究》，《人文地理》2006 年第 5 期。

色神经网络等理论，构建了旅游环境容量预警系统并对其耦合机理进行了分析。

3. 旅游环境容量预警系统研究进展

旅游业的快速发展带来了一系列的环境问题，为促使旅游业可持续发展，学者们开始关注旅游环境容量（旅游环境承载力）预警研究。我国对此的研究起步较晚，在中国知网中输入"旅游环境承载力预警"进行检索，得出 28 条结果。翁钢民通过分析旅游业发展现状及旅游业特点，探讨了旅游景区环境承载力预警系统的运行模式，并从自然环境、社会环境、人工环境三个方面构建指标体系，运用专家打分法确定指标权重，根据界定的警界区间判断预警状态，最后提出景区可持续发展的调控措施；曾琳在明确旅游环境承载力预警概念和功能的基础上，着重分析了预警系统构成中的五大核心模块，并对其预警流程及预控对策进行了深入探讨；杨春宇等人对生态旅游环境承载力预警系统做了研究，首先分析了含义、特点及研究的必要性，接着结合系统论、控制论、决策论对生态旅游环境承载力预警的系统构成、运行机制、计算模型等做了探讨[1]；任利以昆明西山旅游景区为例，通过构建旅游环境影响预警评价指标体系，对旅游景区旅游开发环境影响预警评价进行初步研究，并针对出现的问题提出预控对策；董成森、陈端吕、董明辉利用主成分分析法、层次分析法构建武陵源风景区 17 个生态承载力评价指标，通过 BP 神经网络模型进行生态承载力预警，为其可持续发展提供决策依据[2]；王丽在其硕士研究生学位论文中运用变异系数法对城市旅游环境承载力预警指标进行量化，并将预警系统

---

① 杨春宇、邱晓敏、李亚斌：《生态旅游环境承载力预警系统研究》，《人文地理》2006 年第 91 期。

② 董成森、陈端吕、董明辉：《武陵源风景区生态承载力预警》，《生态学报》2007 年第 11 期。

分为警情、警源、警兆、警度、地理信息技术辅助 5 个子系统。然后以大连市作为实证研究对象,最后针对预警状态提出调控措施,为其他旅游城市旅游环境承载力预警研究提供了借鉴;刘佳、刘宁、杨坤在对旅游预警领域研究现状与存在问题分析的基础上,对旅游环境承载力预警理论、预警方法与应用研究成果进行了深入探讨,并提出了今后旅游环境承载力预警研究的主要趋势和研究重点[①]。还有一些学者通过构建预警指标体系、建立预警指数分级,运用模型从定量的角度对研究区域旅游环境承载力进行预警分析。

---

① 刘佳、刘宁、杨坤:《我国旅游环境承载力预警研究综述与展望》,《中国海洋大学学报》2012 年第 1 期。

第二章　理论基础

第一节　相关概念界定

一　沙漠及沙漠旅游

（一）沙漠

沙漠主要是指地面完全被沙所覆盖、植物和雨水稀少、空气干燥的荒芜地区。沙漠地域大多是沙滩或沙丘，沙下岩石也经常出现。沙漠一般是风成地貌，有些沙漠是盐滩，完全没有草木。沙漠地区也会蕴含着丰富的石油、煤、铁、石棉、石膏、盐和芒硝等矿藏。沙漠少有居民，资源开发也比较容易，也是考古学家的乐土，可以发掘到很多文物和更早的化石。已有的第四纪古地理、古气候学以及风沙地貌学和风沙物理学研究证明，沙漠是在干旱气候和丰富沙物质来源等自然条件下长期发展演变而形成①，其形成和演变受物源、气候以及下垫面条件三大要素的直

---

① 朱震达、吴正、刘恕：《中国沙漠概论》，科学出版社1980年版。

接控制①。我国沙漠主要位于北方雨量小于 400 毫米的地区,有三大特点:深处中纬度内陆山间盆地和高原、横跨多个生物—气候自然带、西北部新疆分布面积最广。从地域上看,中国主要有八大沙漠和四大沙地,其中有三个沙漠位于西北新疆,分别是塔克拉玛干、古尔班通古特和库姆塔格沙漠②。

(二)沙漠旅游

沙漠旅游与荒漠旅游、风沙地貌旅游三者概念既有内涵重叠,又有外延差异,但都是从不同角度对同质事物进行描述。就旅游视角而言,"沙漠"作为一种景观类型,更加符合旅游吸引物的概念体系,因此,本书按照旅游客观研究及主观认知的习惯,选择"沙漠旅游"的提法。

目前国内关于沙漠旅游内涵及概念的界定主要有以下几种(表 2-1)。

表 2-1　　　　　　　　　代表性沙漠旅游概念阐释

来源	概念及内涵
米文宝	沙漠旅游是一项富有很高情趣与刺激性的旅游活动,沙漠景观本身所具有的独特的自然审美特征和历史文化遗迹能够满足旅游者的猎奇、探险、体验和增长知识的心理需求
吴月	是指以沙漠地域和以沙漠为载体的事物、活动等为吸引物,以满足旅游者求知、猎奇、探险、环保等需求为目的的一种旅游活动。它包括沙漠观光旅游、沙漠探险旅游、沙漠体育旅游、沙漠生态旅游,是一项和城市旅游、乡村旅游并列的具有地域性、综合性的新型旅游产品

---

① 杨小平、师长兴、李炳元:《从地球系统科学角度浅析中国地貌若干问题研究的新进展》,《第四纪研究》2008 年第 4 期。

② 朱秉启、于静洁、秦晓光:《新疆地区沙漠形成与演化的古环境证据》,《地理学报》2013 年第 5 期。

续　表

来源	概念及内涵
尹郑刚	沙漠旅游以沙漠地域和以沙漠为载体的事物、活动等为吸引物，在空间上是沙漠地区，主要载体是沙漠，当然还包括沙漠地区的水体、生物资源等自然景观和人文事物等。并认为沙漠旅游必须在沙漠地区进行，沙漠旅游资源应当严格限定在沙漠区域内，以自然旅游资源为主，而人文旅游资源只起到辅助性作用
段雅婧	是指以沙漠地域和以沙漠为载体的事物（如历史文化遗存）、活动（如民俗）等为吸引物，以猎奇、探险、环保、科考、求知等方面的需求为目的而进行的一种富有很高情趣和刺激性的旅游活动
董瑞杰	沙漠旅游是以沙漠（沙地）、戈壁、雅丹等各种风积、风蚀地貌景观为特色吸引物，通过对风沙地貌独特条件进行巧妙利用，以鉴赏、求知、探险、考察、环保和娱乐等为目的一种具有地域性、综合性的新型刺激性旅游产品，也是对传统意义上的观光度假旅游产品市场的进一步细分

二　环境容量及旅游环境容量

（一）环境容量

"环境容量"一词最早由生物学家弗胡斯特于 1838 年根据马尔萨斯的人口理论提出，他认为在环境中的生物种群可食食物量有一极限值，种群增加也有相应极限值，在生态学中这个极限量被称为环境容量。随后，该理论在人口、环境、资源、旅游等社会经济方面得到广泛应用，同时其概念也被赋予了更加丰富的内涵：即指某区域环境对该区域发展规模及各类活动要素的最大容纳阈值（表 2 - 2）。这些活动要素包括自然环境和社会环境的各种要素[①]。

表 2 - 2　　　　　　　　代表性环境容量定义

类别	来源	定义
土地资源	周锁栓 （1992）	以一定的自然条件为基础，以特定的技术、经济和社会发展水平以及相适应的生活水准为依据，在保护生态系统功能处于合理状态下，某地区利用自身土地资源所能持续、稳定供养的人口数量
自然资源	UNESCO	在一个可预见的时期内，环境能源、其他自然资源以及智力、技术等条件，在保证符合全社会文化准则的物质生活水平条件下，所能持续供养的人口数量
水资源	龙腾超 （2004）	在一定的时期和技术水平下，当水管理和社会经济达到优化时，区域水生态系统自身所能承载的最大可持续人均综合效用水平或最大可持续发展水平
生态系统	大百科全书 （2002）	一个特定的人类生态系统（全球、一个国家或地区）在持续发展中所能承受的最大人口数量
环境	高吉喜 （2000）	在一定生活水平和环境质量要求下，在不超出生态系统弹性限度条件下环境子系统所能承纳的污染物数量以及可支撑的经济规模和相应人口数量

资料来源：相震：《城市环境复合承载力研究》，博士学位论文，南京理工大学，2006 年。

---

① 张佳丽：《环境容载力分析方法与指标体系应用研究》，硕士学位论文，北京化工大学，2008 年。

（二）旅游环境容量

环境容量理论在旅游领域得到应用便产生了旅游环境容量的概念，Manning 认为旅游环境容量不仅关注以往环境容量所注重的生态要素，对于自然资源、社会、管理等要素也应同样重视。虽然迄今为止该领域的研究尚未形成统一公认的体系，但对其内涵的理解已从单一自然环境延伸到人文环境，包括社会、经济发展容量等，而在管理目标方面也基本达成共识，即应同时关注旅游资源水平与旅游体验质量。因此，本书倾向于 Mclntyre 对旅游环境容量概念的界定——在没有引起对资源的负面影响、减少游客满意度、对该地区的社会经济文化构成威胁的情况下，对一个地区给定的最大使用水平。

虽然目前国内该领域研究中使用旅游容量、旅游环境承载力、生态旅游环境承载力等概念来表达旅游环境容量的含义，但由于这些定义之间没有本质的差别①，故本书不再做区分论述（表 2 - 3）。

表 2 - 3　　　　　　　　　代表性旅游环境容量定义

来　源	定　义
Mathieson & Wall （1982）	在自然环境没有出现不可接受的变化和游客体验质量没有出现不可接受的降低的情况下，使用一个景点的游客人数的最大值
世界旅游组织 （1992）	所能维持的不对自然环境造成损害，不对当地社区造成社会文化和经济问题的开发水平；保护与发展之间所能达到的平衡；与旅游者所追求的旅游产品的形象、环境类型和文化体验相兼容的游客人数

---

① 张晓鸣：《旅游环境容量研究：从理论框架到管理工具》，《资源科学》2004 年第 4 期。

续 表

来　源	定　　义
Prato （2001）	旅游环境容量不是以旅游者的数量为衡量标准，而是以自然资源和人类可接受的影响为衡量标准
胡炳清 （1995）	某一旅游地域单元在不被破坏生态平衡和生产环境污染，满足游客最低游览要求，达到保护这一单元环境时所能容纳的游客量
董巍 （2004）	在一定时期内，某一旅游地环境的现存状态和结构组合不发生对当代人及未来人有害变化，即能保持生态系统的自我维持、自我调节能力、资源与环境供容能力的情况下，它所能承受的旅游开发强度的极限值

三　旅游环境容量预警

预警是衡量某种状态偏离警戒线的强弱程度并发出相关预警信号的过程，是确定预警程度、发出预警信号的信息系统[①]，是一种防范危机、预测危机的方法手段，也是一种控制风险的手段。最早应用于军事领域，后广泛应用到社会、经济、自然、医疗、教育等各个领域。预警是一种信息反馈机制，当灾害发生或即将发生时，根据往年相关数据分析可能性预兆，判断风险等级，及时反馈和发布警报，以迅速采取措施使损失降到最低。随着可持续发展观念的日益深入，生态环境的保护备受重视，而旅游业是典型的环境依托型产业，因此，旅游环境容量预警研究成为学者们研究的重要内容。

---

① 戴丽芳、丁丽英：《基于模糊综合评价的海岛旅游环境承载力预警研究》，《聊城大学学报》2012 年第 4 期。

杨春宇提出生态旅游环境承载力预警的概念，认为生态旅游环境承载力预警是对一定时期的生态旅游环境现状进行时空多维连续、动态预测、分析与评价，确定生态旅游环境质量变化的趋势、速度以及达到某一变化限度的时间等，按需要实时给出变化或恶化的各种警戒信息及相应对策①。赵永峰提出旅游环境预警是指通过一些指标，对一定时间段、一定旅游区内的旅游动向进行预测和引导，从而使旅游的效果得到提升的过程②。

总之，旅游环境容量预警是以可持续发展为目标，在由自然、经济、社会等因素组合的复杂旅游环境系统中，筛选能反映旅游环境系统的指标，构建指标体系，运用一定的方法对其进行监测、评价，判断旅游环境系统偏离正常状态的程度，发出警报，并提出相应调控措施的过程，目的在于维持旅游环境系统各要素间的平衡，实现旅游地的可持续发展。

第二节　旅游环境容量测评技术及组成

一　旅游环境容量测评技术

在旅游环境容量研究过程中，有效调控措施的制定须以科学合理的容量测评阈值为基础，无论是国外强调环境管理，还是国内注重人数控制，其测算评估方法选择的合理与否决定了后期调控效果的好坏，因此，有必要对国内外现行的主要测评技术进行分析。

---

① 杨春宇、邱晓敏、李亚斌：《生态旅游环境承载力预警系统研究》，《人文地理》2006 年第 91 期。

② 赵永峰、焦黎、郑慧：《新疆绿洲旅游环境预警系统浅析》，《干旱区资源与环境》2008 年第 7 期。

（一）国内旅游环境容量测评技术简介

笔者于 2015 年 12 月在"中国学术期刊网络出版总库"及"中国优秀硕士学位论文全文数据库"中以"旅游环境容量"及"旅游环境承载力"为关键词共检索出有效文献 40 篇，并归纳总结出研究所采用的单一指标、单一因子、数学模型及管理工具等四类旅游环境容量测评方法（表 2－4）。

表 2－4　　　　2006—2015 年国内旅游环境容量典型案例研究

序号	题　　目	测评方法	来　源
1	峨眉山旅游环境承载力研究	单一指标类	李雪飞(2006)
2	沿海城市旅游环境承载力研究——以大连市为例	数学模型类	王辉(2006)
3	旅游景区环境承载力研究——以九寨沟黄龙核心景区为例	数学模型类	王文斌(2007)
4	安邦河湿地自然保护区旅游环境承载力分析及其调控策略	单一指标类	杨郁茜(2007)
5	喀纳斯风景区旅游环境承载力研究	单一指标类	李德(2007)
6	崇明岛旅游环境承载力与旅游目的地环境管理研究	数学模型类	刘世栋(2007)
7	基于可持续发展的山东半岛城市群旅游环境承载力研究	数学模型类	刘佳(2007)
8	旅游环境承载力在旅游区可持续发展中的应用研究——以嘉善汾湖旅游度假区为例	管理工具类	张继辉(2007)

序号	题　目	测评方法	来　源
9	博斯腾湖风景区旅游环境承载力评价研究	数学模型类	向明燕（2007）
10	基于旅游环境承载力的大富庵旅游地开发研究	单一因子类	田宏（2007）
11	满城地质公园旅游环境承载力研究	数学模型类	郑天然（2007）
12	北京市旅游环境承载力及潜力评估	数学模型类	李俊（2007）
13	湿地旅游环境承载力研究——以宁夏银川市阅海湿地公园为例	单一指标类	宋春玲等（2008）
14	生态旅游景区生态旅游环境承载力研究及其应用——以安吉中南百草原为例	管理工具类	赵路（2008）
15	天池风景区旅游环境承载力分析	单一因子类	罗辉（2008）
16	张家界国家森林公园旅游资源空间承载力	单一指标类	董成森（2008）
17	安邦河湿地自然保护区旅游环境承载力时空分异分析及调控策略	数学模型类	吕东坷等（2008）
18	森林型风景区旅游环境承载力研究——以武陵源风景区为例	数学模型类	董成森（2009）
19	地质公园旅游环境容量规划及其实证研究	数学模型类	李一飞（2009）
20	喀纳斯自然保护区旅游环境容量评估研究	单一因子类	韩磊（2009）
21	林芝地区生态旅游环境容量研究	数学模型类	林丽花（2009）

序号	题　目	测评方法	来　源
22	庐山风景名胜区旅游环境容量分析	单一因子类	万金保等(2009)
23	自然保护区旅游环境容量评估技术与应用——以鄱阳湖国家级自然保护区为例	管理工具类	成甲(2010)
24	崀山风景区旅游环境容量分析与调控策略研究	数学模型类	胡伏湘等(2010)
25	石窟类景观旅游环境容量测算与调控的探讨——以敦煌莫高窟为例	数学模型类	张钦凯等(2010)
26	长治湿地公园生态旅游环境容量研究	单一因子类	宋珂等(2011)
27	西南贫困山区旅游环境容量测算——以贵州省六盘水市为例	数学模型类	孔博等(2011)
28	名山旅游区旅游环境容量动态变化规律研究——以张家界森林公园为例	数学模型类	周国海(2011)
29	永春百丈岩风景名胜区旅游环境容量评价	单一指标类	张煌城(2011)
30	生态旅游环境容量的测量及应用	单一指标类	郑军(2012)
31	华山风景区旅游环境容量研究	数学模型类	严春艳(2013)
32	长江三角洲古镇旅游环境容量分析——以浙江乌镇西栅景区为例	管理工具类	夏圣雪(2013)
33	旅游环境容量研究——以鲅鱼圈海滨温泉度假区为例	单一因子类	朱葛(2013)

序号	题　目	测评方法	来　源
34	临朐县黑松林旅游度假区旅游环境容量及调控措施研究	数学模型类	张秀明（2013）
35	基于旅游地生命周期理论的天柱山风景区旅游环境容量研究	管理工具类	张满生（2013）
36	巴丹吉林沙漠景区旅游环境容量	单一因子类	董瑞杰（2014）
37	亚龙湾热带天堂森林公园旅游环境容量研究	数学模型类	杨波（2014）
38	雅鲁藏布大峡谷景区生态旅游环境容量研究	单一指标类	王忠斌（2014）
39	南澳岛生态旅游环境容量分析	单一指标类	孙元敏（2015）
40	典型全域旅游城市旅游环境容量测算与承载评价——以延庆县为例	数学模型类	高洁（2015）

资料来源：2006 年至 2015 年"中国学术期刊网络出版总库"及"中国优秀硕士学位论文全文数据库"相关案例研究。

上述 40 个案例中，超过 70% 采用了数学模型类及单一指标类研究方法，而管理工具类仅占 10% 左右，表明目前国内旅游环境容量测评技术的单一及管理工具类方法应用的不足。其中，单一因子类方法是指用某种旅游供给要素密度来衡量旅游环境承载能力，从相对单一的角度考虑旅游环境容量，认为其可用具体游客数量来表示；单一指标类方法是指不以单一限制因素代表容量值，而用某种承载力类型诠释旅游环境容量；数学模型类方法是指针对旅游地资源环境特征，在综合多种旅游环境容量类型的基础之上，构建数学模型并计算获得旅游环境容量值；管理工具类方法是指将旅游环境容量视为管理理念，其本质是在综合考量旅游主客体系统及管理者等各相关方利益诉求之后的一种管理框架，而不再是单纯的量化计算，以 LAC 等为代表的此类方法源于国外且发展较为成熟，而国内引入时间较短，研究仍处于介绍描述、套用尝试阶段。

（二）国外旅游环境容量测评技术介绍

1. 游憩机会谱（Recreation Opportunity Spectrum，ROS）

游憩机会谱是 20 世纪 80 年代美国林业局和土地管理局的研究者对不断增长的游憩需求和使用稀缺资源引起的冲突以及立法机关的指示而做出反应的情况下产生的，它是一个编制资源清单、规划和管理游憩经历及环境的框架。其基本假设是通过多种机会的提供使游憩者的体验质量得到最好的保障，通过在不同类型区域设计不同的游憩活动来缓解资源压力，从而实现可持续利用。ROS 方法既考虑了旅游地资源环境保护，又兼顾到不同环境下的游客体验，是一种行之有效的旅游地资源环境空间管理及产品规划的技术方法。

旅游地游憩活动空间由物质、社会及管理环境共同构成，ROS 方法就是根据游客体验诉求将此三要素组合从而形成不同类型的游憩利用功能分区。根据可达性、远隔性、自然性、游客相遇频率、游客冲击、场所管理、游客管理 7 项指标对旅游地环境进行评价，综合游憩活动、环境和体验确定了原始、半原始无机动车、半原始有机动车、通路的自然区域、乡村、城市 6 个游憩机会序列。对此六类相应的游憩体验空间环境描述详见表 2－5。

表2-5   游憩机会谱6个游憩机会序列环境描述

原始	半原始 无机动车	半原始 有机动车	通路的 自然区域	乡村	城市
相对大规模的未被开发的环境。使用者之间的相互作用非常低且其他使用者出现的迹象很少。管理上，区域没有对使用者的约束和控制。区内不可使用机动车辆	中等到较大规模以自然特征为主的环境。使用者之间的相互作用很低但经常有其他使用者的迹象。管理上可能存在最低的现场控制和约束。区内不允许使用机动车	中等到较大规模以自然特征为主的环境。游客集聚度低但经常有其他使用者迹象。管理上，可能存在最低的现场控制和约束。区内可使用机动车	自然特征为主的区域，有中等程度的人类迹象但与自然环境相协调。使用者之间的相互作用从较低到中等程度但其他使用者的出现很普遍。资源的改变和利用很明显，但同自然环境相协调。为机动车的使用提供标准的道路和设施	改变的自然环境为主。资源改变和利用是为了扩展特殊的游憩活动和保护植被土壤。人类迹象非常明显，使用者之间的相互作用从中等到高。为了大量游客及特殊活动的使用设计了许多设施。为机动车使用提供设施和停车场	城市环境为主。资源改变和利用是用来扩展特殊的游憩活动。植被通常是外来物种且被修剪。在游憩区人类的迹象明显。在景点和周围有大量使用。为高度密集机动车使用提供设施和停车场。公共交通系统可载游客进入游憩地

资料来源：美国林业局 ROS 使用指南（1982）。

除环境因素，旅游活动也对游客体验质量有重要的影响。不同类型游憩分区旅游活动制定标准如表2-6。

表2-6　　　　　　　　　　游憩分区及旅游活动标准

原始	半原始区 无机动车	半原始区 有机动车	通路的 自然区域	乡村	城市
陆地活动 赏景 远足 狩猎 露营 登山 骑马 自然研究 普通信息服务	陆地活动 赏景 汽车 摩托车 机动飞行器 远足 骑马 露营 狩猎 登山 自然研究 普通信息服务	陆地活动 赏景 观看他人活动 观看劳动场景 汽车 摩托车 火车大巴旅行 飞机 远足 骑马	露营 野餐 度假商务服务 胜地住宿 游憩小屋使用 狩猎 自然研究 登山 采集森林产品 翻译服务	陆地活动 赏景 观看他人活动 观看劳动场景 汽车 摩托车 火车大巴旅行 飞机 缆车及电梯 飞行器 远足 骑自行车 骑马	露营 野餐 度假商务服务 胜地住宿 游憩小屋使用 狩猎 自然研究 登山 采集森林产品 翻译服务 团队运动 个人运动 游戏
水上活动 独木舟 航行 非机动船只 游泳 钓鱼	水上活动 划船(机动船) 独木舟 航行 其他水上运动 游泳 钓鱼 潜水	水上活动 游船和渡轮 机动船 独木舟 航行	游泳及戏水 潜水 水上运动 钓鱼	水上活动 游船和渡轮 机动船 航行	游泳及戏水 潜水 水上运动 钓鱼
冰上活动 雪地漫步 滑雪	冰上活动 雪地车 雪地漫步 滑雪	冰上活动 雪地车 滑冰	雪橇 滑雪 雪地漫步	冰上活动 雪地车 滑冰	雪橇 滑雪 雪地漫步

资料来源：美国林业局 ROS 使用指南（1982）。

ROS 方法的创立，使旅游地管理者在划分不同类型游憩功能区时可兼顾资源保护与游客体验，为 LAC（可接受的变化极限）的提出奠定了坚实基础。

2. 可接受的变化极限（Limites of Acceptable Change，LAC）

20 世纪 70 年代，美国一些旅游地管理者开始利用环境容量理论通过限制特定人数来调解游憩活动与资源环境保护之间的矛盾，但实证表明运用此法很难满足管理目标的需要。研究者普遍质疑的是：对于各旅游地而言其游客量究竟多少才算太多（即 How much is too much）。环境容量可视为固有的阈值范畴，但实际上，很多游憩活动所带来的问题并不仅仅是游客的数量，而是与游憩者的行为息息相关。鉴于此，国外在该领域研究实践过程中由容量限制逐渐趋于管理改善，由此便形成了最初的 LAC 规划管理框架。

20 世纪 80 年代中期，美国学者 Stankey 正式提出 LAC 管理方法，开创性地使用九大步骤管理过程来替代僵化的模型计算，该方法以传统容量理论为基础，在综合考量各方利益诉求后可根据各分区具体情况随之调整。LAC 框架承认游憩参与者个体素质的差异，关注焦点不再是人数控制，而是重点监控旅游各方行为对旅游地造成的影响，并依据管理目标做出相应调整。

该理念认为，必须接受旅游地开展游憩活动所造成的环境系统质量下降这一事实，问题的关键在于应为可接受的环境变化预先设定一个极限，若该地资源状况超出此极值时必须采取相应管控措施，以减轻对环境的影响。由于构成旅游地的主客体系统处于动态变化之中，LAC 也是一个连续的管理过程。LAC 管理框架具体步骤如图 2-1 所示。

LAC 管理框架借鉴 ROS 分区理念，通过管理手段在旅游与环境之间寻找一种可接受的折中方案，既能减轻对环境的影响，也不会造成旅游资源

（自然、生态、经济）的闲置，从而实现各方利益协调时的最佳状态，是一种在旅游环境容量领域具有划时代意义的创新理念。

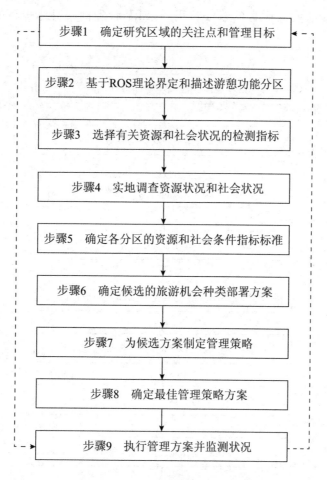

图 2-1 LAC 管理框架实施步骤

3. 游客体验与资源保护（Visitor Experience and Resource Protection, VERP）

VERP 是 20 世纪 90 年代美国国家公园管理者根据全国国家公园旅游环境容量测评的要求而发展起来的一种新型管理框架，是对 ROS 及 LAC 框架的继承和发展，其意图是更加关注旅游地资源的保护和游客体验的质量。其核心理念是：在各相关利益方的价值判断取得妥协的情况下，构建一套具体的行动方案，通过监测关键指标控制在特定的许可范围内，实现对风景资源有效而无害的永续利用。VERP 管理框架具体步骤如图 2 - 2 所示。

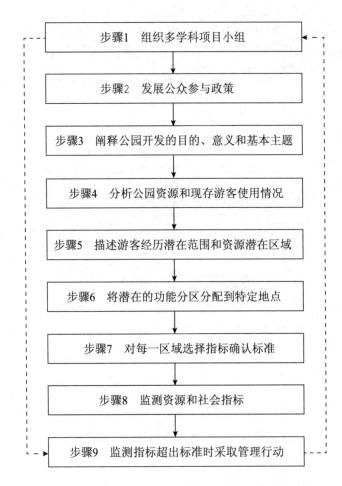

步骤1　组织多学科项目小组

步骤2　发展公众参与政策

步骤3　阐释公园开发的目的、意义和基本主题

步骤4　分析公园资源和现存游客使用情况

步骤5　描述游客经历潜在范围和资源潜在区域

步骤6　将潜在的功能分区分配到特定地点

步骤7　对每一区域选择指标确认标准

步骤8　监测资源和社会指标

步骤9　监测指标超出标准时采取管理行动

图 2 - 2　VERP 管理框架实施步骤

由图 2 - 2 可以看出，VERP 与 ROS、LAC 管理理念本质上并无差异，而前者更多是在考虑资源状况、游客行为、环境因素，如活动类别、强度、时间、地点等更多方面因素的影响。

二　旅游环境容量组成体系

为使测评结果更加合理准确，本研究采用 Cifuentes 的分类方法，将旅游环境容量分为三类：物理环境容量（PTCC）、真实环境容量（RTCC）及有效环境容量（ETCC）[①]。

（一）物理环境容量（PTCC）

物理环境容量是指特定时间与地点的物理空间所能容纳的最大旅游者数量，公式描述如下：

$$PTCC = A \times V/a \times Rf$$

其中，A——可供游客使用游憩区域面积

V/a——每平方米所容纳游客数量

Rf——游客日周转率

为合理计算沙漠景区物理容量，有必要针对其特点进行假设及统一标准：

A：容量最大情况下自由活动空间取 $1m^2/$人。

B：可供游憩区域面积与该区域基质条件相关，沙漠景区多开阔地带，供游憩面积可能受到自然特性（河湖、湿地、植被、岩石、沟壑等）的影响；对自然及人工游步道而言，可用面积由其长度及宽度决定。

C：日周转率 = 游憩区开放时间÷游览一次平均所用时间。

（二）真实环境容量（RTCC）

真实环境容量是指以物理容量为基础，特定时间与地点在综合考虑景

---

① 赵路、严力蛟：《生态旅游景区生态旅游环境承载力及其应用研究——以安吉中南百草原为例》，《东华大学学报》（社会科学版）2009 年第 1 期。

区生态、经济、设施、心理等子容量后可容纳的最大旅游者数量。真实容量是通过管理手段可达到的最大值，且随着生态、经济、社会等因素的变化而不断变化。

（三）有效环境容量（ETCC）

有效环境容量是指以真实容量为基础且在管理目标容量要求下，特定时间与地点所能容纳的最大旅游者数量，是真实容量与管理容量综合的结果。公式描述如下：

$$ETCC = RTCC \times (EMC/IMC)$$

其中，EMC 为有效管理容量，指景区在现有资金、人员、管理技术等水平条件下所能实现的管理容量；IMC 为理想管理容量，指景区实现其管理目标时所达到的容量；EMC/IMC 可视为有效管理率。

第三节　旅游环境容量预警内容体系

一　旅游环境容量预警系统构成

（一）信息处理子系统

旅游环境容量预警系统要想及时、准确地反映景区状态，必须获取充足的旅游环境容量信息作为预警系统综合分析判断的依据。信息处理子系统的主要作用包括信息数据收集、整理、分析等过程。这些信息既可以是历史信息也可以是现实信息，同时还可以是推测信息。

信息处理子系统将收集到的反映旅游环境容量指标的信息数据输入到旅游环境容量预警系统中作为原始数据，若此数据是景区历史数据，那么通过对该数据的分析，旅游环境容量预警系统可以判断景区历史所处的状态；若输入的数据是现实数据，则可以判断景区所处的现实状态。通过信息处理子系统的成功运转，有利于旅游环境容量预警系统预测警情、确定警戒区间，为后期采取的预控对策提供依据。

（二）预警准则子系统

预警准则子系统是发出何种预警信号的依据。一般将旅游环境容量所处状态划分为弱载、适载、超载，也可以根据具体实际情况增加超弱载、轻度超载、重度超载等状态，通过计算旅游环境承载率的值来判断其处于哪个区间，从而判断旅游环境容量处在哪种状态，对应的发出什么预警信号，以使有针对性地采取措施促进旅游景区可持续发展，在这个过程中最重要的就是警戒区间的划分。警戒区间的划分要把握好度，既不能太大也不能太小。若是区间数值设置过大，则有可能导致该发出预警信号时而没有发出，即所谓的漏警，致使景区在面临危险时没有及时采取措施进行调控，使景区遭受重大损失；若是区间数值设置过小，又可能导致在没有风险时误发预警信号，即所谓的虚警。总之，无论是漏警还是虚警，都会扰乱景区管理秩序。

（三）预测子系统

旅游环境容量预警系统不仅具有监测、评价功能，还具有预测作用。根据信息处理子系统收集到的旅游环境容量信息，判断其随时间变化的规律，由现在景区容量状态预测未来一定时期内景区环境容量状态。所以，旅游环境容量预测子系统既包括预警指标值计算模块，也包括预测模块。

预警指标值计算出后，为预测提供基础数据，预测模块运用基础数据并采用一定的预测方法对景区未来旅游环境容量状态进行预测。

通过计算和预测，不仅可以分析景区目前发展的水平及存在的问题，也可以预知未来一段时间内景区的发展状态，并针对景区出现的问题及时采取措施，防患于未然，同时为景区制定旅游发展规划提供依据。

（四）预控对策子系统

预控对策子系统是根据信息处理子系统、预测子系统、预警准则子系统的信息收集、数据计算、预警信号的发出来分析警报的原因，判定预警的强度，从而决定采取何种措施应对景区出现的风险。在预控对策子系统中，旅游景区必须有事先的应急预案，可以不具体，但必须思路明确、具有指导意义，以使景区在发生危险时不至于惊慌失措，只有这样，才能尽可能地降低景区损失。如预警发出"弱载"的信号，这时景区可以实施事先制定好的增加旅游者、扩大旅游需求的措施，像门票优惠等措施。又如预警发出"重度超载"的信号，景区可以采取疏散客流、缩小旅游需求等措施来减轻旅游环境的压力。

二　旅游环境容量预警系统特点

（一）动态性和预防性

影响旅游环境容量的各分量指标即警素会随着时间的变化而变化，如自然要素、经济要素、社会要素，会因时间点的不同表现出不同的状态，即所谓的警情。另外，由于旅游环境容量受到多种因素的共同影响，一种因素的变化可能会导致另一种因素的变化，因此，这就决定旅游环境容量预警系统要具有全方位动态监测功能，要能够根据警素表现出来的不同警情做出适时的判断，并及时发出预报。而预防性是旅游环境容量预警系统的重要特性，尤其是预防超载在旅游黄金周期间显得尤为重要，预警系统要能够根据历史数据预测将来发展的趋势，及时采取有效的针对性措施以预防超载带来的不利影响，使景区风险降到最低。

（二）累积性和滞后性

旅游景区在发展过程中出现的环境污染、生态破坏等一系列问题并不是一时造成的，而是有一个时间过程，先有量的积累然后发生质变。尤其是自然要素的变化，如水、土壤、大气等，具有自身的演化过程。当人类破坏自然环境后，若是破坏程度较轻，且没有继续破坏，经过一段时间后，自然环境会自己恢复常态。若是破坏程度较大，且没有及时制止，则一段时间后，当破坏强度积累到自然环境本身难以承受的限度，自然环境就会出现异态，呈现出环境污染、资源破坏的现象。也就是说警情具有一定的累积性，这种累积性也决定了景区出现问题的滞后性，而问题出现的滞后性直接与景区的安全、利益密切相关。因此，旅游环境容量预警系统必须选择合适的时间范围，才能及时地找出潜在的或已有的风险，采取调控对策尽可能降低景区损失，保证游客安全，提高游客满意度。

（三）复杂性和系统性

旅游环境容量预警系统会受到多种因素的影响，包括自然因素、社会经济因素，各因素间又相互联系相互影响，自然因素会受到社会经济因素的影响，社会经济因素的变化也会因自然因素的变化而发生变化。这些影响因素不仅来自系统内部，外部环境也会影响预警系统的正常运行。警素的多样性和警情的复杂性决定了旅游环境容量预警系统运行过程中必须考虑每一个环节，每一个相关岗位，每一个相关部门，同时还要考虑景区景点的基础设施、旅游资源、管理方式等多种因素，是一项复杂的系统工程。因此，必须将自然和社会经济因素、内部因素和外部因素统筹考虑，分清主次，使旅游环境容量预警系统更具科学性。

三 旅游环境容量预警系统运行机制

旅游环境容量预警系统的运行机制主要是指其运行规律和运行逻辑，即运行原理。主要包括五个过程：明确警义，寻找警源，识别警兆，预报警度，排警调控。

（一）明确警义

警义即预警对象，旅游环境容量预警的第一步便是明确警义。警义包括警素和警度，警素即是预警指标，预警指标又分为单项指标和多维指标。由于旅游环境容量受到自然因素、社会因素、经济因素等多种因素的共同影响，因此预警指标多选取多维指标。而警度即是警情的程度，警情是所选取指标出现的异常情况，是一区间值，警情所在的区间不同也就意味着预警系统会报出不同的警度。比如"水质"可以作为警素，即预警指标，"水污染"则是警情，通过预警系统监测出的水污染程度即是警度。

（二）寻找警源

警源即警情产生的源头。寻找警源是分析警情的前提，也是后续采取排警调控措施的重要依据，处于预警系统的核心地位。警源可以分为自然警源和人为警源。自然警源是指不以人的意志为转移、人类无法抗拒的警情根源，如地震、火山喷发、滑坡、泥石流、洪水等。人为警源主要是指由于受人类影响而导致异常警情的源头，如经济发展水平低下、旅游设施落后、旅游产品缺乏创新、景区管理欠佳等。警源的复杂性要求人们在设计预警系统时必须科学合理，确保预警系统能够正确监测警情、寻找警源，从而为管理者采取合理的措施提供依据，做到对症下药、有的放矢。

（三）识别警兆

从警源到警情的出现需要一个过程，在这个过程中，警情的外在表现即为警兆。识别警兆也是辨认警情，它是旅游环境容量预警系统的重要环节。警兆可以通过预警指标即警素的值进行识别，通过将监测值与预先设定的值相对比来判断警情当前所处状态，推断旅游景区偏离正常运转状态的程度。

（四）预报警度

根据警兆判断警情异常的程度称为警度。预报警度是预警系统的最后一个环节。每一种警度对应一个警戒区间，所有警情值出现在同一个警戒区间的警情属于同一个警度，因此警戒区间的划分格外重要。警戒区间的上限和下限既不能太大也不能太小，需要借鉴相关资料并结合景区实际情况，借助一定的方法来确定，且确定后的警戒区间在相当一段时间内保持稳定，无大幅度变化。一般情况下，通过定性与定量的方法将预警警戒区间划分为四种，即无警、轻警、重警、巨警，并分别用绿灯、蓝灯、黄灯、红灯来表示，类似于交通信号灯。

（五）排警调控

旅游环境容量预警系统的最终目的并不是判断警情、预报警度，而是如何采取措施降低警度、排除隐患。从严格意义上来讲，排警调控并不属于预警系统内部结构，因为它不同于前面系统的监测和计算，而是人们根据预警结果采取的措施，但它又是预警系统充分发挥作用的不可缺少的部分。

根据以上论述，旅游环境容量预警系统的运行首先是明确警义，也就是要明白预警对象是什么，然后寻找警情出现的根源，继而根据警兆来判断警情的异常程度，由测定值对比预先给定值来预报警度，最后采取针对性措施排警调控，防止景区过度偏离正常发展轨道。

第四节　相关理论基础

一　可持续发展理论

可持续发展理论自 1981 年提出以来至今已有上百种定义对其进行阐释，已形成一套成熟的科学理论体系，并在指导发展实践的过程中不断拓展完善。本研究以该理论为基础，对其概念内涵不再赘述，而是对这一理论在旅游环境容量研究中的应用进行探讨。

可持续发展是不断提高人群生活质量和环境容量的、满足当代人需求又不损害子孙后代满足其发展能力的发展，而环境容量是衡量人类经济、社会发展活动与环境协调程度的重要判据。旅游业在促进社会经济发展的同时，也加剧了生态环境损耗及地方特色的消亡，旅游业的这种两重性表明了其发展与可持续发展的天然耦合。因此，对旅游活动及其所关联的经济社会现象的研究，离不开可持续发展理论的指导。

旅游业可持续发展的本质是满足当代旅游者和当地居民各种需要的同时，保持和增进未来的发展机会，使旅游业的发展与自然、社会、经济融为一体，协调和平衡彼此之间的关系，实现经济、社会和环境发展目标的和谐统一①。在"发展"与"可持续"两大目标的共同作用下，构成旅游业可持续发展的二维空间。

旅游地自然环境、经济环境与社会环境的协调发展是衡量其旅游业可持续发展的标准，旅游环境容量作为旅游环境系统与当地经济社会联系的桥梁，自然就成为判断其旅游业可持续发展与否的极为重要的指标。旅游环境容量测评与管理研究的根本出发点，就是以可持续发展理论为指导，增进人们对旅游带来的经济效应和环境效应的理解，改善旅游接待地居民的生活质量，为旅客提供高质量的旅游经历，并保护未来旅游开发赖以存在的环境，促进旅游公平发展②。只有遵循此目标要求，才能够合理确定旅游区环境容量，实现当地旅游业的可持续发展。

二　旅游地生命周期理论

旅游地生命周期理论是由加拿大地理学家巴特勒提出的，受到社会的广泛认可和关注。巴特勒认为旅游地的开发不可能一直处在同一个水平，会随着开发时间的变化而演变，这种演变经历六个阶段，即：探索阶段、参与阶段、发展阶段、强化阶段、滞留阶段、衰退或恢复阶段③。结合旅游地生命周期理论，在旅游环境容量研究中，旅游地的演化可以划分三个阶段：探索、参与阶段，发展、强化阶段，滞留、衰退或恢复阶段。

---

① 翁钢民、赵黎明、杨秀平：《旅游景区环境承载力预警系统研究》，《中国地质大学学报》（社会科学版）2005 年第 4 期。

② 戴学军、丁登山、林辰：《可持续旅游下旅游环境容量的量测问题探讨》，《人文地理》2002 年第 6 期。

③ 保继刚、楚义芳：《旅游地理学》，高等教育出版社 2003 年版。

第一阶段，旅游地开发处在初始阶段，旅游基础设施不完善，旅游地知名度不高，旅游者人数远远低于旅游地所能承受的最大活动量。这一阶段是研究旅游环境容量的开始，由于自然环境承载力直接影响后续旅游的发展规模，因此最为重要。此阶段经济环境承载力较弱，因为旅游者较少，所有旅游者心理环境承载力不存在问题，居民也对旅游者持欢迎态度。

第二阶段，随着旅游人数的增加，旅游设施逐渐完善，各种景点、景区、酒店等竞相建立，严重破坏了旅游地的自然环境。旅游者的活动强度几近甚至超过旅游地的最大承载力。这一阶段，除了自然环境承载力成为研究重点外，经济环境承载力及社会环境承载力也成为棘手的问题。由于旅游者的增加，他们对经济承载力要求加大，同时，旅游地基础设施和服务设施难以满足其需要，因此，旅游者的心理承载力减小，但是当地居民可以从旅游业的发展中获益，因此，当地居民的心理承载力增大。

第三阶段，由于旅游设施陈旧、旅游产品单一、旅游环境遭到严重破坏、其他旅游地兴起，致使旅游者人数大大减少，旅游地几近衰落，若及时采取措施，有可能扭转旅游地衰落的局面。这一阶段，自然环境承载力降低，经济环境承载力没有太大变化。由于旅游环境被破坏，旅游产品缺乏新意，旅游者心理环境承载力下降；旅游者的减少，旅游地的衰落导致当地居民从旅游业中的收益减少，因此居民心理承载力也降低。

旅游地的发展演变因素非常复杂，应用旅游地生命周期理论对其旅游环境容量进行分析，从时间上更好地把握旅游地发展过程中的影响因素，及时采取针对性措施，使旅游活动强度合理地控制在旅游环境容量范围中。

三 旅游环境理论

旅游环境学作为一门新兴学科，其研究视角为人类旅游经济活动与旅游区生态环境之间的矛盾，主要研究内容包括旅游环境的基础理论，旅游经济发展与环境保护的耦合关系，旅游环境的管理体系，旅游环境质量、效益及其评价体系，旅游环境保护策略等。

旅游经济系统与旅游环境系统的耦合关系及其规律是旅游环境学研究的核心及本质内容，旅游环境学只有通过对旅游经济系统与环境系统之间的辩证协调关系及其规律进行研究才能获得发展。旅游环境系统是由旅游环境各要素组成的，风景区、自然保护区、沙漠旅游区的环境要素一般是指当地的自然环境要素，包括地形地貌、气候条件、生物资源等，这是本学科研究的重点。环境系统结构与旅游经济系统结构如产品结构、企业结构等处于矛盾状态之中。

旅游环境学理论为旅游资源开发奠定基础，这就要求学者把旅游、环境这两个子系统作为一个整体来研究，通过分析两系统之间的矛盾均衡来进行综合发展的深入研究，并通过对景区环境质量的综合评价来为旅游规划、管理和环境整治提供理论依据。

四 生态系统理论

生态系统是一定空间内生物及其周围环境共同构成的统一整体，在这个整体内，生物与周围环境相互影响、相互作用。一般情况下，生态系统具有自我调节能力，能够通过生物与生物之间、生物与环境之间的物质输送、能量交换、信息传输使自身处于平衡状态，同时会随着时间的流逝、环境的变化发生改变，因此又具有动态性。但生态系统的自我调节能力是有限的，若超过这一限度，生态平衡就会被打破，造成生态系统破坏。

　　旅游环境容量系统是旅游系统与环境系统之间相互影响的过程，旅游以环境为基础，同时又为环境的保护提供资金支持，只有旅游要素与环境要素之间处于协调状态，才能保证旅游环境容量系统正常运行。若旅游活动强度超出环境承载能力，不仅会破坏生态平衡，还会导致旅游效益下降，若旅游活动强度远远低于环境容量，虽然环境未受到破坏，但实现不了旅游经济效益的最大化。因此，建立旅游环境容量预警系统就是为了保证旅游与环境处在平衡状态中，确保旅游效益和环境效益最大化，促使旅游系统与环境系统协调、稳定、健康发展。

第三章　沙漠旅游游客行为研究

　　我国沙漠旅游起步虽晚，但发展极为迅速。在宁夏主要的沙漠旅游景区有国家 5A 级景区沙湖、沙坡头，以及黄沙古渡、哈巴湖、金沙岛等，目前均已成为宁夏旅游的王牌景区。随着宁夏区内外交通条件的显著改善，旅游景区吸引的客源市场也在逐渐扩大，由区内到邻近省、市，甚至遍布全国，宁夏沙漠旅游成为众多游客关注的焦点，是全国沙漠旅游的重要目的地。对宁夏沙漠旅游游客行为的研究，对宁夏沙漠旅游的深度开发具有重要意义。首先，研究宁夏沙漠旅游游客的行为特征，可以得到很多关于资源、产品和市场的有针对性的结论，有助于宁夏沙漠旅游景区更合理地开发资源、设计产品和拓展市场；其次，由于近年来沙漠旅游景区客流量的增加，给景区生态环境、沙漠资源的保护及游客的心理感受等方面带来了极大的负面影响，对游客行为与心理容量的关系研究正是为了探索游客行为对心理容量的影响及其程度，进而采取相应措施保证宁夏沙漠旅游景区的可持续发展。

　　沙坡头是我国较早开展沙漠旅游的景区，作为首个国家级沙漠自然保护区与旅游区，吸引了众多中外游客，发展较为成熟，在宁夏沙漠旅游的发展中具有一定的典型性和代表性。本章节选取沙坡头景区为案例，分析宁夏沙漠旅游游客行为特征，尝试探讨游客行为与旅游心理容量的关系，以期促进宁夏沙漠旅游景区的发展。

第一节 数据来源

一 问卷设计

本研究的主要数据来源于研究区实地问卷调查，辅以随机访谈。问卷的结构、内容、数量都紧紧围绕研究的内容和目的进行设计。问卷针对宁夏沙坡头景区进行游客行为调查，主要内容包括以下六个方面：调查对象的基本社会属性（客源地、性别、年龄、学历、职业、月收入）；游客的决策行为特征（旅游意愿、旅游信息获取途径、旅游方式、预计旅游花费、旅游目的、出游前考虑因素）；游客的时空行为特征（到访次数、停留时间、交通方式、参与项目）；游客对沙坡头的满意度（对游客数量的感知，对景区的总体满意度，对旅游资源、基础设施质量、服务质量、旅游价格、生态环境的满意度，推荐率与重游率）以及对景区的建议和意见。

二 数据采集

在查阅大量国内外相关文献的基础上，深入了解沙漠旅游的研究理论与发展现状。以问卷调查为工具，在研究区实地走访调研获取第一手资料，并到景区管理部门及地方旅游局收集相关数据资料，以便真实、科学、全面地分析研究区乃至宁夏沙漠旅游景区游客的行为特征。

　　本研究问卷调研采用三种方式。①在研究区选择人流量较大的几个景点集中发放问卷，包括南区入口、北区入口、国际滑沙中心和腾格里大漠驼场等；②通过导游协助，让游客在研究区游玩的闲暇时间帮忙完成部分问卷；③利用贴吧、微博等网络途径，寻找曾去过研究区的游客帮助填写少量问卷。本研究调研问卷以随机发放为主、抽样发放为辅。共发放问卷190份，回收188份，回收率为99%，剔除无效问卷4份，问卷有效率为96.8%（表3-1）。

表3-1　　　　　　　　　　　　调研时间及问卷发放情况表

调研时间	调研地点	调研方法	调研成果
2013.8.22— 2013.8.24	国际滑沙中心 腾格里大漠驼场	访谈法、观察法、抽样问卷调查	与景区管理人员访谈了解研究区基本情况；现场发放问卷40份，回收有效问卷39份
2013.10.2— 2013.10.3	北区入口 南区入口	随机抽样 问卷调查	现场发放问卷100份，回收有效问卷98份
2013.10— 2013.11	旅行社大巴车	随机抽样 问卷调查	导游协助发放问卷30份，回收有效问卷29份
2013.10— 2013.11	各大网络贴吧、博客、微博	网络问卷调查	网络发放问卷20份，回收有效问卷18份

第二节　沙漠旅游客源市场结构

　　从客源市场来看，到沙坡头景区旅游的外地游客远远大于宁夏本地游客，且外地游客多来自宁夏周边省区（图3-1），距离近、交通成本低的优势使西北地区和华北地区成为主要客源市场。华东地区、华中地区、华南地区和西南地区也有少量游客到来，主要因为东西部地域环境差异满足了游客的求异心理。鉴于此，西北地区和华北地区作为沙坡头景区的一级市场，应继续对其保持吸引力，同时重视东部地区及东南沿海地区潜在的游客，研究其客源市场特征，针对其旅游兴趣、旅游需求偏好有的放矢地开发沙坡头景区旅游项目，搞好宣传，使这些地区由潜在客源市场加快转变为现实客源市场。

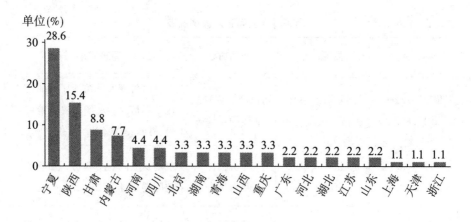

图 3 - 1　沙坡头景区客源分布统计

从年龄和性别上来看，沙坡头景区男女游客量比例为 7∶6，男性游客略高于女性游客。游客年龄以 18—44 岁青年人居多，其次为 45—59 岁的游客，18 岁以下和 60 岁以上的游客最少（表 3 - 2）。这也说明了沙坡头景区所开展的旅游项目更适宜青年人，比如滑沙、冲浪、黄河飞索等一些体验项目极具刺激性，正好迎合了青年人喜欢冒险、挑战、寻求刺激的特征，满足了他们的旅游偏好。但是这些项目却不适宜老年人和儿童，这部分旅游群体到景区后多是参观游览，体验较少，相对来说比较乏味。因此，景区应有针对性地开发一些适合老年人和儿童的娱乐体验项目，使沙坡头景区尽可能地满足不同旅游群体的需要，吸引更多的游客。

表 3 - 2　　　　　　　　　　　调查对象基本社会属性汇总

信息类别	因　子	样本数量(人次)	比例(%)
客源地	区内	52	28.57
	区外	130	71.43
性别	男	98	53.85
	女	84	46.15
年龄	18 岁以下	8	4.40
	18—25 岁	58	31.87
	26—44 岁	88	48.35
	45—59 岁	24	13.19
	60 岁及以上	4	2.20
学历	初中及以下	8	4.40
	高中/中专	32	17.58
	本科/大专	126	69.23
	硕士	14	7.69
	博士	2	1.10

续 表

信息类别	因　子	样本数量（人次）	比例（%）
职业	公务员	14	7.69
	企事业人员	82	45.05
	服务人员	10	5.49
	个体经营者	18	9.89
	军人	0	0.00
	教师	2	1.10
	学生	40	21.98
	农民/工人	6	3.30
	自由职业者	6	3.30
	离退休人员	4	2.20
	其他	0	0.00
月收入	1500 元及以下	40	21.98
	1501—2500 元	14	7.69
	2501—3500 元	42	23.08
	3501—4500 元	44	24.18
	4501—5500 元	8	4.40
	5500 元以上	34	18.68

从学历上来看，游客中文化程度为本科或大专的最多，初中及以下与硕士及以上学历的游客较少（表3-2）。这与沙坡头景区开发的旅游项目极具关联性。硕士和博士等高学历人员主要倾向于学术研究，对沙坡头景区隐含的文化、出现的问题感兴趣，纯粹来景区体验娱乐项目并不是他们的喜好。而对于初中以下学历的游客来讲，一是年龄小，无法独自旅游，而家长时间有限，能带其出游的不多；二是在他们的认知程度上或许对旅游还没有什么特别的感性认识，对旅游的期待不大。因此这两部分游客群体前来沙坡头旅游的数量较少。而本科和大专学历的游客最多，一是因为他们对旅游的偏好与沙坡头所开发的体验项目恰巧吻合；二是他们已经成人或已参加工作，可以自由结伴出行；三是生理上的成熟和知识文化的熏陶使他们产生外出旅游的动机。

从职业和收入上来看，职业群体以企事业单位人员最多，其次是学生，自由职业者、离退休人员较少（表3-2）。这与满足外出旅游的两个必要条件有关：时间和金钱。企事业单位人员有一定的收入，内部组织外出旅游、商务旅游也较多，因此相对其他职业出游较多，学生虽然有一定的时间，但是却没有稳定的收入，因此比企事业单位人员出游少。自由职业者人数较少或许是因为他们收入不稳定或没有闲暇时间，离退休人员由于年龄限制和景区体验项目的特点来景区旅游的人数较少。游客中月收入处于3501—4500元和2501—3500元的居多，该收入是大多数企事业单位人员的平均收入水平，月收入在4501—5500元的游客人数最少，原因可能是没有外出旅游的时间，或与这部分人所从事的职业有关。

第三节　沙漠旅游游客行为研究

一　沙漠旅游者决策行为特征分析

（一）决策意愿分析

1. 总体特征

旅游意愿的调查旨在了解目标市场对景区的旅游需求和偏好，从而探究景区的发展目标和方向。本研究将游客的旅游意愿分为五个等级（非常强烈、强烈、一般、不强烈、很不强烈），选择非常强烈和强烈的，占样本总量的65.94%；选择"一般"的占样本总量的31.87%；选择"不强烈"的仅占样本总量的2.20%；没有游客选择"很不强烈"。由此可见，大多数游客参与沙坡头旅游的意愿较为强烈（图3-2）。

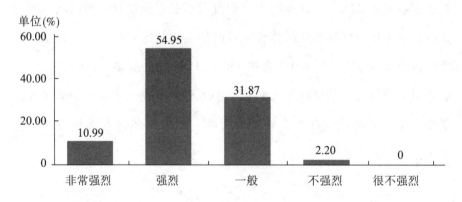

图3-2　沙坡头游客的旅游意愿统计

2. 游客的不同基本社会属性与旅游意愿的差异性分析

运用交叉列联表分析不同社会属性的游客在旅游意愿上的差异性，在5%的显著水平下，如果卡方值的显著性概率（Sig.）低于0.05，则说明游客的旅游意愿在某一基本社会属性上具有显著差异。表3-3显示，游客的旅游意愿在性别、年龄和学历方面无显著差异，不具备统计学上的意义，故不做详细分析；在客源地、职业和月收入方面呈显著相关，具有较大差异性。

表3-3　　游客的基本社会属性与旅游意愿的卡方值显著性概率

基本社会属性	客源地	性别	年龄	学历	职业	月收入
Sig.	0.0036	0.9800	0.0512	0.4061	<0.0001	<0.0001

注：在5%的显著水平下。

通过对比不同基本社会属性游客的旅游意愿（表3-4）发现，区外游客到沙坡头的旅游意愿显著高于区内游客，这源于地域差异性的吸引力；企事业人员、个体经营者、学生对沙坡头旅游的意愿达到"非常强烈"与"强烈"程度共占样本总量的52.75%，明显高于其他职业游客。企事业人员由于有稳定的收入，旅游意愿较为强烈；学生虽然收入较低，但闲暇时间充裕且具有活力，也对到沙坡头景区旅游表现出较强的意愿；月收入在1500元及以下水平的游客旅游意愿较为强烈，其"非常强烈"及"强烈"程度共占样本总量的14.29%，主要由于这部分人群中包括学生群体，因此比例较大；月收入在3501—4500元的游客，其"非常强烈"及"强烈"程度共占样本总量的18.68%，月收入在2501—3500元水平的游客，其"非常强烈"及"强烈"程度共占样本总量的15.39%。月收入在3501—4500元的游客一般都属于企事业单位人员，工作和收入较为稳定，更倾向于参与旅游活动。整体调查结果表明，沙坡头旅游景区对游客的吸引力较大，大多数游客存在去沙坡头旅游的意愿，一改往日人们望沙生畏之感，预示着景区发展的前景良好，同时也证实了沙坡头景区是沙漠旅游与大众旅游相结合的典范。

表3-4　　　　　　　　不同基本社会属性游客的旅游意愿统计

基本社会属性		旅游意愿（%）				
		非常强烈	强烈	一般	不强烈	很不强烈
客源地	区内	1.10	13.19	14.29	0.00	0.00
	区外	9.89	41.76	17.58	2.20	0.00
职业	公务员	0.00	2.20	5.49	0.00	0.00
	企事业人员	4.40	27.47	13.19	0.00	0.00
	服务人员	0.00	4.40	1.10	0.00	0.00
	个体经营者	1.10	5.49	1.10	2.20	0.00
	军人	0.00	0.00	0.00	0.00	0.00
职业	教师	0.00	0.00	1.10	0.00	0.00
	学生	3.30	10.99	7.69	0.00	0.00
	农民/工人	0.00	2.20	1.10	0.00	0.00
	自由职业者	1.10	1.10	1.10	0.00	0.00
	离退休人员	1.10	1.10	0.00	0.00	0.00
	其他	0.00	0.00	0.00	0.00	0.00

续　表

基本社会属性		旅游意愿(%)				
		非常强烈	强烈	一般	不强烈	很不强烈
月收入	1500 元及以下	3.30	10.99	7.69	0.00	0.00
	1501—2500 元	0.00	3.30	4.40	0.00	0.00
	2501—3500 元	2.20	13.19	7.69	0.00	0.00
	3501—4500 元	0.00	18.68	5.49	0.00	0.00
	4501—5500 元	0.00	3.30	1.10	0.00	0.00
	5500 元以上	5.49	5.49	5.49	2.20	0.00

(二) 旅游信息获取途径分析

1. 总体特征

游客获取旅游信息的途径有很多，通过了解游客的信息获取途径对沙坡头景区的宣传工作具有重要意义。从图 3 - 3 可以看出，游客获取旅游信息的途径以亲友推荐和网络为主，这两种信息获取方式超过半数。而通过旅行社和代理商获取旅游信息的游客所占比例较少。这说明游客更愿意相信亲朋好友的推荐及网络的宣传，对旅行社和代理商的信任度较低。这也为景区的管理提供了很好参考，要切实提高景区服务质量，提高游客满意度，通过口碑效应提高景区知名度，同时充分利用网络，搞好宣传，切实发挥"互联网 + 旅游"的强大作用。

单位(%)

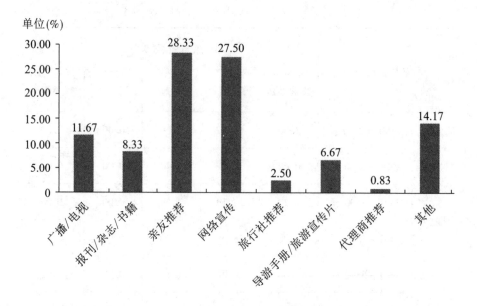

图3-3　沙坡头游客获取旅游信息途径统计

2. 游客的不同基本社会属性与旅游信息获取途径的差异性分析

运用交叉列联表分析不同社会属性的游客在获取旅游信息途径上的差异性，在5%的显著水平下，如果卡方值的显著性概率（Sig.）低于0.05，则说明游客获取旅游信息的途径在某一基本社会属性上具有显著差异。表3-5显示，游客获取旅游信息的途径在客源地、性别、年龄、学历、职业和月收入方面均呈显著相关，具有较大差异性。

表3-5　游客的基本社会属性与旅游信息获取途径的卡方值显著性概率

基本社会属性	客源地	性别	年龄	学历	职业	月收入
Sig.	0.0001	0.0015	<0.0001	<0.0001	<0.0001	<0.0001

注：在5%的显著水平下。

通过对比不同社会属性的游客的旅游信息获取途径（表3-6）发现以下几点。（1）区外游客获取旅游信息的途径主要是网络宣传（20.83%）和亲友推荐（17.50%），而区内游客获取旅游信息的途径除亲友推荐（10.83%），其余途径所占比例均相对较小。区外游客由于距离限制更倾向于通过较为便捷的网络来获取旅游信息，且途径较为宽泛，而区内游客由于地理位置的便捷，更重视向去过旅游目的地的亲友询问信息。（2）男性游客获取旅游信息的途径主要是网络（16.67%）和亲友推荐（12.50%），而女性游客获取旅游信息的途径主要是亲友推荐（15.83%）和网络（10.83%）。虽然网络和亲友推荐都是首选，但男性由于性格理性，倾向于直观了解信息，较多偏向于网络获取信息；而女性由于性格更为感性，多数侧重于向亲友询问获取信息。（3）年龄在18岁以下和60岁以上的游客由于年龄限制更喜欢通过较为便捷的电视或广播来获取旅游信息；而19—59岁年龄段的游客由于学习与社会交际能力较强，更多选择通过网络和询问亲友的方式来获取旅游信息。（4）不同学历层次的游客学习能力和接受新知识的能力不同，研究发现学历越高的游客更愿意通过主动的方式了解信息，而非被动接受旅游目的地的情况。（5）游客的不同职业也会影响到信息的获取方式，公务员和企事业人员等较容易接触网络，主要从网络获取信息；服务人员和教师由于职业特殊性获取信息的方式也具有职业特色，分别是亲友推荐和导游手册；农民、工人更愿意通过直观的方式接受信息资源。（6）收入较高的群体和收入低于1500元的学生群体更倾向通过亲友和网络得到旅游信息。

表 3-6　　　不同基本社会属性游客的旅游信息获取途径统计

社会基本属性		信息获取途径(%)							
		广播/电视	报刊/杂志/书籍	亲友推荐	网络宣传	旅行社推荐	导游手册/旅游宣传片	代理商推荐	其他
客源地	区内	2.50	1.67	10.83	6.67	0.00	0.83	0.00	7.50
	区外	9.17	6.67	17.50	20.83	2.50	5.83	0.83	6.67
性别	男	5.83	3.33	12.50	16.67	0.83	4.17	0.83	9.17
	女	5.83	5.00	15.83	10.83	1.67	2.50	0.00	5.00
年龄	18 岁以下	0.83	0.83	0.83	0.00	0.00	1.67		1.67
	18—25 岁	3.33	3.33	10.00	9.17	0.00	2.50		5.00
	26—44 岁	5.00	2.50	12.50	13.33	0.00	2.50	0.83	6.67
	45—59 岁	1.67	0.83	4.17	5.00	2.50	0.00		0.83
	60 岁及以上	0.83	0.83	0.83	0.00	0.00	0.00		0.00
学历	初中及以下	0.83	0.00	1.67	0.00	0.00	0.00		0.83
	高中/中专	0.83	0.83	4.17	1.67	2.50	3.33	0.00	2.50
	本科/大专	8.33	6.67	20.00	23.33	0.00	2.50	0.83	9.17
	硕士	1.67	0.83	1.67	2.50	0.00	0.83		1.67
	博士	0.00	0.00	0.00	0.83	0.00	0.00		0.00

续　表

社会基本属性		信息获取途径（%）							
		广播/电视	报刊/杂志/书籍	亲友推荐	网络宣传	旅行社推荐	导游手册/旅游宣传片	代理商推荐	其他
职业	公务员	0.00	0.00	2.50	2.50	0.00	0.00	0.00	2.50
	企事业人员	4.17	4.17	10.83	15.00	1.67	0.83	0.83	4.17
	服务人员	0.00	0.00	2.50	0.00	0.00	0.00	0.00	1.67
	个体经营者	0.83	0.83	5.00	1.67	0.00	0.83	0.00	0.83
	军人	0.00	0.00	0.00	0.00	0.00	0.00	0.00	0.00
	教师	0.00	0.00	0.00	0.00	0.00	0.83	0.00	0.00
	学生	3.33	1.67	6.67	7.50	0.00	4.17	0.00	3.33
	农民/工人	1.67	0.00	0.00	0.00	0.00	0.00	0.00	0.83
	自由职业者	0.83	0.83	0.83	0.83	0.00	0.00	0.00	0.83
	离退休人员	0.83	0.83	0.00	0.00	0.83	0.00	0.00	0.00
	其他	0.00	0.00	0.00	0.00	0.00	0.00	0.00	0.00
月收入	1500 元及以下	3.33	1.67	6.67	7.50	0.00	4.17	0.00	3.33
	1501—2500 元	2.50	0.83	1.67	0.83	0.00	0.00	0.00	1.67
	2501—3500 元	2.50	2.50	5.83	3.33	2.50	0.83	0.00	4.17
	3501—4500 元	0.83	2.50	8.33	7.50	0.00	0.00	0.83	2.50
	4501—5500 元	0.00	0.00	1.67	1.67	0.00	0.00	0.00	0.83
	5500 元以上	2.50	0.83	5.00	6.67	0.00	1.67	0.00	0.83

（三）旅游组织方式分析

1. 总体特征

本研究将游客的旅游组织方式分为单位组织、旅行社组织、家庭聚会、个人自主、朋友结伴和其他六种类型。通过调查显示（图3-4），沙坡头景区游客的旅游组织方式的比重有显著不同，选择朋友结伴的游客最多，占样本总量的47.25%；其次以家庭聚会和个人自助的组织方式较多，分别占样本总量的27.47%和16.48%；以旅行社组织和单位组织的方式旅游的仅占样本总量的7.69%和1.10%。这说明沙坡头景区更适合自助游，同时也印证了当前旅游的发展趋势——越来越多的人选择自助游。游客多选择与朋友结伴去沙坡头旅游，这与旅游信息获取途径调查的结果（以亲友推荐为主）相呼应。

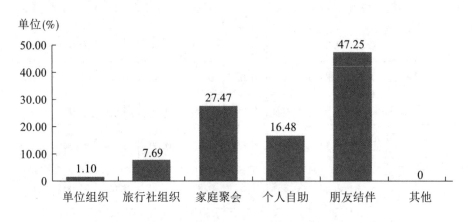

图3-4　沙坡头游客的旅游组织方式统计

2. 游客的不同基本社会属性与旅游组织方式的差异性分析

运用交叉列联表分析不同社会属性的游客在旅游组织方式上的差异性，在5%的显著水平下，如果卡方值的显著性概率（Sig.）低于0.05，则说明游客的旅游组织方式在某一基本社会属性上具有显著差异。表3-7

显示，游客的旅游组织方式在性别、学历和职业方面没有显著差异，不具备统计学上的意义，故不做详细分析；在客源地、年龄和月收入方面均呈显著相关，具有较大差异性。

表3-7 游客的基本社会属性与旅游组织方式的卡方值显著性概率

基本社会属性	客源地	性别	年龄	学历	职业	月收入
Sig.	<0.0001	0.6268	<0.0001	0.0533	0.0675	0.0026

注：在5%的显著水平下。

通过对比不同基本社会属性游客的旅游组织方式（表3-8）发现以下几点。（1）由于结伴旅游更具有游览乐趣，同时可以彼此关照，区外和区内的游客都喜欢通过亲友结伴的方式旅游，而区外的游客也倾向于以家庭为单位的家庭聚会和个人自助游的方式来沙坡头旅游。（2）18岁以下以及18—25岁的游客主要是学生群体，由于社会角色等因素更倾向于朋友结伴和家庭聚会；25—44岁的游客由于社会关系和社会角色等因素的增多以及个人自主能力的增强，主要是以朋友结伴、其次是个人自助和家庭聚会的方式旅游；60岁以上的游客由于体力等因素逐渐下降以及家庭观念的增强更倾向于家庭聚会方式旅游。（3）收入较高的游客更愿意选择自主方式旅游，如朋友结伴和家庭聚会；收入较低的学生群体更愿意和同学朋友结伴旅游。

表3-8 不同基本社会属性游客的旅游组织方式统计

基本社会属性		旅游组织方式(%)					
		单位组织	旅行社组织	家庭聚会	个人自助	朋友结伴	其他
客源地	区内	0.00	0.00	3.30	3.30	21.98	0.00
	区外	1.10	7.69	24.18	13.19	25.27	0.00

基本社会属性		旅游组织方式（%）					
		单位组织	旅行社组织	家庭聚会	个人自助	朋友结伴	其他
年龄	18 岁以下	0.00	0.00	1.10	0.00	3.30	0.00
	18—25 岁	0.00	1.10	7.69	2.20	20.88	0.00
	26—44 岁	1.10	2.20	12.09	14.29	18.68	0.00
	45—59 岁	0.00	3.30	5.49	0.00	4.40	0.00
	60 岁及以上	0.00	0.00	2.20	0.00	0.00	0.00
月收入	1500 元及以下	0.00	2.20	2.20	2.20	15.38	0.00
	1501—2500 元	0.00	0.00	2.20	0.00	5.49	0.00
	2501—3500 元	0.00	2.20	5.49	4.40	10.99	0.00
	3501—4500 元	1.10	0.00	8.79	4.40	9.89	0.00
	4501—5500 元	0.00	0.00	1.10	1.10	2.20	0.00
	5500 元以上	0.00	3.30	7.69	4.40	3.30	0.00

（四）预计旅游花费分析

1. 总体特征

旅游花费包括交通费、餐饮费、住宿费、景区门票及娱乐项目费用等。对旅游花费的预算，决定了游客在景区停留的时间、行程内容等。对游客预计旅游花费的研究能为管理者在确定目标市场和设计旅游产品等方

面提供依据。预计花费 201—400 元的游客最多，预计花费 401—600 元的
游客数量位居其后，而预计花费 1201—1400 元的游客最少（图 3 - 5）。根
据调研结果，结合目前沙坡头景区各项消费价格，较少游客停留过夜，娱
乐项目也是参与其中的几项。这与前面所调查的游客的收入水平有密切联
系，同时也表明景区应进一步刺激游客消费，如开发一些夜间旅游项目，
比如大漠篝火晚会等，使游客留宿过夜。

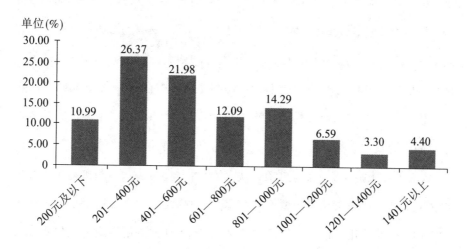

图 3 - 5 沙坡头游客的预计旅游花费统计

2. 游客的不同基本社会属性与预计旅游花费的差异性分析

运用交叉列联表分析不同社会属性的游客在预计旅游花费上的差异
性，在 5% 的显著水平下，如果卡方值的显著性概率（Sig.）低于 0.05，
则说明游客的预计旅游花费在某一基本社会属性上具有显著差异。表 3 - 9
显示，游客的预计旅游花费在客源地、性别和学历方面没有显著差异，不
具备统计学上的意义，故不做详细分析；但在年龄、职业和月收入方面呈
显著相关，具有较大差异性。

表 3 – 9   游客的基本社会属性与预计旅游花费的卡方值显著性概率

基本社会属性	客源地	性别	年龄	学历	职业	月收入
Sig.	0.0685	0.0582	0.0156	0.0563	< 0.0001	< 0.0001

注：在 5% 的显著水平下。

通过对比不同基本社会属性游客的预计旅游花费（表 3 – 10）发现以下几点。（1）26—44 岁的游客由于属于家庭中收入的主要力量，他们对旅游的预计花费要高于其他年龄区间的游客；18—25 岁与 45—59 岁的游客预计旅游花费普遍为 201—400 元；60 岁及以上的游客预计旅游花费普遍为 201—400 元或 601—800 元。（2）公务员的预计旅游花费主要集中在 401—600 元或 1001—1200 元之间，自由职业者的预计旅游花费普遍在 1401 元以上，这些游客由于有固定的收入来源，故愿意花较多的钱用于旅游消费；企事业人员、农民/工人的预计旅游花费主要集中在 401—600 元；服务人员、教师、学生和离退休人员的预计旅游花费主要集中在 201—400 元，学生等由于收入来源不稳定预计的花费相对较少。（3）月收入高于 5500 元的游客愿意支付更多的资金参与旅游活动；低于 5500 元的游客更多倾向于花费 201—600 元。

表 3 – 10   不同基本社会属性游客的预计旅游花费统计

基本社会属性		预计旅游花费（%）							
		200 元及以下	201—400 元	401—600 元	601—800 元	801—1000 元	1001—1200 元	1201—1400 元	1401 元及以上
年龄	18 岁以下	0.00	2.20	0.00	1.10	0.00	1.10	0.00	0.00
	18—25 岁	4.40	7.69	6.59	4.40	2.20	4.40	1.10	1.10
	26—44 岁	4.40	10.99	13.19	4.40	10.99	0.00	1.10	3.30
	45—59 岁	2.20	4.40	2.20	1.10	1.10	1.10	1.10	0.00
	60 岁及以上	0.00	1.10	0.00	1.10	0.00	0.00	0.00	0.00

续　表

基本社会属性		预计旅游花费（%）							
		200 元及以下	201—400 元	401—600 元	601—800 元	801—1000 元	1001—1200 元	1201—1400 元	1401 元及以上
职业	公务员	1.10	0.00	2.20	1.10	0.00	2.20	1.10	0.00
	企事业人员	2.20	8.79	12.09	7.69	8.79	2.20	1.10	2.20
	服务人员	0.00	4.40	1.10	0.00	0.00	0.00	0.00	0.00
	个体经营者	3.30	2.20	1.10	1.10	2.20	0.00	0.00	0.00
	军人	0.00	0.00	0.00	0.00	0.00	0.00	0.00	0.00
	教师	0.00	1.10	0.00	0.00	0.00	0.00	0.00	0.00
	学生	4.40	6.59	3.30	2.20	2.20	2.20	1.10	0.00
	农民/工人	0.00	1.10	2.20	0.00	0.00	0.00	0.00	0.00
	自由职业者	0.00	0.00	0.00	0.00	1.10	0.00	0.00	2.20
	离退休人员	0.00	2.20	0.00	0.00	0.00	0.00	0.00	0.00
	其他	0.00	0.00	0.00	0.00	0.00	0.00	0.00	0.00
月收入	1500 元及以下	4.40	6.59	3.30	2.20	2.20	2.20	1.10	0.00
	1501—2500 元	0.00	1.10	2.20	0.00	1.10	1.10	1.10	1.10
	2501—3500 元	0.00	9.89	6.59	4.40	1.10	0.00	0.00	1.10
	3501—4500 元	1.10	6.59	6.59	3.30	4.40	2.20	0.00	0.00
	4501—5500 元	2.20	1.10	0.00	0.00	0.00	1.10	0.00	0.00
	5500 元以上	3.30	1.10	3.30	2.20	5.49	0.00	1.10	2.20

（五）旅游目的分析

1. 总体特征

如图 3 - 6 所示，沙坡头游客的旅游目的以休闲度假和观光游览为主，分别占样本总量的 47.55%、40.56%，以康体娱乐（7.69%）、探亲访友（2.10%）及学术科考（2.10%）为旅游目的的游客所占比例较少。这说明沙坡头景区的整体旅游资源适合观光游览、休闲度假，景区的产品正从观光游览型向中高端的休闲度假型过渡。商务会议旅游对景区的基础设施和服务质量有较高要求，目前沙坡头的条件还不够成熟。调查结果同时也为景区下一步开发新的旅游项目提供了方向，可针对康体娱乐和学术考察旅游目的游客开发新的体验项目。

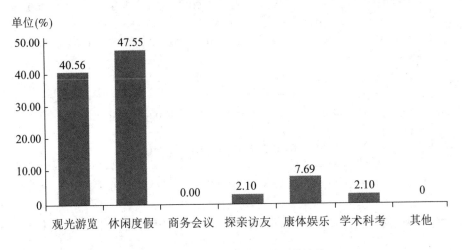

图 3 - 6 沙坡头游客的旅游目的统计

2. 游客的不同基本社会属性与旅游目的的差异性分析

运用交叉列联表分析不同社会属性的游客在旅游目的上的差异性，在 5% 的显著水平下，如果卡方值的显著性概率（Sig.）低于 0.05，则说明游客的旅游目的在某一基本社会属性上具有显著差异。表 3 – 11 显示，游客的旅游目的在性别、学历、职业和月收入方面没有显著差异，不具有统计学上的意义，故不做详细分析；在客源地和年龄方面呈显著相关，具有较大差异性。

表 3 – 11　　　游客的基本社会属性与旅游目的的卡方值显著性概率

基本社会属性	客源地	性别	年龄	学历	职业	月收入
Sig.	0.0004	0.0511	< 0.0001	0.0543	0.0601	0.0631

注：在 5% 的显著水平下。

通过对比不同基本社会属性游客的旅游目的（表 3 – 12）发现以下几点。（1）区外游客由于区域差异景观的吸引力，前往沙坡头的主要目的是观光游览（34.27%）和休闲度假（31.47%）；区内游客则更多的是利用闲暇时间进行休闲度假旅游（13.29%），以观光旅游（9.09%）、康体娱乐（4.20%）和学术科考（0.70%）为次要目的。（2）18 岁以下及 60 以上的游客，因年龄所限没有较多的旅游目的，单纯以观光游览和休闲度假为主；18—59 岁游客的旅游目的多样，辅以探亲访友、康体娱乐和学术科考。

表 3 – 12　　　不同基本社会属性游客的旅游目的统计

基本社会属性		旅游目的（%）						
		观光游览	休闲度假	商务会议	探亲访友	康体娱乐	学术科考	其他
客源地	区内	9.09	13.29	0.00	0.00	4.20	0.70	0.00
	区外	34.27	31.47	0.00	2.10	3.50	1.40	0.00

续 表

基本社会属性		旅游目的(%)						
		观光游览	休闲度假	商务会议	探亲访友	康体娱乐	学术科考	其他
年龄	18 岁以下	2.80	1.40	0.00	0.00	0.00	0.00	0.00
	18—25 岁	13.99	14.69	0.00	0.70	3.50	0.00	0.00
	26—44 岁	17.48	24.48	0.00	1.40	4.20	0.00	0.00
	45—59 岁	5.59	6.29	0.00	0.00	0.00	1.40	0.00
	60 岁及以上	1.40	0.70	0.00	0.00	0.00	0.00	0.00

（六）出游前考虑因素分析

本研究问卷设计中关于游客出游前考虑的因素主要包括自然环境、距离与交通、知名度、服务与设施、娱乐活动丰富度、个人可支配时间、价格和亲友意见，采用李克特五点量表（1 代表不重要，2 代表稍微重要，3 代表普通重要，4 代表较为重要，5 代表非常重要）分析游客心中这 8 个因素影响的重要程度（表 3 - 13）。

表 3 - 13　　　　　　沙坡头游客出游前考虑因素分析

考虑因素	均　值	标准差
自然环境	4.2637	0.8647
距离与交通	4.0110	1.0458
知名度	3.9231	0.9774
服务与设施	4.0659	0.9018

续　表

考虑因素	均　值	标准差
娱乐活动丰富度	4.0440	0.8657
个人可支配时间	3.9231	1.0640
价格	3.7582	0.9673
亲友意见	3.8352	1.0111

均值越大代表重要程度越高，标准差越大代表差异性越大。如表3－13所示，自然环境最重要，这也印证了旅游是典型的环境依托型产业，自然环境的优劣对游客目的地的选择产生着重要影响。旅游是一种享受型消费，因此服务与设施、娱乐活动丰富度在游客出游前也是相当重要的考虑因素。距离与交通似乎也是每位游客要考虑的因素，若旅游资源丰富但交通通达性差，仍然会使游客放弃对该旅游目的地的选择。目前，沙漠型景区逐渐增多，当旅游项目具有相似性或可替代性，游客则会就近选择旅游目的地，同时考虑游客闲暇时间有限，因此距离与交通在将近80%的游客心中认为是出游前重要的考虑因素（图3－7）。

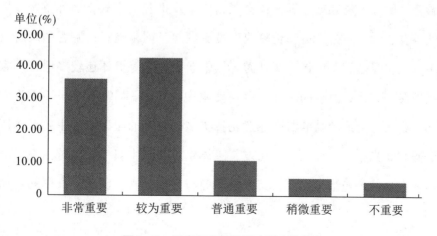

图3－7　距离与交通的影响程度比例

游客出游前考虑的因素也提醒景区管理部门要格外重视自然环境的保护，为游客提供真正远离城市喧嚣、拥抱大自然的心灵圣地。在竞争激烈的旅游市场中，一定要存有"人无我有，人有我优"的观念，除了基础设施和旅游服务设施这些硬件设施配备完善，还需要格外重视软件建设，提高景区服务人员素质，微笑服务、人性化服务，让游客产生一种"身在异乡却不为异客"的感觉。除此之外，要具有创新意识，游客出游多是为了求新、求异，开发与众不同的旅游项目让游客无替代性项目可选，既可以解决游客因距离远而放弃对沙坡头景区选择的问题，又可以提高知名度，通过口碑效应吸引更多的游客。

（七）小结

通过对游客的决策行为分析可知，游客不同的基本社会属性在决策行为上各有差异。不同客源地、性别、年龄、学历、职业和月收入的游客群体具有不同的决策行为。主要表现为：游客的旅游意愿普遍较为强烈，尤其是区外游客、企事业人员、学生群体以及收入稳定或较高的游客；游客获取旅游信息的主要途径是亲友推荐和网络，区内游客、女性游客、服务人员和教师等群体更倾向于亲友推荐的方式，区外游客、男性游客、学生、公务员和企事业人员更倾向于网络途径；游客的旅游组织方式主要是朋友结伴，区外游客、中老年游客等群体还较多地采用家庭聚会的方式；游客的预计旅游花费集中在201—400元，26—44岁游客、收入稳定或较高的游客愿意花费更多；游客的旅游目的主要是休闲度假和观光旅游，辅以探亲访友、康体娱乐和学术科考；出游前考虑的因素中自然环境最为重要，其次是服务与设施、娱乐活动丰富度和距离与交通。

二　沙漠旅游者时空行为特征分析

（一）到访次数分析

1. 总体特征

游客的到访次数可以反映景区对游客的吸引力及游客对景区的满意度，通常吸引力越大、满意度越高则到访的人（次）数越多。通过调查显示（图 3 - 8），到沙坡头旅游的游客以第一次到访居多，占样本总量的 78.02%，但多次来沙坡头景区的游客仅占 21.98%。这既反映出游客追新求异的心理，又折射出沙坡头景区在旅游产品开发、景区管理等方面还需改进，不断开发新的旅游项目，多种方式扩大宣传，争取进一步提高回头率。

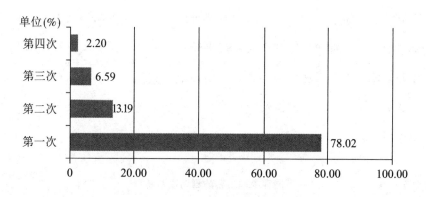

图 3 - 8　沙坡头游客的到访次数统计

2. 游客的不同基本社会属性与到访次数的差异性分析

运用交叉列联表分析不同社会属性的游客在到访次数上的差异性，在 5% 的显著水平下，如果卡方值的显著性概率（Sig.）低于 0.05，则说明游客的到访次数在某一基本社会属性上具有显著差异。表 3 - 14 显示，游客的到访次数在性别、年龄、学历、职业和月收入方面没有显著差异，不具备统计学上的意义，故不做详细分析；在客源地方面呈显著相关，具有较大差异性。

表 3 – 14　　　　游客的基本社会属性与到访次数的卡方值显著性概率

基本社会属性	客源地	性别	年龄	学历	职业	月收入
Sig.	<0.0001	0.9608	0.1871	0.1134	0.1830	0.0931

注：在5%的显著水平下。

通过对比不同客源地游客的到访次数（表 3 – 15）发现，区内游客的到访次数比例没有较大差别；区外游客中第一次到沙坡头景区的高达68.13%。区外的游客，尤其是南方游客，由于距离等限制因素，一般都是首次到沙坡头游览，同时由于南方游客难以见到壮美的沙漠景观，一般都会怀有对景区的神秘感和好奇感来观光游览，而区内游客大部分是到访过两次及两次以上，主要原因一方面是地理空间限制小，另一方面沙坡头是宁夏著名景区，很多区内游客如果遇到较短的节假日，一般会选择到沙坡头来旅游。

表 3 –15　　　　　　　　不同客源地游客的到访次数统计

客源地	到访次数(%)			
	1	2	3	4
区内	9.89	10.99	5.49	2.20
区外	68.13	2.20	1.10	0.00

（二）预计停留时间分析

据图3-9显示，游客在景区的停留时间在一定程度上反映了景区资源和产品的丰富度。沙坡头景区将近70%的游客预计停留时间集中在4—5小时，将近20%的游客预计停留5小时以上，仅有约10%的游客预计停留3小时以下。这说明沙坡头的旅游资源与产品对游客具有较强的吸引力。

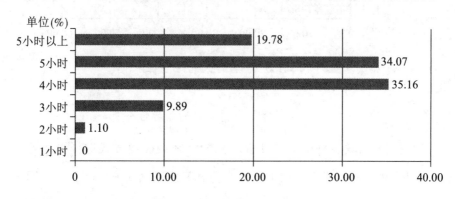

图3-9 沙坡头游客的预计停留时间统计

（三）交通方式分析

1. 总体特征

如图3-10所示，到沙坡头旅游的游客的交通方式以自驾车为主，占样本总量的49.45%；其次为火车，占样本总量的26.37%；飞机（8.79%）、旅行社包车（6.59%）、长途汽车（5.49%）、单位包车（3.30%）所占比例均较小。以自驾车和火车为主的交通方式与以朋友结伴、家庭聚会为主的组织方式的选择相呼应。在组织方式中，游客选择旅行社报团的较少，因此选择旅行社包车出游的游客也相对较少。交通方式选择的调查结果也表明自助游、自驾车游将逐渐取代过去的旅行社组团游，成为新时代出游的主流方式。

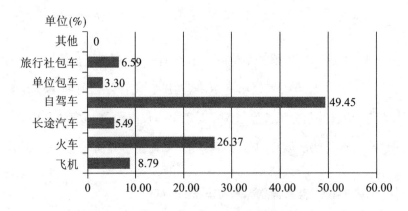

图 3 - 10　沙坡头游客的交通方式选择统计

2. 游客的不同基本社会属性与交通方式的差异性分析

运用交叉列联表分析不同社会属性的游客在交通方式选择上的差异性，在 5% 的显著水平下，如果卡方值的显著性概率低于 0.05，则说明游客的交通方式在某一基本社会属性上具有显著差异。表 3 - 16 显示，游客的交通方式选择在性别、年龄和学历方面没有显著差异，不具备统计学上的意义，故不做详细分析；在客源地、职业和月收入方面呈显著相关，具有较大差异性。

表 3 - 16　　游客的基本社会属性与交通方式的卡方值显著性概率

基本社会属性	客源地	性别	年龄	学历	职业	月收入
Sig.	0.0037	0.0521	0.0631	0.1362	< 0.0001	< 0.0001

注：5% 的显著水平下。

通过对比不同基本社会属性游客的交通方式（表 3 - 17）发现以下几点。（1）由于现在社会经济水平发展迅速，人民生活逐渐改善，区外和区内游客为了让旅游过程更自由舒适，大部分游客选择自驾车到旅游目的地，但是部分区外游客由于空间距离限制，也会选择火车（20.88%）、飞机（8.79%）、旅行社包车（5.49%）到达沙坡头。（2）公务员、企事业人员、服务人员、个体经营者、农民/工人和自由职业者的主要交通方式是自驾车；教师和学生的主要交通方式是火车；离退休人员的主要交通方式是旅行社包车。（3）收入较低的游客群体（大部分为学生）会选择经济安全的火车，月收入高于1501元以上的游客，更多地会选择自驾车方式，收入在4501元以上的游客由于距离等原因会选择更为快捷的飞机到达旅游目的地。

表 3 - 17　　　　　不同基本社会属性游客的交通方式统计

基本社会属性		交通方式（%）						
		飞机	火车	长途汽车	自驾车	单位包车	旅行社包车	其他
客源地	区内	0.00	5.49	2.20	19.78	0.00	1.10	0.00
	区外	8.79	20.88	3.30	29.67	3.30	5.49	0.00
职业	公务员	1.10	1.10	0.00	5.49	0.00	0.00	0.00
	企事业人员	5.49	6.59	2.20	24.18	2.20	4.40	0.00
	服务人员	1.10	0.00	0.00	4.40	0.00	0.00	0.00
	个体经营者	1.10	1.10	0.00	6.59	0.00	1.10	0.00
	军人	0.00	0.00	0.00	0.00	0.00	0.00	0.00
	教师	0.00	1.10	0.00	0.00	0.00	0.00	0.00
	学生	0.00	16.48	2.20	2.20	1.10	0.00	0.00
	农民/工人	0.00	0.00	0.00	3.30	0.00	0.00	0.00
	自由职业者	0.00	0.00	0.00	3.30	0.00	0.00	0.00
	离退休人员	0.00	0.00	1.10	0.00	0.00	1.10	0.00
	其他	0.00	0.00	0.00	0.00	0.00	0.00	0.00

基本社会属性		交通方式（%）						
		飞机	火车	长途汽车	自驾车	单位包车	旅行社包车	其他
月收入	1500 元及以下	0.00	16.48	2.20	2.20	1.10	0.00	0.00
	1501—2500 元	0.00	0.00	0.00	7.69	0.00	0.00	0.00
	2501—3500 元	1.10	2.20	1.10	15.38	0.00	3.30	0.00
	3501—4500 元	0.00	5.49	1.10	15.38	1.10	1.10	0.00
	4501—5500 元	1.10	1.10	0.00	2.20	0.00	0.00	0.00
	5500 元以上	6.59	1.10	1.10	6.59	1.10	2.20	0.00

（四）参与项目分析

1. 总体特征

对游客参与项目进行分析，可以了解游客的偏好，为景区旅游产品深层次开发及景区管理提供依据。如图 3－11 所示，滑沙（21.76%）、骑骆驼（17.99%）最为游客喜爱，这也是沙漠旅游最典型的娱乐项目；其次是黄河飞索（10.88%）、羊皮筏子（10.88%），这是其他沙漠旅游景区所没有的项目，充分体现了沙坡头景区沙与水的完美结合，也体现了沙坡头景区的独特性。沙漠扶梯（9.21%）和沙漠缆车（8.37%）；快艇（5.44%）、沙漠卡丁车（5.02%）、蹦极（5.02%）、沙漠越野（2.09%）、骑马（2.09%）和滑翔翼（1.26%）参与的游客较少，一是项目开发力度不够，不具有很强的吸引力；二是不具有沙漠旅游的典型性、独特性。这为景区下一步旅游项目开发、创新提供了实际指导。

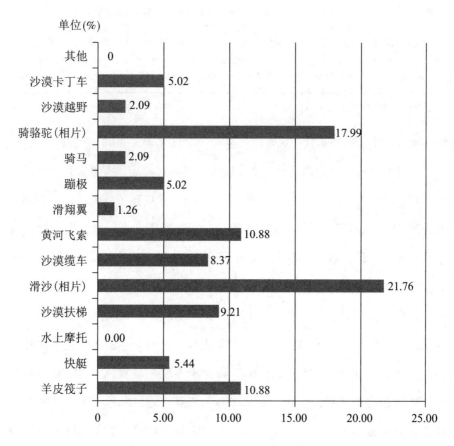

图 3-11　沙坡头游客参与的娱乐项目统计

2. 游客的不同基本社会属性与参与项目的差异性分析

运用交叉列联表分析不同社会属性的游客在参与项目上的差异性，在 5% 的显著水平下，如果卡方值的显著性概率低于 0.05，则说明游客参与的项目在某一基本社会属性上具有显著差异。表 3-18 显示，游客参与的项目在学历、职业方面没有显著差异，不具备统计学上的意义，故不做详细分析；在客源地、性别、年龄和月收入方面均呈显著相关，具有较大的差异性。

表 3 – 18   游客的基本社会属性与参与项目的卡方值显著性概率

基本社会属性	客源地	性别	年龄	学历	职业	月收入
Sig.	<0.0001	0.0422	<0.0001	0.1475	0.0621	<0.0001

注：在5%的显著水平下。

通过对比不同基本社会属性游客参与的项目（表3－19）发现以下几点。（1）区外的游客大部分都是首次来沙坡头，更喜欢参加具有景区代表性的旅游项目，如滑沙（16.3%）、骑骆驼（13.4%）、羊皮筏子（9.2%）、黄河飞索（7.5%）和沙漠扶梯（7.5%）等。区内游客对沙坡头的娱乐项目大部分均有涉及，其比例相差不大。（2）男性游客由于更富有冒险精神，所以更偏爱滑翔翼、骑马、沙漠越野和沙漠卡丁车等挑战性较强的项目；而女性则更喜欢骑骆驼、羊皮筏子、快艇和黄河飞索等不太刺激且安全系数相对较高的项目。（3）滑沙、骑骆驼和羊皮筏子是每个年龄段的游客都比较喜爱的项目，此外，18岁以下游客偏爱沙漠缆车、黄河飞索和滑翔翼；18—25岁游客偏爱沙漠扶梯、黄河飞索、快艇、蹦极和沙漠卡丁车；26—44岁游客偏爱沙漠扶梯、沙漠缆车、黄河飞索和沙漠卡丁车；45—59岁游客偏爱沙漠扶梯和快艇；60岁及以上游客偏爱快艇。总的来说，游客的年龄越小越喜欢具有挑战性的项目，而年龄较大的游客则更喜欢以观光为主的项目。（4）收入为1500元及以下的游客偏爱骑骆驼和羊皮筏子；收入为1501—2500元的游客偏爱骑骆驼；收入为2501—3500元的游客偏爱骑骆驼、沙漠扶梯和黄河飞索；收入为3501—4500元的游客偏爱骑骆驼、沙漠扶梯、沙漠缆车和黄河飞索；收入为4501—5500元的游客偏爱羊皮筏子；收入为5500元以上的游客偏爱骑骆驼、羊皮筏子、沙漠缆车和黄河飞索。总的来说，月收入较低的游客喜欢参加一些常规项目，这些常规项目的成本较低，而收入越高的游客更倾向于参加冒险项目，由于此类项目需要安全性高，设备投入费用较高，成本也较高。

表 3 – 19　　　　　　　　不同基本社会属性游客参与的项目统计

基本社会属性		参与项目(%)											
		羊皮筏子	快艇	沙漠扶梯	滑沙(相片)	沙漠缆车	黄河飞索	滑翔翼	蹦极	骑马	骑骆驼(相片)	沙漠越野	沙漠卡丁车
客源地	区内	1.7	1.3	1.7	5.4	1.3	3.3	0.4	1.7	2.1	4.6	0.0	1.3
	区外	9.2	4.2	7.5	16.3	7.1	7.5	0.8	3.3	0.0	13.4	2.1	3.8
性别	男	5.9	3.3	5.0	12.6	4.6	5.0	0.8	2.5	0.8	9.2	1.7	2.5
	女	5.0	2.1	4.2	9.2	3.8	5.9	0.4	2.5	1.3	8.8	0.4	2.5
年龄	18 岁以下	0.8	0.0	0.0	0.8	0.4	0.4	0.4	0.0	0.0	0.0	0.0	0.0
	18—25 岁	2.9	2.1	2.9	6.7	1.3	2.5	0.4	1.7	1.7	5.9	0.8	1.7
	26—44 岁	4.2	1.7	4.6	11.3	5.9	7.9	0.4	3.3	0.4	8.8	0.8	2.9
	45—59 岁	2.1	1.3	1.7	2.5	0.8	0.0	0.0	0.0	0.0	2.5	0.4	0.4
	60 岁及以上	0.8	0.4	0.0	0.4	0.0	0.0	0.0	0.0	0.0	0.8	0.0	0.0
月收入	1500 元及以下	3.3	1.3	1.3	4.2	1.7	1.7	0.8	0.8	0.0	4.2	0.8	1.3
	1501—2500 元	0.0	0.4	0.4	0.8	0.4	0.0	0.0	0.0	0.0	1.3	0.4	0.0
	2501—3500 元	1.7	0.4	2.9	4.6	1.3	2.9	0.0	1.3	0.8	2.9	0.4	0.4
	3501—4500 元	0.4	0.8	2.5	6.3	2.1	2.9	0.0	1.7	0.4	5.9	0.0	1.3
	4501—5500 元	0.8	0.4	0.4	1.3	0.0	0.0	0.0	0.0	0.0	0.0	0.4	0.4
	5500 元以上	4.6	2.1	1.7	4.6	2.9	3.3	0.4	1.3	0.0	3.8	0.0	1.7

3. 小结

通过对游客的空间行为分析可知，游客不同的基本社会属性在空间行为上各有差异。不同客源地、性别、年龄、学历、职业和月收入的游客群体具有不同的空间行为。主要表现为：游客的到访次数以第一次到访居多，尤其是距离较远的区外游客；游客的预计停留时间集中在4—5小时；游客的交通方式主要是自驾车，学生、收入较低的游客群体大多选择火车，距离较远的部分区外游客、收入较高的游客会选择飞机；游客参与最多的项目是滑沙和骑骆驼，其次是黄河飞索、羊皮筏子、沙漠扶梯和沙漠缆车，年龄较小、月收入较高、男性游客等群体更倾向于参加具有挑战性的娱乐项目，年龄较大、女性游客等群体更倾向于参加常规的且安全系数较高的娱乐项目。

（五）沙漠旅游游客满意度特征分析

1. 游客对景区的总体满意度分析

如图3－12所示，超过半数的游客对沙坡头的总体评价是满意的。游客对沙坡头的总体满意度评价中选择"非常满意"的占样本总量的1.10%，选择"满意"的占样本总量的65.93%，选择"一般"的占样本总量的25.27%，选择"不满意"和"很不满意"的分别占样本总量的6.59%、1.10%。

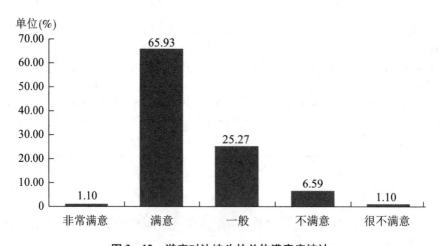

图3－12　游客对沙坡头的总体满意度统计

2. 游客对沙坡头景区的满意度分析

游客满意度对景区的管理、可持续发展产生着重要的影响。调查问卷采用李克特法（1 代表很不满意，2 代表不满意，3 代表一般，4 代表满意，5 代表非常满意）让游客分别从生态环境、旅游价格、旅游资源、基础设施、服务质量几个方面对满意度进行评价，均值如表 3 - 20 所示。

表 3 - 20　　　　　　　游客对沙坡头景区满意度均值统计

评价因素	评价因子	均　值
生态环境	空气质量	3.76
	水质	3.24
	卫生	3.22
	噪音	3.59
旅游价格	门票	2.79
	餐饮	2.93
	购物	2.92
	娱乐	3.48
旅游资源	自然风光	4.37
	景区特色	4.08
	资源丰度	4.05
基础设施	交通	3.71
	停车场	3.29
	标示物	3.78
	公共休息区	3.46
	娱乐区	3.70
	卫生间	3.53

评价因素	评价因子	均　值
服务质量	安全	4.16
	购物	3.91
	餐饮	3.71
	售票与咨询服务	3.23

　　游客对生态环境的满意度总体平均值为3.45，介于"一般"与"满意"之间。游客对空气质量（3.76）的满意度最高，但仍没有达到"满意"水平；其次为噪音（3.59）、水质（3.24）和卫生状况（3.22），均属"一般"水平，表明沙坡头的生态环境方面需要进一步维护。

　　游客对旅游价格的满意度总体平均值为3.07，介于"一般"与"满意"之间。游客对娱乐（3.48）旅游价格的满意度相对较高，但只处于"一般"水平；门票（2.79）、餐饮（2.93）、购物（2.92）的价格满意度评价均较低，处于"不满意"水平，表明沙坡头在旅游价格方面仍需调整，需引起管理者重视。

　　游客对旅游资源的满意度总体平均值为4.17，介于"满意"与"非常满意"之间。游客对自然风光（4.37）、景区特色（4.08）、资源丰富度（4.05）的评价都处于"满意"水平，表明沙坡头的旅游资源具有较高开发价值。

　　游客对基础设施的满意度总体平均值为3.58，介于"一般"与"满意"之间。游客对标示物（3.78）的满意度最高，接近"满意"水平；其次是交通设施（3.71）、娱乐区（3.70）；游客对卫生间（3.53）、公共休息区（3.46）和停车场（3.29）的满意度相对较低。表明沙坡头的基础设施水平已不能满足游客的需求，需进一步完善。

游客对服务质量的满意度总体平均值为 3.76，介于"一般"与"满意"之间。游客对安全（4.16）服务质量的满意度最高，处于"满意"水平；对"购物"（3.91）与"餐饮"（3.71）的满意度超出"一般"水平；对"售票与咨询服务"（3.23）的满意度相对较低。表明沙坡头在服务质量方面仍需进一步提高。

3. 重游率与推荐率

从图 3-13 可以看出，表示一定会重游沙坡头的游客占 6.59，可能会重游的游客达 42.86；一定会将沙坡头推荐给亲友的游客占 21.98%，可能会将沙坡头推荐给亲友的游客达 59.34%，表明沙坡头的潜在客源市场很大。

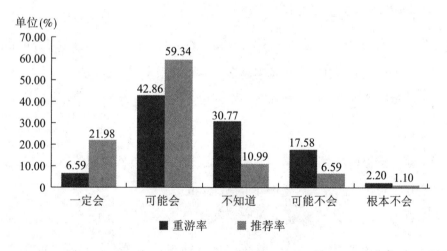

图 3-13 沙坡头游客的重游率与推荐率统计

（六）结论

沙漠型景区客源市场具有明显的空间地域性。宁夏及周边省份是沙坡头景区的一级市场，在每年旅游旺季，来自宁夏、陕西、内蒙古、甘肃等地方的游客最多；河南、四川、北京等地的游客次之；上海、天津、浙江等距离较远的省份的游客较少，这反映出客源地存在距离衰减性规律。随着社会经济的发展和交通的进步，交通时间成本降低，独具特色的沙漠型景区定会吸引众多来自东南沿海追新求异的游客，因此沙坡头景区乃至宁夏沙漠型景区要格外重视潜在旅游市场的开发。

沙漠旅游与大众旅游完美结合。多数游客愿意去沙漠旅游，且以中等收入的青年、中年游客为主，一方面反映出沙坡头景区以观光、娱乐项目体验为主，且体验项目主要针对的市场群体为追新求异、具有冒险精神、寻求刺激的中、青年，从而改变往日人们望沙生畏之感；另一方面也说明沙坡头景区各项消费基本合理，能为大部分中等收入者所接受。

网络和亲友推荐成为沙漠型景区游客获取旅游信息的主要途径。科技的发展，大大加快了信息的传播，改变了过去信息闭塞、信息不对称的情况，使人们获取信息的途径越来越多，不再局限于以往的报纸、杂志、旅行社，更多的是通过网络，如网站、论坛、微信朋友圈等，不仅方便、快捷，而且可信度较高。对景区而言，要更加注重"互联网 + 旅游"的建设。亲友推荐也是游客获取信息的重要途径，这种方式获取的信息往往被认为更加可靠，因此景区要格外重视口碑效应。

沙漠型景区自助游如火如荼，备受青睐。从组织方式看，多数游客选择亲友结伴出游，较少游客在旅行社报团出游；从选择的交通方式看，以自驾车为主。这说明随着经济水平的提高，交通条件的改善，旅游观念的转变，私家车的增多，游客更愿意选择自助游，自主安排旅游活动时间和内容，摆脱团体游的束缚，同时也说明沙坡头景区更适合自助游。

沙漠型景区的体验项目备受欢迎。沙漠型景区的体验项目极具独特性、刺激性、挑战性、冒险性，从其吸引的游客（青年、中年）群体来看，这些体验项目恰恰符合了这部分游客的旅游需求。其中的滑沙、骑骆驼是沙漠型景区典型的旅游体验项目，新颖、独特且刺激。黄河穿越景区，将沙与水完美结合，使景区更加富有灵动性，黄河漂流既让游客感受到刺激，又让其领略到沙坡头景区与众不同的大漠景象。这为沙漠型景区提供了项目开发的方向，不仅要注重体验，还要独具特色。

第四章　沙漠型旅游景区评价研究

第一节　沙漠旅游适宜度评价

沙漠旅游是指以沙漠地域和以沙漠为载体的事物、活动等为吸引物，巧妙地与沙漠景观本身所具有的独特自然审美特征和历史文化遗存进行联系和组合，以满足旅游者求知、猎奇、探险、科考、环保等需求为目的的一种旅游活动①②。沙漠旅游适宜度是沙漠地区能否开发为旅游区的先决条件，只有符合旅游开发条件的沙漠地区才有可能开发为沙漠旅游区。笔者通过文献查阅、部分地域实地考察等渠道搜集获得的资料，对宁夏沙漠地区开发沙漠旅游的适宜性进行总结和评价。

---

① 李先锋、石培基、马晟坤：《我国沙漠旅游发展特点及对策》，《地域研究与开发》2007年第4期。
② 郑坚强、李森、黄耀丽：《沙漠旅游资源利用在西部开发中的意义及策略研究》，《地域研究与开发》2003年第1期。

一　沙漠旅游适宜度评价因子筛选及指标体系构建

沙漠旅游适宜度评价是针对沙漠旅游地区是否适合开展旅游活动的可能性评估。根据不同因子相对于沙漠旅游活动开展的影响重要程度，确定其空间上和时间上的组合，在此基础上，对沙漠旅游区不同的地域和不同时段是否适合开展生态旅游活动进行评估。笔者尝试从资源禀赋、区域气候、旅游地可进入性和空间竞争四个方面评价宁夏开展沙漠旅游的适宜度。

（一）评价指标的选取原则

1. 全面性

构建沙漠旅游适宜度评价指标体系，须全面反映各种因素的影响，准确表达各评价主题的意义，选取具有代表性的因子，简捷明了地表达评价目的。

2. 针对性

关于旅游适宜度的评价体系多集中于山岳、森林、海岛和城市旅游中，针对沙漠旅游的适宜度评价极少。沙漠旅游适宜度评价选取的指标应该能反映沙漠独特的自然环境和旅游活动对生态环境的影响。

3. 定性与定量指标相结合

用定量指标来评价沙漠景区的资源禀赋和气候条件，用专家访谈和问卷调查来展示沙漠主体蕴含的文化特质。定性指标与定量指标相结合，全面反映沙漠旅游活动的适宜程度。

（二）评价指标体系的构建

根据上述原则，笔者查阅了大量的相关资料，采用德尔菲法在咨询了旅游学、景观学、风沙地貌学和生态学 11 位专家后，筛选了沙丘海拔、沙丘形态等 13 个指标构建沙漠旅游适宜度评价指标体系（表 4 - 1）。该体系共包括资源禀赋、区域气候、可进入性和空间竞争四个方面。

表 4 - 1　　　　　　　　沙漠旅游适宜度评价指标体系

目标层(A)	因素评价层(B)	指标层(C)
沙漠旅游适宜度评价A	资源禀赋 B_1	沙丘海拔 C_1
		沙丘形态 C_2
		沙漠组成粒径 C_3
		沙漠文化底蕴 C_4
		多种旅游资源有机结合 C_5
	区域气候 B_2	正午高温时长 C_6
		年平均风速 C_7
		年沙尘暴发生日数(能见度 <1km) C_8
	可进入性 B_3	交通节点可达性 C_9
		景区引力指数 C_{10}
		距依托城市(镇)距离 C_{11}
		直通城市(镇)公共交通线路 C_{12}
	空间竞争 B_4	相邻沙漠景区项目重复率 C_{13}

1. 资源禀赋

对于沙漠景区而言，沙漠的资源禀赋是进行旅游活动的前提和基础。中国沙漠分布在 37°N—50°N，从新疆、青海、甘肃、宁夏、内蒙古、陕西、辽宁、吉林和黑龙江 9 个省（区），形成了南北宽 600 公里，东西长 4000 公里的荒漠带。从海拔 -105— -76 米的吐鲁番沙漠植物园到海拔 1200—1400 米的腾格里沙漠，再到海拔在 3900—4700 米的库木库里沙漠和鲸鱼湖东部海拔 4800—5000 米的积沙滩新月形沙丘，横卧在中国北方大地上。生理学认为，在海拔达到 2700 米时就会出现高原反应，在达到 3700 米时发生率上升到 64%，4500 米以上则达到 100%[①]，因此，海拔是沙漠景区尤其是高原沙漠景区开发的一个不可忽视的因素。沙丘是沙漠旅游地最引人注目的旅游资源要素。沙丘形态主要有新月形及沙丘链、纵向、穹状、格状、金字塔形、蜂窝状、抛物线形和各种复合型等。形态迥异、高低起伏的沙丘为开发沙区资源提供了良好基础。不同的沙漠旅游项目对沙漠的粒径有不同要求，中国沙漠中粒径为 0.25—0.1 毫米的细沙比重最大，其次是 0.5—0.25 毫米的中沙和 0.1—0.05 毫米的极细沙，其余粒径沙粒所占比重较小[②]。根据笔者在多个沙漠景区的取样和游客调查分析得出，粗粒径沙丘给游客的踩踏感觉远不如细粒径沙丘，而且在微风的天气，极细粉沙随风而起被吸入人体中，对人类健康和大气环境影响很大。沙漠文化是伴随着自然因素的作用和人类生产生活方式的双重影响而形成的，从而使沙漠地区呈现出独特的人文环境历史底蕴，极大地提升了沙漠地区的旅游形象。沙漠与其他旅游资源的组合效应是吸引游客的不容忽视的因素。中国大多数已开发的沙漠景区是沙漠与河流、湖泊、绿洲、历史遗迹、民俗风情等一种或多种旅游资源相组合，这大大提升了沙漠旅游地的整体吸引力。沙漠旅游景区所依托的沙漠区的规模差异很大，中国最大的塔克拉玛干沙漠面积达 33 万平方公里，甘肃敦煌鸣沙山面积仅约 800 平方公里，零星分布沙丘如沙湖沙丘面积为 23 平方公里。这些著名的沙漠景区面积差异很大，可见沙漠规模对旅游开发没有决定性影响，故不将沙漠规模列入评价范围。

2. 区域气候

气候是影响人们旅游活动的重要因子。气候舒适度是指人们无须借助

---

① 马捷、李峰、刘晶：《高原反应的研究初探》，《中国医学工程》2012 年第 12 期。
② 吴正等：《风沙地貌与治沙工程学》，科学出版社 2003 年版，第 196—201 页。

任何防寒避暑措施就能保证生理过程正常进行的气候条件。对人体舒适感影响最大的是气温、湿度、风力和日照。根据 Terjung[①] 提出的气候舒适性指数的概念及 Oliver[②] 建立的风寒指数量表，一般景区气候适宜度评价采用的是温湿指数（THI）和风效指数（K）：

$$THI = T - 0.55(1f)(T58), T = 1.8t + 32$$

$$K = (10\sqrt{V} + 10.45 - V)(33t) + 8.55s$$

其中，温湿度指数中，f 为相对湿度（%），t 为温度；风速指数中，V 是地面以上 10 米高度处的平均风速（m·s^{-1}）；s 是日照时数（h·d^{-1}）[③]。

但是，沙漠地区昼夜温差大，温度日较差一般在 10—20℃。大众沙漠旅游活动一般集中在夏秋季节，此季节正午及午后沙漠表面温度高达 60℃以上[④]。因此不宜采用日均温度数据来准确反映气温对旅游活动的影响。将每日温度划分为凌晨段（00：00—06：00）、上午段（06：00—12：00）、正午段（12：00—14：00）、下午段（14：00—18：00）和夜晚段（18：00—24：00）。根据 Terjung 适宜指数，在相对湿度小的沙漠地区，游客可以接受的温度为 16—33℃，低于 16℃多数游客会感觉冷、凉，高于 33℃时多数游客会感觉炎热。正午段与高温段基本重合，中午高温时长越长，一天中旅游适宜期越短。一般来说，游客所能接受的最大适宜风速为 5 级（10.7m·s^{-1}）以下。利用年平均风速，计算旅游适宜季节和当日适宜时间的长短。影响沙漠旅游开展的极端天气包括沙尘暴、强风、高温等。

3. 可进入性

可进入性是指游客从客源地或旅游集散地进入景区的难易程度。沙漠

① Terjung W. H., "Physiologic climates of the contentious United States: a bioclimatic classification based on man", *Annual Association of Applied Geochemistry*, Vol. 5, No. 1, 1966.

② Oliver J. E., *Climate and Mans Environment: An Introduction to Applied Climatology*, New York, USA: John Wiley Sons, 1973.

③ 范业正、郭来喜：《中国海滨旅游地气候适宜性评价》，《自然资源学报》1998 年第 4 期。

④ 张杰：《塔克拉玛干沙漠腹地沙丘表面温度特征初探》，《中国沙漠》2003 年第 5 期。

旅游景区远离城市中心地带，可进入性对景区布局有着明显影响。交通节点可达性指沙漠旅游景区与直达机场、高速公路进出口、客运火车站的距离。景区引力指数最有影响的是 Grampon 模型以及在此模型基础上经修正而得到的 Wilson 模型[①]。笔者基于沙漠景区实际的客源情况，查阅相关文献，采用近年国内游客规模数据，模拟得到 Wilson 模型：

$$T_{jk} = KP_j A_j \exp - (\lambda r_{jk})$$

式中：T_{jk} 表示客源地 j 和目的地 k 之间的空间相互作用强度；P_j 为客源地 j 的人口规模；A_j 为 j 地人口的收入水平；r_{jk} 表示客源地 j 和目的地 k 之间的广义距离；λ 为空间阻尼参数；K 为归一化因子。在中国当前旅游业发展水平下，使用人均 GDP 来衡量 j 地人口的收入水平，使用物理距离来衡量客源地 j 和目的地 k 之间的距离，讨论全国范围的旅游空间相互作用时，λ 的值取为 0.00322[②③]。主要客源地选取北京、上海、广州、南京、武汉和西安六市，当主要客源地经济和人口规模取值一致时，引力指数主要取决于客源地和景区的空间距离。依托城市（镇）是旅游景区直接的主要客源集散城市（镇），依托城市（镇）抵达沙漠旅游景区的便捷程度直接影响景区的游客数量，依托城市（镇）可跨越行政区划。

4. 空间竞争

中国陆地面积辽阔，跨自然带较多，使得各沙漠形态、区域气候特征和周边环境不尽相同，这种差异性为开展丰富的旅游活动提供了良好的自然基础，避免因旅游资源相似而导致旅游地空间竞争。但是实地调查表

①　Wilson A. G., "A statistical theory of spatial distribution models", *Transportation Research*, No. 1, 1967.

②　李山、王铮钟、章奇：《旅游空间相互作用的引力模型及其应用》，《地理学报》2012 年第 4 期。

③　徐菲菲、杨达源、黄震方等：《基于层次熵分析法的湿地生态旅游评价研究——以江苏盐城丹顶鹤湿地自然保护区为例》，《经济地理》2005 年第 9 期。

明，沙漠景区难免出现因项目相似或雷同等现象造成的旅游地空间竞争现象。如沙漠地区最常见的项目有滑沙、骑骆驼、沙漠冲浪、沙漠体育活动等，在有水域的沙漠景区大多数也有划船等项目。这种竞争关系不仅存在于不同的沙漠区，而且同一沙漠区的不同景点也存在类似问题。这种普遍性反映了沙漠旅游景区因资源相似而导致的旅游开发局限性和空间竞争。沙漠景区如何与周边各类型景区和谐共生、交相辉映，是影响其可持续发展的重要因素。

二　沙漠旅游适宜度评价方法

（一）计算评价指标权重向量

为尽量获取准确的指标权重，先运用美国运筹学家 A. L. Saaty 提出的 AHP 法对规划指标体系 A—B—C 三个层次指标的权系数进行确定，然后用信息论中的熵技术对确定结果进行修正，最后对评价指标进行聚合。

AHP 是一种定性与定量相结合的决策分析技术，是将复杂问题分解成若干层，由专家对所列指标两两比较重要程度而逐层进行判断评分（表 4-2），通过计算判断矩阵的特征向量来确定下层指标对上层指标的贡献程度，从而得到各层指标对总目标的重要性的权重结果。但当采用专家咨询方式时，由于层次分析法容易产生循环而不能满足传递性公理，导致标度把握不准并丢失部分信息，解决这些问题的有效途径是使用熵技术对其进行修正①②。一些学者已经将熵值法运用到可持续发展评价和景区规划评价中③，将 AHP 与熵技术结合用于沙漠旅游的适宜度评价具有开创性。

①　方创琳、毛汉英：《区域发展规划指标体系建立方法探讨》，《地理学报》1999 年第 5 期。
②　徐国祥：《统计预测和决策》，上海财经大学出版社 1998 年版，第 30—42 页。
③　方创琳、Yehua dennis Wei：《河西地区可持续发展能力评价及地域分异规律》，《地理学报》2001 年第 5 期。

1. 构造判断矩阵

将沙漠旅游适宜度评价指标体系同一层中各因素相对于上一层的影响力或重要性两两进行比较，构造判断矩阵 $A = (a_{ij})_{m \times m}$，其中 a_{ij} 表示表 4-2 中确定的标度法。

表 4-2　　　　　　　　因子相对重要性标定系列

标　度	含　义
1	表示两个因素相比，具有相同重要性
3	表示两个因素相比，前者比后者稍重要
5	表示两个因素相比，前者比后者明显重要
7	表示两个因素相比，前者比后者强烈重要
9	表示两个因素相比，前者比后者极端重要
2，4，6，8	表示上述相邻判断的中间值
倒数	若因素 i 与因素 j 的重要性之比为 a_{ij}，那么因素 j 与因素 i 重要性之比为 $a_{ji} = 1/a_{ij}$

2. 计算权重及一致性检验

通过和积法确定各评价因子的权重值 w_i，然后计算矩阵最大特征根 λ_{max}，并计算一致性指标 $CI = (\lambda_{max} - n)(n-1)$ 和检验系数 $CR = CI/RI$，RI 为平均一致性指标，可通过查表获得。如果 $CR < 0.1$ 时，认为通过一致性检验。若 $CR \geq 0.1$ 时，需对判断矩阵 A 进行修正，使其具有满意的一致性。

3. 权重向量的修正

采用熵技术修正 AHP 获得的因子权重，首先对判断矩阵 $R = \{r_{ij}\}_{n \times n}$ 作归一化处理，得到 $\overline{R} = \{\overline{r}_{ij}\}_{n \times n}$，其中 $\overline{r}_{ij} = r_{ij} / \sum\limits_{i=1}^{n} r_{ij}$。则指标 f_j 输出的熵 E_j 为 $E_j = - \sum\limits_{i=1}^{n} r_{ij} \ln r_{ij} / \ln n$，可推知 $0 \leqslant E_j \leqslant 1$；其次求指标 f_j 的偏差度 $d_j = 1 - E_j$，确定指标 f_j 的信息权重 $\mu_j = d_j / \sum\limits_{j=1}^{n} d_j$；最后利用公式 $\lambda_j = \mu_j w_j / (\sum\limits_{j=1}^{n} \mu_j w_j)$ 得到各指标的权重向量 $\lambda_i = (\lambda_1 \lambda_2 \lambda_3 \cdots \lambda_m)$。修正结果见表 4－3。修正后的权重信息量增大，可信度较修正前有所提高，且更符合实际情况。

表 4－3　　熵技术修正后的沙漠旅游适宜度评价指标权重向量表

指标层次	指标变量	E	d	μ	λ	$W_{修}$相对于 A
A—B	B_1	0.93272	0.067281	0.263102	0.458912	0.458912
	B_2	0.91830	0.081704	0.319501	0.260293	0.260293
	B_3	0.94773	0.052269	0.204396	0.219167	0.219167
	B_4	0.94553	0.054469	0.213001	0.061628	0.061628
B_1—C	C_1	0.8907	0.109299	0.090729	0.014340	0.006380
	C_2	0.61828	0.381715	0.316863	0.194156	0.086380
	C_3	0.76510	0.234895	0.194988	0.053029	0.023593
	C_4	0.75803	0.241971	0.200861	0.495356	0.220384
	C_5	0.76321	0.236788	196559	0.243119	0.108164

指标层次	指标变量	E	d	μ	λ	$W_{修}$相对于 A
B$_2$—C	C$_6$	0.96023	0.039770	0.177975	0.104291	0.021672
	C$_7$	0.86992	0.130084	0.582137	0.541480	0.112520
	C$_8$	0.94639	0.053605	0.239888	0.354229	0.073609
B$_3$—C	C$_9$	0.90564	0.094362	0.281830	0.437792	0.119736
	C$_{10}$	0.92119	0.078815	0.235394	0.134907	0.036897
	C$_{11}$	0.93272	0.067282	0.200950	0.281410	0.076966
	C$_{12}$	0.90564	0.094361	0.281826	0.145890	0.039901
B$_1$—C	C$_{13}$	—	—	—	—	0.07300

（二）评价指标的聚合

沙漠旅游适宜度评价系统的发展状况可用一个向量 δ 的每一个分量均从不同侧面反映该系统在某阶段的发展状态，因而 δ 可以称为该系统的发展状态向量。为了科学地评价沙漠旅游适宜度状况，在已知系统发展的状态向量 $\delta_j = (\delta_1^j, \delta_2^j, \cdots, \delta_{nj}^j)$ 以及相应的指标权重向量 $\lambda_j = (\lambda_1^j, \lambda_2^j, \lambda_3^j, \cdots, \lambda_{nj}^j)$ 基础上，采用多目标线性加权函数法，即综合评价法来对沙漠旅游适宜度评价指标体系的各评价因子进行聚合，其表达式为：

$$M_j = \sum_{n=1}^{n_j} \lambda_i^j \delta_i^j$$

在前述原则的指引下，通过景区实地调查、咨询相关专家、查询文献和游客问卷调查得出评价因子的评判标准（表 4-4、表 4-5），并获取沙漠旅游景区分值的原始值。以沙坡头景区为例，经专家评分得出，其适宜度总分为 4.524 分，属很适宜等级。

表4-4　　　　　　　　　　　沙漠旅游适宜度评价标准

目标层(A)	因素评价层(B)	指标层(C)		评价标准		
				5.0—3.0	3.0—1.0	<1.0
沙漠旅游适宜度评价A	资源禀赋 B_1	沙丘海拔 C_1		<2700m	2700—3500m	>3500m
		沙丘形态 C_2		沙丘形态类型多样,高大沙丘与平缓沙丘前后连接,分布均匀,个别沙丘倾角>20°	两种形态的沙丘或沙垄,沙丘起伏,倾角5°—20°	沙丘形态单一,倾角<5°
		沙漠组成粒径 C_3		0.25—0.1mm占优势	0.5—0.25mm和0.1—0.05mm占优势	<0.05mm和>0.5mm占优势
		沙漠文化底蕴 C_4		具有国际影响的文化内涵,沙漠文化具有垄断性	具有全国影响的文化内涵,沙漠文化丰富	文化内涵具有区域性,沙漠文化普遍
		多种旅游资源有机结合 C_5		景区内旅游资源基本类型>3种主类	景区内旅游资源基本类型在3—2种主类	景区内只有沙漠景观
	区域气候 B_2	正午高温时长 C_6		<1h	1—1.5h	>1.5h
		年平均风速 C_7		小于2.4m·s^{-1}	2.4—3.6m·s^{-1}	>3.6m·s^{-1}
		年沙尘暴发生日数(能见度<1km) C_8		<100d/a	100—150d/a	>150d/a
	可进入性 B_3	交通节点可达性 C_9	距直达机场	<100km	100—200km	>200km
			距高速进出口	<20km	20—50km	>50km
			距客运火车站	<50km	50—100km	>100km

续　表

目标层（A）	因素评价层（B）	指标层（C）	评价标准		
			5.0—3.0	3.0—1.0	<1.0
沙漠旅游适宜度评价 A	可进入性 B₃	景区引力指数 C₁₀	>1.0	0.8—1.0	<0.8
		距依托城市（镇）距离 C₁₁	<20km	20—50km	>50km
		直通城市（镇）公共交通线路 C₁₂	有市（镇）内出发的一条或多条公共交通线抵达	无市（镇）内公交汽车，但有长途汽车抵达，需设汽车站点	有直达旅游专线，包括旅游专线汽车，或城市（镇）周边旅游专列，但均需定时定点
	空间竞争 B₄	相邻沙漠景区项目重复率 C₁₃	景区相同项目设置<3项	景区相同项目设置在3—5项	景区相同项目设置>5项

表 4-5　　　　　　　　沙漠旅游适宜度等级标准

标准	很适宜	适宜	较适宜	较不适宜	很不适宜
得分（T）	>4.5	$3.5 < T \leqslant 4.5$	$2.5 < T \leqslant 3.5$	$1.5 < T \leqslant 2.5$	$T \leqslant 1.5$

三　沙漠旅游适宜度评价结果

（一）资源禀赋评价

宁夏沙漠资源主要分布在两个区域，一部分是隶属鄂尔多斯沙地的河东沙地，另一部分是贯穿至中卫境内的阿拉善地区的腾格里沙漠。境内的沙漠以新月形沙丘及沙丘链为主,沙丘迎风坡微凸而平缓,延伸较长,背风坡微凹而陡。总体相对高度不高,流动性不大,但是也有许多高大的沙丘,如较早开展滑沙项目的沙坡头沙漠景区(高差约 100 米,落沙坡角约 32°)①,被《中国国家地理》评为"中国最美的五大沙漠"之一。宁夏境内沙丘之间既平行连接,也前后互接。良好的沙漠形态及相对稳定性,为开发沙区资源提供了良好基础,同时也有利于防沙治沙工作的进行。

宁夏曾是西夏王国的国都与腹地,西夏文化对其发展影响深远,现存的西夏王陵、岩画、文物等都是神秘悠久历史的见证,能满足旅游者的猎奇心理。宁夏还是我国最大的回族聚居区,拥有特色鲜明的民族风情。垄断性的人文旅游资源使得境内的沙漠地区呈现出独特的历史底蕴和沙漠文化,在大漠风光与塞上江南的交相辉映中,带给旅游者强烈的视觉冲击和神秘感,这是全国其他旅游区所无法比拟的。

宁夏处于东部季风区、西北干旱区和青藏高原区三个自然区域的交汇地带,自然条件的过渡性、多样性造就了宁夏沙漠集中区得天独厚的资源组合优势。将"沙、水、山、木"等丰富的自然资源与独特的人文资源融为一体,构成了宁夏沙漠旅游奇特、雄浑、秀丽、浩瀚、神秘的旅游资源形象。这无疑大大提升了宁夏沙漠旅游的品位和知名度。

(二) 区域气候适宜度评价

在炎热的夏季,正午不适合进行旅游活动,早晨和黄昏是比较合适的观光时段。游客可以选择早晨或者傍晚攀登沙丘,早看日出、晚观日落。根据笔者于 2012 年 7 月在沙坡头和鸣沙山连续 15 天的温度观测,并结合

---

① 屈建军、凌裕泉、井哲帆等:《包兰铁路沙坡头段风沙运动规律及其与防护体系的相互作用》,《中国沙漠》2007 年第 4 期。

景区统计数据及参考文献，对比新疆塔克拉玛干沙漠，沙坡头景区的正午平均温度比鸣沙山和塔克拉玛干沙漠低1.7℃和4.3℃（表4-6），宁夏沙漠景区一天中的正午不适宜旅游时段（>33℃）要远短于甘肃、新疆等地沙漠，沙漠旅游的适宜期更长。

表4-6　　　　　　　　夏季沙丘表面温度观测数据统计（7月）

项　目		沙丘阳坡（℃）	沙丘阴坡（℃）	沙丘顶部（℃）	气温(1.5m)（℃）
日最高温度（℃）	沙坡头	66.7	60.5	63.4	38.4
	鸣沙山	69.8	64.3	66.8	40.1
	塔克拉玛干沙漠	72.6	67.5	68.1	42.2
日最高平均温度（℃）	沙坡头	60.4	58.6	56.5	33.4
	鸣沙山	63.6	60.5	58.7	35.1
	塔克拉玛干沙漠	66.1	64.3	62.7	37.7
日最低平均温度（℃）	沙坡头	22.3	20.3	20.8	15.3
	鸣沙山	22.0	20.9	21.0	17.7
	塔克拉玛干沙漠	21.5	19.4	20.3	20.9
日最大温差（℃）	沙坡头	49.2	47.6	46.3	17.9
	鸣沙山	52.1	48.8	47.0	19.5
	塔克拉玛干沙漠	53.8	51.2	49.7	21.1

在沙漠旅游区风是常见的自然现象，黄小燕等①②利用西北地区 125 个气象观测站 1960—2009 年的日平均风速资料进行分析得出，我国沙漠地区风速在空间上存在"北大南小"的特点（图 4－1），年平均风速在 1.8—2.4m·s⁻¹。风速大值区主要分布在中蒙边境地区，有四个大值中心分别位于新疆、内蒙古、甘肃的边境线附近及青海的西南部；在时间上，我国沙漠区冬季寒风凛冽不适合开展旅游活动，春季风速最大，只有夏季至秋季初（5—8 月）约 4 个月的时间比较适合旅游活动（图4－2）。总体来看，宁夏适宜开展沙漠旅游的时间较长，且在适宜开展旅游活动的季节段中，当日内旅游活动适宜度一般早晚比正午时段高③。

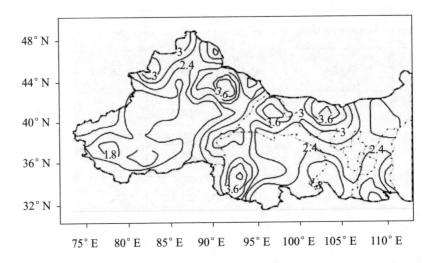

图 4－1　1960—2009 年西北地区平均风速的空间分布（单位：m·s⁻¹）

---

①　黄小燕、张明军、王圣杰等：《西北地区近 50 年日照时数和风速变化特征》，《自然资源学报》2011 年第 5 期。

②　田莉、奚晓霞：《近 50 年西北地区风速的气候变化特征》，《安徽农业科学》2011 年第 32 期。

③　王文瑞、伍光和：《中国北方沙漠旅游地开发适宜性研究》，《干旱区资源与环境》2010 年第 1 期。

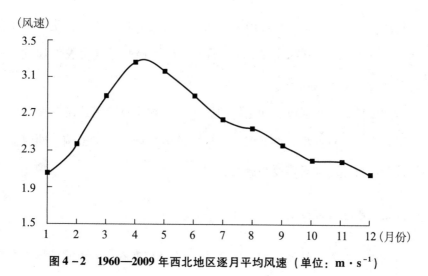

图 4 − 2　1960—2009 年西北地区逐月平均风速（单位：m·s⁻¹）

影响沙漠旅游开展的极端天气包括沙尘暴、强风、低温、连续阴雨、高温等。大风、沙尘暴是宁夏常见的气象灾害，春季大风最多，大风灾害多见于北部。沙尘暴以盐池、同心最多，出现最多的季节是春季。腾格里沙漠南缘、卫宁平原发生天数较少且次数和强度明显低于新疆、甘肃、内蒙古西部沙漠地区（表 4 − 7）。研究表明，宁夏沙尘暴总的趋势在减少，但近年来其强度有增强的趋势①。

表 4 − 7　　　　　　　　北方沙尘暴发生日数及分布特征

年均降水量	RF < 305mm	305 mm ≤ RF ≤ 570mm	RF > 570mm
年均日数	9.5	2.4	0.7
地区 （日数）	银川（55）、阿拉善（156）、盐池（201）、敦煌（141）、格尔木（144）、若羌（151）、鄂托克旗（110）、库车（100）、民勤（335）	榆林（103） 巴林左旗（10）	—

①　赵光平、陈楠：《生态退化状况下的宁夏沙尘暴发生发展规律特征》，《中国沙漠》2005 年第 1 期。

除沙尘暴和大风，宁夏境内常发极端天气还有低温冷害，主要发生在7—8月；干热风，主要发生在6—7月。这两种极端天气对农作物危害较大，对旅游活动影响较小。

由此可见，春季强风、沙尘暴的影响是制约宁夏沙漠旅游深度开发的气候因素之一，对沙漠旅游5月、6月的游客数量有一定影响。同时盐池发展沙漠旅游还应考虑盛夏高温的影响。

（三）可进入性分析

从我国已开发的沙漠旅游景区（点）的分布来看，沙漠旅游地大多数分布在沙漠区的边缘地带及沙漠绿洲附近。如腾格里沙漠边缘的宁夏沙坡头景区、内蒙古月亮湖景区与响沙湾景区、敦煌鸣沙山景区等。

宁夏地处我国西北内陆东部，沙漠与平原相连，沙漠旅游资源与新疆、甘肃、青海相比距我国东部和南部的客源市场更近（表4-8、表4-9），两大沙漠景区距六大客源市场都在1万千米以下，仅稍长于内蒙古响沙湾景区，拥有其他诸多沙漠景区少有的交通优势。首府银川和著名的旅游城市北京和西安构成一个大地域旅游系统的"三核结构"[1]。宁夏现有京藏高速、青银高速、福银高速、定武高速和109、110、211、307等多条国道过境，中国第一条沙漠铁路包兰铁路横贯沙坡头旅游景区，太中银铁路的开通也使银川到东部地区的时间大大缩短。但是除此之外其他铁路仅为支线，河东机场属国内航线且班次较少，国际航班也只有至首尔和迪拜的航线，这降低了沙漠景区与机会客源市场的便捷性。

宁夏沙漠集中分布区均靠近区域性中心城市，尤其是距离银川市较近，有良好的旅游依托城市。银川作为主要的客流集散地，与主要沙漠区

① 中国科学院地理研究所旅游规划研究中心、宁夏回族自治区旅游局：《宁夏回族自治区旅游业发展与布局总体规划（2000—2020）》，1999年。

之间有便捷的交通，尤其是已开发的沙湖、沙坡头两个沙漠旅游景区均具有良好的可达性，便于各项旅游活动的开展。距离宁夏北部沙漠、西沙窝等待开发沙漠景区也有较密的公路网，但是毛乌素沙地南部边缘公路少，可进入性差，将成为其资源深度开发与利用的一个重要制约因素。

　　由于现代交通工具的发展和沙漠公路的修建，我国沙漠旅游显示出逐渐向沙漠深处推进的趋势，越来越多的游客可深入沙漠腹地进行观光和探险性质的旅游活动。受自然环境和国土面积制约，宁夏沙漠景区多为边缘地带景区，但是深入沙漠腹地的旅游活动仍属于科考、探险等专项旅游，而非大众可普遍参与的旅游项目，所以宁夏沙漠景区与沙漠腹地相比仍处于主导区域。

表 4-8　　　我国主要沙漠景区与交通节点、依托城市（镇）距离

景区	直达机场距离（km）	高速出口距离（km）	客运火车站距离（km）	依托城市（镇）距离（km）	公交线路
莫高窟/鸣沙山—月牙泉	16.4	124	14.1	5.6	公交线路
克什克腾地质公园	336.9	10.5	330.5	92.3	汽车站
库木塔格沙漠	29.8	10.7	50.7	4.11	公交线路
响沙湾	97.8	3.3	23.5	23.5	旅游专线
乌兰布和沙漠旅游区	120.3	44.3	136.9	77.1	旅游专线
巴丹吉林沙漠旅游区（阿拉善沙漠国家地质公园）	480.1	445.1	568.4	222.4	旅游专线
七星湖	162.8	71.4	163.6	77.3	旅游专线
沙湖	69.1	9.5	27	18.5	汽车站
沙坡头	206.4	23.9	19.6	19.1	汽车站

表 4 - 9   我国主要沙漠景区与主要旅游客源地距离

景　区	客源地距离（km）						
	北京	上海	广州	南京	武汉	西安	总计
莫高窟/鸣沙山—月牙泉	2665	3127	3425	2840	2477	1738	16272
克什克腾地质公园	597	2093	2745	1626	1752	1490	10303
库木塔格沙漠	3210	3674	3968	3388	3024	2285	19549
响沙湾	680	1877	2603	1700	1644	792	9296
乌兰布和沙漠旅游区	1010	2210	2685	2158	1820	1022	10905
巴丹吉林沙漠旅游区 （阿拉善沙漠国家地质公园）	1475	2463	2888	2206	2007	1320	12359
七星湖	824	2022	2747	1846	1767	1007	10213
沙湖	1174	2062	2440	1806	1574	778	9834
沙坡头	1270	2007	2300	1718	1420	624	9339

（四）空间竞争分析

朱震达等[1]根据各沙漠（沙地）分布的区域自然特色将我国沙漠（沙地）分为八个区域，即塔里木盆地沙漠、准噶尔盆地沙漠、新疆东部地区沙漠（戈壁）、柴达木盆地沙漠、河西走廊地区沙漠、阿拉善地区沙漠、鄂尔多斯地区沙地、东北西部及内蒙古东部地区沙地。各沙漠形态、区域气候特征的差异性为开展丰富的旅游活动提供了良好的自然基础，但是沙漠景区难免出现因项目相似或雷同等现象造成的旅游地空间竞争现象。

---

[1]　朱震达、吴正、刘恕：《中国沙漠概论》，科学出版社 1980 年版。

宁夏沙漠旅游一直以来是沙坡头、沙湖两强相争，由于两者旅游项目重复建设而导致游客分流明显。沙坡头游客占全区游客总人数的比例由1990年的45.7%下降到2000年的14.6%，2011年跌至7.8%，沙湖游客占全区游客总人数的比例从1990年的不足10%上升到2000年的39.3%，到2011年下降到8.3%。所以，宁夏各沙漠景区在建设中应坚持"人无我有，人有我特"的原则，不照搬硬套，重复建设，应根据本景区特色（表4-10），建成不可替代的特殊旅游地[1]。

表4-10　　　　　　　　宁夏沙漠旅游景区发展现状[2]

区域	景区	特色
银川	金水园旅游区	金色的沙滩，雄浑的长城，古老的横城古渡，雄伟的西夏皇宫，有宁夏"黄金海岸"之称
	水洞沟旅游区	以旧石器时代文化、明长城、沙漠和雅丹地貌向人类展示沙漠的原始性与现代性
	鹤泉湖旅游区	沙漠湖泊，芦苇环绕，鱼翔浅底，一幅自然风景画
	黄沙古渡旅游区	汇集黄河、大漠、湿地、湖泊、田园为一体的自然景观，目前开展了多种沙漠运动
	长流水旅游区	自然天成的集旅游休闲、娱乐垂钓、野营探险、野生动植物观赏、影视剧外景拍摄等为一体的绿色景区
石嘴山	兵沟旅游区	大漠、黄河与峡谷的完美结合，汉墓群与墓葬地宫共展苍凉雄浑的古原地貌
	沙湖旅游区	沙、湖、山、苇、鸟、鱼有机组合，相映成趣

---

① 沙爱霞、陈忠祥：《宁夏沙漠旅游开发研究》，《宁夏大学学报》（自然科学版）2004年第1期。

② 范业正、郭来喜：《中国海滨旅游地气候适宜性评价》，《自然资源学报》1998年第4期。

续　表

区域	景　区	特　色
中卫	沙坡头旅游区	大漠、黄河、山地、长城和古丝绸之路组合的奇特自然景观
	通湖草原旅游区	沙漠湖泊、沙漠绿洲、沙漠草原、沙山岩画；古长城、古战场、古买卖城遗址；沙漠中的"伊甸园"
	大漠边关旅游区	"万里长城第一烽火台""边塞雄关"集长城遗址、湖、沙、林融汇为一体
吴忠	盐池生态治沙旅游区	向人类展示治沙成果，人类绿化工程与沙漠的美妙结合

第二节　沙漠型景区景观价值评价方法研究及应用

景观（Landscape），从旅游的角度可理解为是以视觉美学意义上的景观为主，兼具地理学及生态学意义上的多功能景观。沙漠作为一种独特的旅游景观资源，具有多重景观价值。狭义上的沙漠，指地面完全被大片沙丘（或沙）覆盖、缺乏流水且植被稀少的地区，是荒漠的一种，即沙质荒漠，从旅游学和风沙地貌学角度来看，属于风积地貌旅游景观[①]。本书所指的沙漠（狭义）景观除基本地貌景观如沙丘、沙山外，还包含与其相互交融共同满足人们观赏体验的沙域伴生环境景观，如山

---

① 董瑞杰：《沙漠旅游资源评价及风沙地貌地质公园开发与保护研究》，硕士学位论文，陕西师范大学，2013 年。

岳水体、绿洲草原、遗址遗迹等构景要素。各种风沙地貌是沙漠和荒漠的背景环境，属于一种特异地貌旅游景观。作为沙漠旅游资源的依托，以风沙地貌为主的沙漠旅游景观由"斑（湖泊、绿洲、植被等）、廊（线性沙丘、河流、道路等）、基（沙域环境）"三大单元构成，类型丰富且组合多变（表4-11）。

表4-11　　　　　　　　　　沙漠旅游景观类型及其组合

沙漠旅游景观类型及组合	景观类型	典型景观
沙漠自然旅游景观	沙漠地貌	沙丘、沙山、鸣沙山
	沙漠水域	内流河、咸水湖
	沙漠生物	胡杨林、沙棘、野骆驼
	气象气候	沙市蜃楼、沙尘暴
沙漠人文旅游景观	遗址遗迹	沙漠窟寺、陵墓、古城遗址
	建筑设施	治沙工程、沙漠民居
	旅游商品	烤全羊、沙画、沙浴
	人文活动	宁夏大漠黄河节
沙漠旅游景观主要组合类别	沙丘与湖盆滩地组合	沙湖景区
	沙漠与治沙工程组合	沙坡头景区
	沙山响沙组合	敦煌鸣沙山

沙漠景观资源主要强调其可以被社会利用的价值，其本身的发现和评价往往是旅游地开发的契机和良好开端，如宁夏沙坡头、内蒙古巴丹吉林

沙漠等①。景观价值评价是对旅游资源价值的认定和为资源开发利用提供依据的过程。本书以沙漠景观为评价对象，研究其美学、康乐、科学文化及经济社会价值，通过评价认清现状，有助于合理开发、持续利用、全面保护景观资源。

一 沙漠景区景观价值定量评价

（一）评价指标的构建

1. 指标构建原则

沙漠景观所含庞杂，可自成一体又密不可分，评价指标体系的构建是景观价值评价的基础。因此，指标选取应遵循以下原则。

（1）简明科学原则。指标选取和体系设计应简明科学，客观真实地选取对沙漠景观价值产生作用的因子作为评价指标。

（2）系统性原则。沙漠景观价值评价指标体系的构建是一项复杂的系统工程，需全面反映其景观价值各个侧面的基本特征、涵盖沙漠景观综合评价的内涵。

（3）代表性原则。沙漠景观所指广泛，指标选取必须是在考虑各类不同景观特征及其时空分布尺度的前提下，选取一些能反映不同类型共性的，而且又具有代表性的因子构建普适性的评价指标体系。

（4）独立性原则。评价指标应相互独立，不应存在相互包含和交叉关系及大同小异的现象。

（5）定性定量相结合原则。以定量评价指标为主，但沙漠景观价值评

---

① 吴晋峰、王鑫、郭峰等：《库姆塔格沙漠风沙地貌遗产美学价值评价》，《中国沙漠》2012年第 5 期。

价指标体系涉及面广且复杂，有些指标难以直接量化，必然采用一些主观评价指标。

2. 构建评价指标体系

景观评价涉及地理、环境、人文、艺术、心理等多个学科，只有对审美主体和审美经验进行多方位、多角度探索，才能使景观评价有新的突破。根据上述指标构建原则，结合沙漠景观特征，在广泛借鉴其他类型旅游景观价值评价所选指标的基础上，对从事沙漠旅游及景观设计专业的高校教师和在读研究生进行了咨询，最终确定了美学、康乐、科学文化及社会经济价值4个准则层17个评价指标层（表4-12）。

表4-12　　　　　　　　　　　评价指标体系

目标层（A）	准则层（B）	指标层（C）
沙漠景观价值评价（U）	美学价值（U_1）	沙丘形态及沙质（X_{11}）
		沙漠色彩（X_{12}）
		沙漠日、季相变化（X_{13}）
		观赏意境（X_{14}）
		沙域伴生景观（X_{15}）
		奇特性及多样性（X_{16}）
		组合性及协调性（X_{17}）
	康乐价值（U_2）	沙漠娱乐探险（X_{21}）
		沙体疗养保健（X_{22}）
		沙漠气候舒适度（X_{23}）

续 表

目标层（A）	准则层（B）	指标层（C）
沙漠景观价值评价（U）	科学文化价值（U_3）	沙漠研究价值（X_{31}）
		历史文化价值（X_{32}）
		科普教育价值（X_{33}）
	社会经济价值（U_4）	景观经济效益价值（X_{41}）
		沙漠遗产价值（X_{42}）
		生态环境价值（X_{43}）
		沙漠环境承载力（X_{44}）

3. 指标选取依据及特点

（1）美学价值。指景观各资源组成要素通过人的感观（视觉、听觉、嗅觉、触觉、味觉等）作用于人内心，而使人感受到愉悦、舒适等内在体验的复杂心理过程[①]。沙漠景观是自然景致的重要构成，美学价值是游客审美与沙漠景观关联的纽带，而对沙漠美学价值进行评价是将天然资源转化为旅游景观资源的先决条件，其高低直接关系到沙域景观观赏质量，是沙漠旅游景观价值评价的重要内容之一。

沙丘是构成沙漠旅游景观的最基本要素，也是体现沙漠旅游资源异质性的首要吸引物，型态优美多变的沙丘可满足游客好奇、求异、审美的需求，其观赏性及沙质如何直接关系到景区旅游景观品质；不同色彩构成沙漠不同颜色之美，金黄沙丘、盐白沙地等均给人以不同感受，一处金沙、

---

① 陈洪凯、方艳、吴楚：《风景名胜区景观价值评价方法研究》，《长江流域资源与环境》2012 年第 Z2 期。

碧水、绿草、蓝天等色调皆具的景区定能给旅游者留下深刻的印象。此外，色彩多寡也是反映景观类型丰富程度的重要因素，可从沙粒微观及沙漠宏观两个层面来评价；沙漠日出日落、植被荣枯等共同塑造了风景的日、季相，构成沙漠旅游景观的"容貌"，是沙漠美学在时空上最明显的反应与表现。这种变化着的沙域风景往往左右着观赏者的审美心理，从而使其产生特定的情感体验。"清风明月本无价，远水近山更有情"，在景观审美中，感官需求的满足为较低层次，观赏意境即情景交融才是旅游审美的根本所在，而其美学价值的体现又与景观客体美学价值、旅游主体审美能力及群体审美普遍性密切相关。沙域伴生环境（山岳、水体、绿洲等）虽非沙漠型景区的核心吸引物，但作为与沙丘相伴生的构景要素，符合大众审美心理，对整体景观美学价值的作用不可或缺。著名的沙漠旅游地其伴生环境多较复杂，而背景单调的沙漠腹地除探险者外鲜有游客问津。雄、奇、幽、旷等为自然景观形象美学特征类型，而对于沙漠可用"奇"来概括。沙漠景观之奇来源于自身的与众不同，得自于多种构景要素的组合变化，强烈的景观异质和地域特色，是沙漠旅游动机产生的最大诱因；协调有序、多样统一是景观形式美的原则，只有如此方可多样而不凌乱。沙山景观类型虽单调，但因与周边低缓沙丘形成强烈高差对比，足以令游客叹为观止。沙水之滨虽少有雄奇景观，但多种要素构成和谐有序，沙水相合使荒凉的沙漠增添几分秀色，同样可使来者流连忘返。

（2）康乐价值。指景区景观或资源对游客具有的康复疗养、娱乐运动等功能价值。沙漠景区独特的自然环境条件和景观资源特征，使其开发游乐探险、康体疗养等旅游产品具有得天独厚的优势，是人类在依借沙漠自然景观资源的基础上所发掘的又一重大价值。

"商、学、养、闲、情、奇"为新旅游发展的六大要素，也是将来旅游业发展的必然趋势，而沙漠景区凭借其得天独厚的资源条件及地理环境，完全具备发展新型旅游的价值和潜力。经过多年的发展，我国沙漠旅游已由单一的沙漠探险发展为沙漠观光、沙漠竞技和沙漠生态感知游等多种产品类型的旅游活动，增添了多种体验可能[①]。依托沙漠资源特质和独特的自然条件，开展滑沙、越野、骑骆驼、徒步探险等种类繁多的沙漠娱乐探险活动，满足了游客"闲、奇"的需求，这也是除了观赏沙漠自然景观之外别开生面的旅游体验。日光浴、沙疗具有独特的疗养保健功效，这得益于沙漠地区良好的光、沙资源，可满足游客对"养"的需求，也是沙漠旅游景观资源的又一大价值所在。此外，气候舒适度反映旅游地的适游性及环境质量，也是沙漠生态旅游不可或缺的环境构成要素。

（3）科学文化价值。指景区资源具备的科学研究价值、历史文化价值及科普教育价值。沙漠地区地理环境复杂，历史人文荟萃，人沙和谐相处之间又尽显生态内涵，其中所蕴含的科学文化价值也是旅游景观价值的重要组成部分。

我国沙漠面积广阔且类型多样，对于综合研究沙漠地质地貌、资源分布、动植物种类及分布、地表水系分布和变迁、沙漠气候和风沙活动等具有重要的科学价值和现实意义，也是沙漠景观除旅游功能外重要的价值属性。沙漠多历史悠久、人文荟萃之地，沙漠旅游融合了农耕文化、游牧文化、丝路文化、墓葬文化、生态文化、民族文化等多种文化景观[②]，而这些由历史文化遗存所形成的旅游吸引物往往会成为沙漠旅游地的核心，使沙漠景观在历史文化等人文方面的挖掘和开发具有不可替代的价值。随着沙漠旅游的发展，沙漠地区生态环境的保护日益受到重视，不少景区已成为开展沙漠生态科普教育的基地，寓生态教育于旅游之中。如吐

---

① 尹郑刚：《我国沙漠旅游景区开发的现状和前景》，《干旱区资源与环境》2011 年第 11 期。
② 陈丽：《沙漠旅游文化内涵的挖掘与构建》，《边疆经济与文化》2013 年第 11 期。

鲁番沙漠植物园、沙坡头景区本身就是治沙基地或科研基地，走科研、旅游一体化创新道路，在旅游的同时也感受了生态文化，满足了人们"回归自然"的愿望。旅游与科普教育功能相结合对沙漠旅游的可持续发展影响深远。

（4）社会经济价值。指景区景观资源通过自身或人类活动对社会、经济产生积极影响及正向周边效应而体现出的价值。沙漠景观作为旅游资源的依托，若开发得当，会产生巨大的社会经济效益，反之则会造成严重的负面影响。通过沙漠生态旅游，将资源优势化为经济效益，对沙漠地区社会发展及生态建设有着重要意义，也是人类开发沙漠景观资源所追求的根本价值所在。

景观经济效益价值的大小基本与景观质量等级呈正相关，但也并非绝对，一处景观质量平平的景区在合理的创新开发之下也可能产生巨大的经济效益；沙漠地区自然遗产和文化遗产浩如烟海，除了成为沙漠旅游地的核心吸引物，同样具有很高的探险、考古、科考等价值，这也是反映旅游地景观价值等级的重要考量标准；沙漠旅游地多分布在生态环境极其脆弱的地区，若开发管理不当势必会对景观质量及生态环境造成严重影响。沙漠旅游开发之初就划归在生态旅游类别，因此，生态环境质量在沙漠型景区尤为重要，生态环境价值也就成为评判其景观价值的特色要素之一；沙漠旅游具有特殊性，而其承载力往往成为制约其他景观价值实现的瓶颈。沙漠旅游环境承载力价值体现在自我调节能力、开发利用条件及运营管理能力等方面，可综合反映出景区旅游资源与发展状况，其强弱大小如何直接关系到经济、社会、生态等价值的实现，对景区整体景观价值的作用不可或缺。

4. 评价等级和评分标准

沙漠景观价值评价指标的分级赋值是根据研究区域的具体情况，参阅相关旅游资源评价方法，由专家系统法收集调查表和灰色系统统计分析获取，将评价等级分为高、中、低三级，每个等级的最高赋值为100，最低为0。赋值越高，表示该景观价值越高。具体如表4－13、表4－14、表4－15、表4－16所示。

表4－13　　　　　　　　　美学价值评价指标等级及评分标准

指标释义	评价级别	等级描述	评分标准
沙丘形态及沙质 指各种类型沙丘形象和姿态；组成沙丘沙粒的质地	高	沙丘造型姿态优美，形象雄奇高大，完整广泛分布，沙质细润	$100 \geqslant X \geqslant 75$
	中	沙丘形象、姿态较典型，类型较少，完整度较低，沙质较好	$75 > X \geqslant 50$
	低	沙丘形象、姿态无特色，体小量少，沙质粗糙	$50 > X \geqslant 0$
沙漠色彩 指由沙粒、沙丘、植被、水体、光照、岩土、环境等不同颜色交织所表现出的组合色彩	高	沙漠色彩丰富，组合搭配协调	$100 \geqslant X \geqslant 75$
	中	沙漠色彩较丰富，组合较协调	$75 > X \geqslant 50$
	低	沙漠色彩较单调，组合欠佳	$50 > X \geqslant 0$
沙漠日、季相变化 指沙漠一日内和四季间所呈现出的不同景观变化，也包括沙漠气象气候景观	高	沙漠日、季相景观变化明显，气象气候景观典型且丰富	$100 \geqslant X \geqslant 75$
	中	沙漠日、季相景观变化较大，气象气候景观较常见	$75 > X \geqslant 50$
	低	沙漠日、季相景观变化单调，气象气候景观少见	$50 > X \geqslant 0$

续　表

指标释义	评价级别	等级描述	评分标准
观赏意境 指游客游览沙漠景观所获得的审美体验或心理感受，即沙漠意蕴美	高	沙漠景观可使游客获得极高的审美享受和独特的心理体验	$100 \geqslant X \geqslant 75$
	中	可使游客获得较高的审美享受和较独特的心理体验	$75 > X \geqslant 50$
	低	较少或难以使游客获得良好的审美体验	$50 > X \geqslant 0$
沙域伴生环境 指与沙积景观相互交融共同满足人们观赏游乐体验的沙域伴生环境景观，如山岳水体、绿洲草原、生物气象等构景要素	高	沙域伴生景观多样，富含韵律美	$100 \geqslant X \geqslant 75$
	中	沙域伴生景观较丰富，韵律欠佳	$75 > X \geqslant 50$
	低	沙域伴生景观单调，组合无序	$50 > X \geqslant 0$
奇特性及多样性 指沙漠景观的外貌形态、生物等所体现出的自然过程的稀有性以及在结构和功能上所体现出的多样性	高	景观外貌形态、造型、景区风光、生物等复杂多样且独具特色	$100 \geqslant X \geqslant 75$
	中	景观丰度一般且局部有特色	$75 > X \geqslant 50$
	低	景观空间格局多样性低且奇特性较差	$50 > X \geqslant 0$
组合性及协调性 指沙漠景观内部构成元素及各景观之间在时空组合分布上的有序性、规律性和协调程度	高	景观结构复杂、各元素间联系密切、组织有序	$100 \geqslant X \geqslant 75$
	中	景观结构简单、有序性好，但缺少丰富性	$75 > X \geqslant 50$
	低	景观结构简单、各元素间缺乏联系，有序性较差	$50 > X \geqslant 0$

表 4 - 14　　　　　　　　康乐价值评价指标等级及评分标准

指标释义	评价级别	等级描述	评分标准
沙漠娱乐探险 指利用沙漠景观资源开发的各种体验性沙漠旅游活动	高	沙漠活动类型丰富、景观资源独特、垄断性强	$100 \geqslant X \geqslant 75$
	中	沙漠活动类型较多，但无明显特色和垄断优势	$75 > X \geqslant 50$
	低	沙漠活动类型单调且与周边同质竞争激烈，无自身特色优势	$50 > X \geqslant 0$
沙体疗养保健 指沙漠景区的景观或资源对游客具有的休养保健功能	高	沙体含较多微量元素或有益矿物质，有较好的养生性	$100 \geqslant X \geqslant 75$
	中	沙体含些许有益矿物质，养生性一般	$75 > X \geqslant 50$
	低	沙体缺乏有益矿物元素，养生性不明显	$50 > X \geqslant 0$
沙漠气候舒适度 指在沙漠景区自然气候条件下游客生理过程能正常进行的气候条件	高	旅游季节气候温和凉爽，空气清新而不干燥，环境幽静	$100 \geqslant X \geqslant 75$
	中	旅游季节气候较温和，空气干湿度较适中，环境较幽静	$75 > X \geqslant 50$
	低	旅游季节温差变化大，气候炎热、空气干燥	$50 > X \geqslant 0$

表 4 - 15　　　　　　　　科学文化价值评价指标等级及评分标准

指标释义	评价级别	等级描述	评分标准
沙漠研究价值 指在沙漠景观学、生态学、生物学、地学及交叉学科中具有研究价值及学术理论意义	高	沙漠景观资源在多学科中具有较高研究价值，促进学科发展	$100 \geqslant X \geqslant 75$
	中	在多学科研究中具有一定科学研究及理论学术价值	$75 > X \geqslant 50$
	低	在多学科研究中具有较低的研究价值	$50 > X \geqslant 0$
历史文化价值 指沙漠景区具有的文化传承历史所给人带来的精神文化价值	高	具有悠久、独特、珍贵的沙漠地域文化传承价值	$100 \geqslant X \geqslant 75$
	中	具有一定历史特色的沙漠地域文化传承价值	$75 > X \geqslant 50$
	低	缺乏历史文化价值	$50 > X \geqslant 0$
科普教育价值 指通过对沙漠景观的游览，以及对其所具有的价值的宣传讲解，能增进游客的知识技能和生态环保意识	高	在生态保护、宣传教育等方面具有较高的价值	$100 \geqslant X \geqslant 75$
	中	生态、教育等方面价值一般	$75 > X \geqslant 50$
	低	在生态保护、宣传教育等方面具有较低的价值	$50 > X \geqslant 0$

表 4 – 16   社会经济价值评价指标等级及评分标准

指标释义	评价级别	等级描述	评分标准
景观经济效益价值 指沙漠景区收益、政府税收及对周边地区带来的经济效益	高	景区收益高、缴纳税收较高、促进周边经济快速增长	$100 \geqslant X \geqslant 75$
	中	景区收益较高、缴纳税收中等、周边居民收入提高较少	$75 > X \geqslant 50$
	低	景区收益较差、缴纳税收较低、基本没有促进周边发展	$50 > X \geqslant 0$
沙漠遗产价值 包括沙漠自然和人文两类遗产，指各类遗产所具有的突出的普遍价值	高	景区自然或文化遗产众多，具有珍贵的研究价值	$100 \geqslant X \geqslant 75$
	中	景区具有较多的自然或文化遗产，研究价值一般	$75 > X \geqslant 50$
	低	景区自然或文化遗产缺乏且研究价值较小	$50 > X \geqslant 0$
生态环境价值 指沙漠景观、植被等对当地生态环境保护的价值或促进景区周边环境得到改善	高	景观、植被等极大地绿化了当地环境，周边环境质量显著提高	$100 \geqslant X \geqslant 75$
	中	景观、植被等具有中等的环境保护价值，周边环境得到一定改善	$75 > X \geqslant 50$
	低	景观、植被等具有较低的环境保护价值，周边环境较少改善	$50 > X \geqslant 0$
沙漠环境承载力 指沙漠景区可容纳的经济规模、空间容量、心理容量及景观资源的生态承受能力	高	容量较大	$100 \geqslant X \geqslant 75$
	中	容量一般	$75 > X \geqslant 50$
	低	容量较小	$50 > X \geqslant 0$

（二）评价方法

鉴于沙漠景观评价所涉及的因子无明确的外延界限，具有很大的"模糊性"，用传统方法确定评价因子的分值或等级有时会夸大它们之间的差异，影响评价精度，故采用模糊评价法。运用层次分析法确定各评价指标的权重，利用模糊评价将客观评价指标定量化处理，进而转化为数学求解，形成综合数学模型。再结合景观综合评价指数法进行评价，将其结果进行比较，检验评价结果的相符性。

1. 模糊综合层次分析法

（1）建立因素集

将目标层 A 记作因素集 U，准则层 B 记作 $U = \{U_1，U_2，U_3，U_4\}$；评价指标层 C 记作 $U_i = \{X_{i1}，X_{i2}，X_{i3}，\cdots，X_{ij}\}$。

（2）建立评价集

$$V = \{V_1, V_2, V_3, V_4, V_5\} = \{极优, 优, 良, 中, 差\}$$

利用专家评分法，确立专家评分集，从而建立指标层模糊综合评分矩阵。

分级赋值如下：

$V_1 \in [90, 100]；V_2 \in [80, 90)；V_3 \in [70, 80)；V_4 \in [60, 70)；V_5 \in [0, 60)。$

评分依据为不同时段（旅游淡、旺季）在典型沙漠景区调研时所拍照片（宏观、中观、微观）及综合数据资料（项目、游客量、收益等），以电子邮件形式发送给各专家。

（3）建立权重集

第一，构造判断矩阵。

依据标度法，依次比较各层指标两两元素的相对重要性，构造判断矩

阵 $A = (X_{ij})$，X_{ij} 为 X_i 对 X_j 的相对重要性数值，$X_{ij} \geqslant 0$。

第二，求解特征根及特征向量。

第一步：计算判断矩阵每一行指标的乘积

$$M^i = \prod_{j=1}^{n} X_{ij} (i = 1, 2, \cdots, n)$$

第二步：计算 M_i 的 n 次方根

$$\overline{W}_i = \sqrt[n]{M_i}$$

第三步：归一化处理，确定权重

$$W_i = \overline{W}_i \Big/ \sum_{i=1}^{n} \overline{W}_i$$

第四步：计算最大特征根

$$\lambda_{\max} = \frac{1}{n} \sum_{i=1}^{n} \frac{(AW)_i}{W_i}$$

第三，一致性检验。

$$C_I = \frac{\lambda_{\max} - n}{n - 1}; \ CR = \frac{CI}{RI}$$

式中：CR 为随机一致性比率，RI 为平均随机一致性指标，当 $CR <$ 0.1 时，判断矩阵具有一致性，否则需调整矩阵，直到满足要求。

（4）模糊综合评价

确立指标层一级模糊综合评判矩阵，由 $R_i = Bi \times Vi, (i = 1, 2, 3, 4)$，得到一级模糊综合评判集合 R_i；因素层的一级模糊综合评判矩阵：

$$R = \{R_1, R_2, \cdots, R_n\}^T$$

确立目标层二级模糊综合评判集：

$$B_i = A_i R_i$$

式中：A_i 为该指标层的各指标因子的模糊权重集；R_i 为该层各指标因子单因素指标评判矩阵。依据最大隶属度原则，将最终的评价结论向量中的最大值与评价集对应，从而得出评价等级，获得综合评价结果。

2. 景观综合评价指数法

$$W = \sum_{i=1}^{n} (W_i \times V_i)$$

式中：W_i 为各级指标权重；V_i 为各级评价指标因子的分值；$W_i \times V_i$ 为景观评价分指数。据此计算出最终评价分值，结合公式及最大隶属度原则，得出沙漠型景区景观价值的评价等级。

二 沙漠型景区景观价值应用评价

（一）沙坡头景区景观价值量化评价

结合建立的评价指标体系和方法，对该景区景观价值进行定量评价。通过计算得出准则层及指标层的权重系数，如表 4 – 17、表 4 – 18 所示。

表 4 – 17　　　　　　　　准则层判断矩阵及 AHP 的权重系数

U	U_1	U_2	U_3	U_4	$\overline{W_i}$	W_i	λ_{max}	CR
U_1	1	2	3	4	2.2134	0.4668		
U_2	1/2	1	2	3	1.3161	0.2776	4.0310	0.0116
U_3	1/3	1/2	1	2	0.7598	0.1603		
U_4	1/4	1/3	1/2	1	0.4518	0.0953		

表4-18　　　　　　　　　　　　　指标层权重系数

准则层	指标层	W_i	λ_{max}	CR	总权重
U_1	X_{11}	0. 2404	7. 2755	0. 0338	0. 1122
	X_{12}	0. 0295			0. 0138
	X_{13}	0. 0422			0. 0197
	X_{14}	0. 0746			0. 0348
	X_{15}	0. 1591			0. 0743
	X_{16}	0. 1037			0. 0484
	X_{17}	0. 3505			0. 1636
U_2	X_{21}	0. 6370	3. 0385	0. 0332	0. 1768
	X_{22}	0. 2583			0. 0717
	X_{23}	0. 1047			0. 0291
U_3	X_{31}	0. 1397	3. 0536	0. 0462	0. 0224
	X_{32}	0. 3325			0. 0533
	X_{33}	0. 5278			0. 0846
U_4	X_{41}	0. 5287	4. 1807	0. 0677	0. 0504
	X_{42}	0. 0683			0. 0065
	X_{43}	0. 2687			0. 0256
	X_{44}	0. 1343			0. 0128

根据评价指标体系、评分标准和评价集设计打分表，选取专家、游客、景区人员对评价体系的各因素逐一进行打分，按照 5∶3∶2 的原则对打分表进行综合统计分析，建立单因素评判矩阵，依次对各评价层进行综合评判，计算目标层评价集为：

$$B = A \times R = (0.4668, 0.2776, 0.1603, 0.0953) \times$$

$$\begin{bmatrix} 0.3036 & 0.3582 & 0.2143 & 0.0971 & 0.0268 \\ 0.2756 & 0.3570 & 0.2307 & 0.1098 & 0.0269 \\ 0.1689 & 0.2652 & 0.2739 & 0.1956 & 0.0965 \\ 0.2941 & 0.4027 & 0.2082 & 0.0721 & 0.0229 \end{bmatrix} =$$

$$(0.3036, 0.3582, 0.2307, 0.1603, 0.0965)$$

归一化处理后得：$(0.2642, 0.3117, 0.2007, 0.1395, 0.0839)$

根据目标层评判结果，依据最大隶属度原则，对沙坡头景区景观美学价值等级进行评价，评价结果为优。

运用景观综合评价指数法，根据公式（11）加权计算模型，计算沙坡头景观价值得分：

$$W = 0.4668 \times \{0.2404 \times 90 + 0.0295 \times 88 + 0.0422 \times 85 + 0.0746 \times 83 +$$

$$0.1591 \times 84 + 0.1037 \times 82 + 0.3505 \times 86\} +$$

$$0.2776 \times \{0.6370 \times 87 + 0.2583 \times 83 + 0.1047 \times 85\} +$$

$$0.1603 \times \{0.1397 \times 89 + 0.3325 \times 87 + 0.5278 \times 86\} +$$

$$0.0953 \times \{0.5287 \times 87 + 0.0683 \times 79 + 0.2687 \times 84 + 0.1343 \times 88\} = 86.04$$

由上可知沙坡头景区景观价值最后分值为 86.04 分，运用景观综合评价指数，根据该公式加权计算模型，得出评价等级为优，与模糊综合层次分析法的计算结果相符。

（二）宁夏主要沙漠型景区景观价值评价

宁夏是沙漠旅游资源丰富而典型的地区，以沙坡头、沙湖、黄沙古渡等为代表，是宁夏以及西北地区最具特色的沙漠型旅游景区（图4-3）。根据相同指标和方法对宁夏主要沙漠型景区景观价值进行评价，其综合评价结果如表4-19所示。

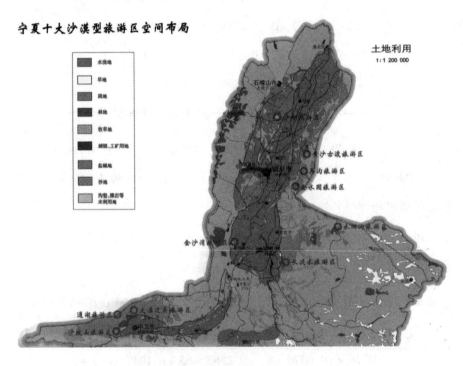

图4-3　宁夏主要沙漠型景区

表4-19　　　　　　　宁夏主要沙漠景区景观价值评价

排名	沙漠景区	二级模糊评判集	价值等级	主导类型
1	沙坡头	（0.264，0.312，0.201，0.139，0.084）	优	美学、康乐
2	沙湖	（0.307，0.365，0.199，0.099，0.030）	优	美学、生态

续　表

排名	沙漠景区	二级模糊评判集	价值等级	主导类型
3	通湖草原	(0.302，0.449，0.165，0.067，0.017)	优	美学、文化
4	黄沙古渡	(0.248，0.370，0.248，0.092，0.042)	优	生态、美学
5	水洞沟	(0.277，0.223，0.319，0.149，0.032)	良	遗址、美学
6	长流水	(0.278，0.237，0.283，0.150，0.052)	良	生态、美学
7	兵沟	(0.273，0.225，0.308，0.115，0.079)	良	美学、文化
8	金水园	(0.244，0.239，0.386，0.089，0.042)	良	美学、生态
9	金沙湾	(0.238，0.223，0.134，0.357，0.048)	中	生态、美学
10	大漠边关	(0.216，0.282，0.120，0.291，0.091)	中	美学、遗址

第三节　沙漠景观资源美学价值评价

沙漠景观资源主要强调其可以被社会利用的价值，其本身的发现和评价往往是旅游地开发的契机和良好开端，如宁夏沙坡头、内蒙古巴丹吉林沙漠等。景观的功能在于使观赏者饱览自然景色，了解历史文化，补偿精神享受，从而获得一种满足的审美情绪。沙漠旅游从本质上来说是一项审美活动，而美学价值是人类审美和沙漠景观联系的纽带，其价值高低会直接影响景观的观赏质量，只有当游客在恰当时机以合理的方式充分体验到最佳景观美学特征时，沙漠旅游才能释放和体现其价值所在。

一 沙漠景观美学价值评价指标体系的构建

(一) 指标体系构建原则

沙漠景观所含庞杂,可自成一体又密不可分。评价指标体系的构建是景观美学价值评价的基础,因此,应遵循以下原则进行指标的选取。

(1) 科学性原则。应客观选取真正对沙漠景观美学价值产生作用的因子作为指标体系。

(2) 系统性原则。将评价体系视为一体,兼顾评价对象各侧面的基本特征及综合内涵。

(3) 代表性原则。以不同景观特征及不同时空分布尺度为前提,所选指标应既能反映不同景观类型的共性,又具有普适代表性。

(4) 独立性原则。评价指标应相互独立,不应存在相互包含和交叉关系及大同小异的现象。

(5) 定性定量相结合原则。以定量评价为主,但沙漠景观美学价值评价指标体系涉及面广且复杂,有些指标难以直接量化,故评价体系的主观性不可避免。

(二) 评价指标体系的构建及方法选择

景观美学价值评价与地理学、生态学、心理学、美学等学科密切相关,只有进一步对审美主体从不同角度进行多方位的探索,才可能突破原有的景观评价范式。根据上述原则,结合沙坡头景区特点,在初步确定其美学价值的影响要素后,对从事沙漠旅游及景观设计专业的高校教师和在读研究生进行了咨询,筛选出最能代表景区景观资源总体特色的七大景观要素,即沙丘 (地)、山岳、水域、生物、天象、人文景观和沙漠生态环境,选取新奇性、多样性、天然神秘性、组合协调性、科学与历史文化价值作为各景观要素美学价值的一级评价指标（见图4－4），对各评价指标含义的理解与评判结果息息相关，故有必要对指标层进行解释，以便准确把握，参照相关文献对指标释义（表4－20）。

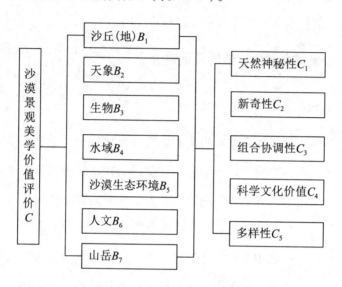

图4－4 沙坡头沙漠景观美学价值评价指标体系

表4－20 评价指标释义

指 标	指 标 释 义
新奇性	取决于不同特征景观的时空分异，景观资源的外貌形态、生物及其所体现出的自然过程的独特性、稀有性
多样性	景区资源丰度及在结构和功能上体现出的多样性，反映资源的复杂程度
组合协调性	复杂景观结构的有序性和景观韵律信息的可读性
天然神秘性	景区资源保持原始风貌的程度及其在形态上或自然现象过程中展现出的令人难以解释的现象
科学文化价值	景区资源具备的科学研究、历史文化价值及科普教育价值

常用的确定美学价值评价指标的方法有定性分析法、专家咨询评价法、层次分析法等，且各有其优缺点及适用范围。结合评价区实际，采用专家咨询法对主要景观要素及其分别代表的评价指标进行打分，并采用层次分析法计算各景观要素及各指标的权重。

二　沙漠景观美学价值的量化评价

（一）评价因素权重的确定

在对沙坡头景区沙漠景观的美学价值进行评价中，景观要素及其评价指标的权重会直接影响到评价结果，因此适当确定权重值非常重要。针对景区实际，采用层次分析法分别算出七大景观要素及其所对应的五大指标的权重。

根据层次分析法相关原理及计算方法，首先分别对文中所选取的七大景观要素及五大评价指标逐层逐项进行重要性比较后构成矩阵，并计算其权重系数 W_i，再通过一致性检验，得出 $C_R < 0.1$，说明所求权重系数均可使用，结果较客观合理（表4-21、表4-22）。

表4-21　　　　各景观要素两两比较矩阵

B	B_1	B_2	B_3	B_4	B_5	B_6	B_7	W_i	λ_{max}	C_R
B_1	1	7	6	2	3	7	2	0.335		
B_2	1/7	1	1/3	1/6	1/4	1	1/5	0.027		
B_3	1/6	2	1	1/5	1/3	2	1/5	0.047		
B_4	1/2	6	5	1	3	6	2	0.255	7.538	0.068
B_5	1/3	4	3	1/3	1	4	1/3	0.105		
B_6	1/7	1	1/2	1/6	1/4	1	1/6	0.024		
B_7	1/2	5	5	1/2	3	6	1	0.207		

表4-22　　　　　　　　　　　各评价指标两两比较矩阵

C	C_1	C_2	C_3	C_4	C_5	W_i	λ_{max}	C_R
C_1	1	1/3	1/4	1/2	1/2	0.081		
C_2	3	1	1/2	2	2	0.254		
C_3	4	2	1	2	2	0.355	5.053	0.012
C_4	2	1/2	1/2	1	1	0.155		
C_5	2	1/2	1/2	1	1	0.155		

（二）各景观要素指标分值的量化

根据景区特色，借鉴其他类型景观资源美学价值评价时普遍适用的指标作为审美特征因子，以专家打分的形式，对沙坡头景区的构景要素进行分级和量化评价，各评价指标值域均为（0，100），共分5个等级，即极低、低、高、较高、很高，分别对应值域为（0—19）、（20—39）、（40—59）、（60—79）、（80—100）。评分依据为不同时段（旅游淡、旺季）在沙坡头景区调研时所拍照片（宏观、中观、微观）及综合数据资料，连同问卷一起以电子邮件的形式发送给各专家，将所得的多份问卷综合平均，得出评价分值（表4-23）。

表4-23　　　　　　　　　　　评价指标及专家打分值

评价指标	构景要素						
	沙丘（地）	天象	生物	水域	沙漠生态环境	人文	山岳
天然神秘性	76	61	66	86	71	66	76
新奇性	61	61	66	91	66	56	81

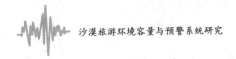

续　表

评价指标	构 景 要 素						
	沙丘(地)	天象	生物	水域	沙漠生态环境	人文	山岳
组合协调性	76	56	66	81	61	61	86
科学文化价值	81	56	71	86	76	71	81
多样性	76	51	71	86	66	61	86

（三）美学价值因子单项评价

根据表 4 – 22 中所计算的相对权重值及表 4 – 23 中专家打分值，由公式

$$C_j = \sum_{i=1}^{7} B_{ji} \cdot W_{bi} \qquad (1)$$

其中：C_j 为第 j 项指标所对应的美学价值评价得分；B_{ji} 为第 j 项指标中第 i 个景观要素的专家打分值；W_{bi} 为每个景观要素所对应的权重。可得沙坡头景区沙漠景观资源美学价值各单项指标的价值得分（表 4 – 24）。

表 4 – 24　　　　沙坡头景区沙漠景观资源美学评价单项指标得分

评价指标	天然神秘性	新奇性	组合协调性	科学文化价值	多样性	合计
得分	75.89	72.45	75.40	79.347	77.27	
权重	0.081	0.254	0.355	0.155	0.155	76.594
综合得分	6.148	18.397	26.770	12.298	11.978	

根据表 4 – 22 中所计算的相对权重值及表 4 – 23 中专家打分值，由公式

$$C_i = \sum_{j=1}^{5} B_{ij} \cdot W_{ct} \qquad (2)$$

其中：C_i 为第 i 项指标所对应的美学价值评价得分；B_{ij} 为第 i 项指标中第 j 个景观要素的专家打分值；W_{ct} 为每个景观要素所对应的权重值。可得到沙坡头景区沙漠景观资源各景观要素美学价值得分（表 4 – 25）。

表 4 – 25　　　　沙坡头沙漠景观资源各景观要素美学价值得分

景观要素	沙丘(地)	天象	生物	水域	沙漠生态环境	人文	山岳	合计
得分	72. 963	56. 91	65. 75	83. 436	64. 17	61. 645	83. 245	
权重	0. 335	0. 027	0. 047	0. 255	0. 105	0. 024	0. 207	76. 594
综合得分	24. 036	1. 565	2. 994	21. 715	6. 518	1. 759	17. 004	

（四）美学价值综合得分

依据所建评价模型的景观要素及其分别对应的指标因子的综合评定，应用加权求和法对沙坡头沙漠景观资源的美学价值进行量化计算，公式为：

$$V_t = \sum_{j=1}^{5} C_j \cdot W_{ci} = \sum_{j=1}^{7} C_i \cdot W_{bt} \qquad (3)$$

式中：V_t 为美学价值综合得分，结果见表 4 – 24 和表 4 – 25。由此，可得沙坡头沙漠景观资源美感度综合评价得分为 76. 594。

得出总评价分值后，将景区资源美学评价等级划为 5 级，分别与前面所划定的 5 个评价指标等级相对应（表 4 – 26）。根据层次分析法

与专家打分法所求结果并参照表 4－26 中评价等级的划分标准，可知沙坡头景区沙漠景观资源美学价值较高，即整体美感度较高，处于优美等级。

表 4－26　　　　　　　　沙坡头沙漠景观资源美学评价等级

分数	0—19	20—39	40—59	60—79	80—100
等级	一般	较美	美	优美	绝美

第五章　旅游活动对沙漠旅游环境
影响的综合研究

我国是世界上沙漠分布广阔的国家之一，近年来随着旅游产业规模的扩大、人民生活水平的提高和各项优惠政策的出台，沙漠旅游不断升温。宁夏是沙漠旅游资源丰富而且十分典型的地区，以沙坡头、沙湖、黄沙古渡等为代表的沙漠型旅游景区是宁夏以及西北地区最具特色的旅游景区。独一无二的旅游资源引得全国各地游客纷至沓来，2013 年 10 月 3 日，沙湖景区接待内外游客 4.5 万人次，沙坡头景区接待内外游客 3.35 万人次，刷新了各自景区游客接待量记录。

汹涌而至的客流给沙漠型旅游景区带来了损伤性甚至破坏性的影响，调查旅游活动对沙漠景区造成的冲击，以及对产生影响的程度进行评估，将为宁夏乃至西北地区沙漠型旅游景区保护开发和生态修复提供理论基础，为定量评估游客活动的环境影响提供科学依据，从而推动我国沙漠型旅游及整个旅游业的可持续发展。

第一节　旅游活动对沙漠景区生态环境的影响研究

一　基于既成事实法游客对植被踩踏干扰影响

（一）游步道调查研究方法

在比较成熟的景区，旅游活动对其生态环境的冲击达到相对平衡状态，选择旅游使用方式不同的地区，对旅游活动对环境冲击程度进行实地调查。分析景区植被和土壤等自然要素受人类干扰的程度，并深入分析其受影响程度与游客数量间的函数关系。此调查法最大优点为可迅速直观地获取资料。台湾学者刘儒渊等运用此方法在台湾南投合欢山公园以植被群落变化、土壤硬度变化为指标，调查景区游步道两侧植被所遭受的游客冲击影响[1]。

1. 样带选取时间

根据近5年宁夏三大沙漠景区（沙湖、沙坡头、黄沙古渡）的游客量分布数据，宁夏沙漠旅游旺季约为"五一"假期至古尔邦节，进入9月下旬后，游客量分布呈明显的节点极化，游客多集中在中秋、"十一"和古尔邦节出游，其他时段游客量很少。游步道调查研究选在2012年8月，此时，正值暑期，以学生市场和家庭市场为主的游客团体出游持续火热，宁夏沙漠旅游处在游客量高峰期，旅游活动对环境的瞬时压力也

---

① 刘儒渊、曾家琳：《合欢山区步道冲击之研究》，《台大实验林研究报告》2003年第3期。

处一个高值段。

2. 样带选取地点及依据

根据沙漠生物调查样地选择的代表性、典型性、均匀性和基质稳定性等原则，本研究游步道的样区选择沙坡头和黄沙古渡景区，采样点为黄沙古渡湿地公园售票处北侧约100米（样带一）、游客服务中心东侧（样带二）、冲浪车车道（样带三）（如图5-1）和沙坡头北区木栈道（样带四）（如图5-2），样带一、样带二、样带四为进入沙漠景区的必经之路，样带三是沙漠娱乐项目冲浪车的自然车道。样带一位于38°33′10″N、106°32′24″E，海拔1107米处，是游客由冲浪车换乘进入沙漠景点的必经之路，通过的游客占进入景区游客的80%以上，具有游客活动影响的典型性，游步道为木质栈道，宽82厘米，高出地表20—30厘米，两侧为灌草结合生态系统；样带二位于38°33′28″N、106°31′58″E，海拔1108米，是游客、冲浪车、骆驼骑队混合公用的游步道，影响机制受多种因素制约，游步道自然形成，宽3.54米，沙路，灌草结合生态系统；样带三位于38°33′57″N、106°32′12″E，海拔1126米，为景区冲浪车娱乐项目自然车道，具有娱乐项目影响的典型性，游人极少涉及，游道表面多车轮印痕，宽5.6米，草被生态系统；样带四位于37°28′4″N、104°59′43″E，海拔1347米，是通往沙坡头北区的游步道，木质栈道，宽1.8米，高出地表30—40厘米，栈道两侧70厘米处设有围栏，围栏由木桩和缆绳组成，高约1.2米，将游步道与治沙区隔开，是研究游客活动影响阻碍机制的理想样地。在调查样区以游步道为中心，以游步道外侧为始，向两侧延伸，各设立5处样方（1米×1米，遇到陡坡或河岸，样方数量适当减少），在样区边缘区域5米外游客未影响或影响较小的同质区域，设置对照样方（1m×1m），基本设计见图5-3。

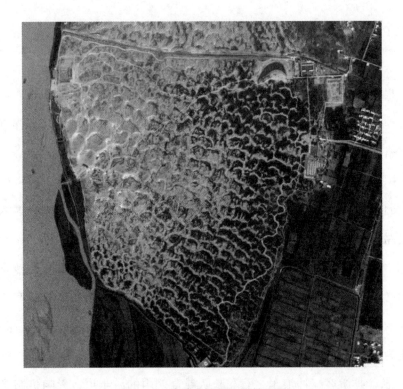

图 5 – 1　黄沙古渡景区样带位置

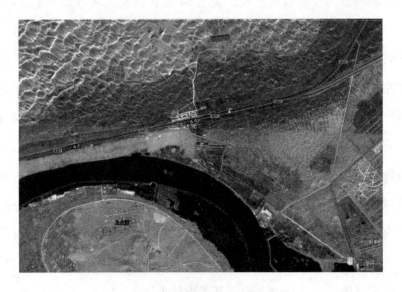

图 5 – 2　沙坡头景区样带位置

图 5 – 3　调查样区样带设计

3. 调查记录数据

分别记录各样区出现植物种类、植被高度等观测结果，并绘制曲线图，分析旅游活动对游步道两侧的影响范围。各样带调查测量项目包括以下几个。（1）游步道宽度，用标准卷尺测量游步道实际宽度；（2）植物种类，以植物学名和中文名登记样区内植被；（3）植物覆盖度，采用植被投影盖度以百分比估算；（4）枯枝落叶层盖度，以百分比估算；（5）植被高度，以标准卷尺测量样方内平均高度；（6）游步道坡度，用倾斜仪观测样区游步道坡度；（7）游步道边坡坡度，用倾斜仪观测样区游步道的边坡坡度；（8）沙漠结皮破碎度，观测样区内沙漠结皮破碎度，以百分比估算；（9）垃圾种类及数量，通过对照样方与受干扰样带数据统计、比较后，可以量化样带内植被及沙漠结皮遭受干扰的程度。采用 SPSS 17.0 软件来测算游步道实验样区各变量相关状况，作为研究沙漠环境受到干扰后监测指标的参考。

（二）主要干扰影响指标构建

在借鉴既有研究的基础上，通过样区调查所得资料，与未受影响对照区比较，可得出各样区植被及沙漠结皮遭受旅游干扰后的改变程度。各项响应统计方法如下。

1. 植被覆盖度及种类的干扰指数（Cover Reduction，CR；Floristic Dissimilarity，FD）

结合 Cole 与我国学者所提出的植被覆盖度减少率（Cover Reduction，CR）及植被变异度（Floristic Dissimilarity，FD）两个参数来计算。

$$CR(\%) = (C_2 - C_1) \times 100/C_2$$

式中，C_1 是受影响样区的植被覆盖度，C_2 为未受干扰对照样区的植被覆盖度。

$$FD(\%) = \sum | Pi_1 - Pi_2 | /2, i = 1 - I(植物种数)$$

式中，Pi_1 为某种植物 i 在受影响区的数量，Pi_2 为该种植物在未受影响样区的数量，用物种数量及相对覆盖度的综合值表示。

2. 地表残留物覆盖度降低率（Leftover Reduction，LR）

$$LR(\%) = (L_2 - L_1) \times 100/L_2$$

式中，L_1 为受影响样区的残留物覆盖度（主要为草被落叶层），L_2 为未受影响样区的残留物覆盖度。

3. 植被高度降低率（Height Reducation，HR）

调查样方内植被平均高度测算。

$$HR(\%) = (H_2 - H_1) \times 100/H_2$$

式中，H_1 为所测样区内植物平均高度，H_2 为未受干扰对照区植被平均高度。

4. 沙漠结皮破碎度增加率（Soil Crust Fragmentation，SCF）

将样区内各调查测量点沙漠结皮层破碎度测量结果加以平均，即得样区平均结皮破碎度。由沙漠结皮破碎度受游客影响后的破碎程度可反映出沙漠尤其是固定半固定沙丘表层受干扰响应程度的大小。

$$SCF(\%) = (SCF_1 - SCF_2) \times 100/SCF_2$$

式中，SCF_1 为受影响样区的沙漠结皮破碎度，SCF_2 为未受影响对照区的沙漠结皮破碎度。

5. 地表覆盖度响应指数（Index of Land Cover Impact，$ILCI$）

将各调查样区 CR、FD、LR 与 HR 四项地表干扰效应变量加以平均，可得出各样区综合响应程度：

$$ILCI(\%) = (CR + FD + LR + HR)/4$$

按照地表响应程度高低，将其分为 5 个等级：1 级——$ILCI$ 值在 20% 以下，表示地表受干扰程度轻微；2 级——$ILCI$ 值在 20%—40%，表示地表受干扰程度较轻微；3 级——$ILCI$ 值在 40%—60%，表示地表受干扰程度中等；4 级——$ILCI$ 值在 60%—80%，表示地表受干扰程度严重；5 级——$ILCI$ 值在 80% 以上，表示地表受干扰程度极为严重。

6. 可接受改变限度（Limits of Acceptable Change，LAC）

只要有旅游活动发生，它就会对周边生态环境造成影响，不管它是有益的还是有害的，问题的关键在于，它所造成的影响在多大程度上是不可接受的。可接受改变限度理论最早应用于 Bob Marshall 荒野的旅游规划中，此后一直是从游客角度来衡量旅游活动影响是否在合理范围内的研究的重要指标。为了判断游客活动对景区生态环境干扰的可接受程度，选定景区游步道旁 5 米范围内植被覆盖度（沙体裸露）为指标，对其分级。具体分为 6 个植被覆盖度等级，第 1 级覆盖度为 0%；第 2 级 0%—20%；第 3 级 20%—40%；第 4 级 40%—60%；第 5 级 60%—80%；第 6 级 80%—100%（100% 即沙漠土壤完全被植被覆盖，没有任何沙体裸露）。对游客进行随机问卷（照片）调查，统计并计算游客对游道旁沙漠植被覆盖度情形无法接受的变化程度，并确定该调查区域的 LAC 值。

7. 游乐中心性指数（Amusement Centricity Index，*ACI*）

中心地理论是表明地理空间结构构成与演化规律的基础学说之一①，主要阐释了社会经济客体空间聚集与扩散的基本过程②。中心性指数是中心地理论探索的一项重要指标，可用来表现一个城市（商业区、景区）对其他城市（商业区、景区）的辐射影响程度，游乐中心性指数（*ACI*）指的是景区内某一游乐项目对其他项目的辐射作用，以此来表征某一游乐项目对生态环境压力的大小，中心性指数越大的游乐项目，吸引的游客量越多，对沙漠生态环境的干扰越严重。其表达式如下：

$$ACI = \left(\frac{P_i}{D_{ii}} \cdot T_i + \sum_j \frac{P_j}{D_{ij}} \cdot T_j \right) \cdot E_i (i \neq j)$$

其中：D_{ij} 为 i、j 两游乐项目之间的距离，本研究中采用两游乐项目之间游步道距离；D_{ii} 为与游乐项目 i 等同面积的圆的半径的 $1/3$；P_i 为游乐项目 i 的单位时间内使用的游客量（人次/天），P_j 为游乐项目 j 的单位时间内使用的游客量（人次/天），T_i 为游乐项目 i 游客停留时间（小时），T_j 为游乐项目 j 停留时间（小时），E_i 为游玩项目 i 所要花费的单人费用（元），项目免费时取 1。依干扰程度高低，将游乐项目对环境的干扰程度分为 5 个等级：1 级——*ACI* 值在 10 以下，表示游乐项目区受干扰程度轻微；2 级——*ACI* 值在 10—50，表示游乐项目区受干扰程度较轻微；3 级——*ACI* 值在 50—100，表示游乐项目区受干扰程度中等；4 级——*ACI* 值在 100—200，表示游乐项目区受干扰程度严重；5 级——*ACI* 值在 200 以上，表示游乐项目区受干扰程度极为严重。

① 陆大道：《关于"点—轴"空间结构系统的形成机理分析》，《地理科学》2002 年第 1 期。
② 樊杰、许豫东、W. Taubmann：《基于中心地理论对银川市服务功能的解析》，《地理学报》2005 年第 2 期。

（三）游步道旅游活动干扰调查结果

1. 旅游活动踩踏影响范围比较

通常，游客对景区游步道沿线影响是由游步道边缘向两侧逐步减弱的。但是沙漠型景区由于植被稀疏及沙丘的流动性等特征，游步道沿线践踏减弱的规律并不明显。通过旅游活动干扰响应指数趋势图（图5-4、图5-5）可以判定两个沙漠景区中旅游踩踏干扰影响范围都在游步道两侧4米范围，且在1—3米样区地表覆盖度响应指数（$ILCI$）和沙漠结皮破碎度增加率（SCF）变化最为强烈，在第4、第5样方及以外样方区踩踏干扰则比较稳定。从特定景区对旅游践踏干扰响应看，样方范围内，沙漠结皮破碎度增加率（SCF）以黄沙古渡景区灌草复合系统变化最为剧烈，冲浪车车道周边变化最小（车道周边结皮微弱）；地表覆盖度响应指数（$ILCI$）则以黄沙古渡木栈道和冲浪车车道响应最为剧烈，而沙坡头北区沙漠栈道相对较弱。

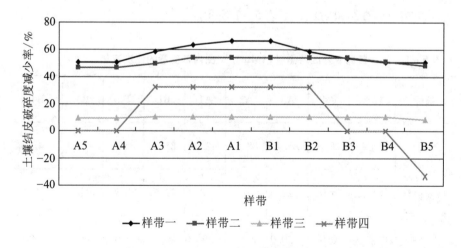

图5-4　土壤结皮破碎度

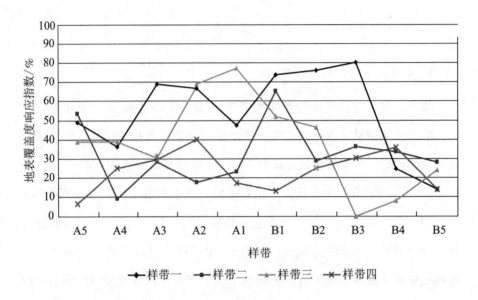

图 5 - 5　地表覆盖度响应指数

2. 旅游踩踏干扰植物种群和沙漠结皮变化响应

通过对游步道两侧样方与对照样方各项指标的比较，经统计分析后将各影响响应调查结果对比，如表 5 - 1 所示。

表 5 - 1　　　　各调查样区两侧（1—4m）范围内各变量的逐次变化

指标	样带	A4	A3	A2	A1	B1	B2	B3	B4
植被覆盖度减少率（CR）	样带一	28.6	85.7	88.6	42.9	85.7	85.7	91.4	-42.9
	样带二	5.0	-22.5	-6.3	-18.8	72.5	6.3	6.3	-6.3
	样带三	0.0	-50.0	-400.0	-300.0	20.0	0.0	-150.0	-100.0
	样带四	0.0	16.7	16.7	0.0	-16.7	0.0	33.3	25.0

续　表

指标	样带	A4	A3	A2	A1	B1	B2	B3	B4
植被变异度（*FD*）	样带一	20.0	60.0	60.0	40.0	80.0	80.0	80.0	40.0
	样带二	17.0	33.0	33.0	33.0	50.0	50.0	50.0	33.0
	样带三	25.0	50.0	75.0	50.0	50.0	50.0	50.0	25.0
	样带四	50.0	50.0	50.0	50.0	50.0	50.0	25.0	25.0
地表残留物覆盖度降低率（*LR*）	样带一	70.0	80.0	70.0	70.0	70.0	80.0	95.0	80.0
	样带二	−10.0	40.0	−20.0	20.0	88.0	38.0	60.0	80.0
	样带三	100.0	100.0	100.0	100.0	100.0	100.0	100.0	100.0
	样带四	29.0	29.0	65.0	5.9	5.9	29.0	41.0	65.0
植被高度降低率（*HR*）	样带一	11.0	42.0	32.0	55.0	53.0	39.0	53.0	26.0
	样带二	69.0	6.3	6.3	0.0	93.0	79.0	65.0	69.0
	样带三	30.0	23.0	53.0	29.0	65.0	56.0	−6.0	6.1
	样带四	46.0	51.0	62.0	18.0	0.0	56.0	58.0	53.0
沙漠结皮破碎度增加率（*SCF*）	样带一	50.0	58.3	63.3	66.7	66.7	58.3	53.3	50.0
	样带二	46.2	49.2	53.8	53.8	53.8	53.8	53.8	50.8
	样带三	10.0	11.1	11.1	11.1	11.1	11.1	11.1	11.1
	样带四	0.0	33.3	33.3	33.3	33.3	33.3	0.0	0.0

（1）样带一（黄沙古渡湿地公园售票处北侧）。木栈道基本沿黄河岸延伸，是景区冲浪车卸客后游客必经的陆上栈道。栈道宽82厘米，坡度为4°—6°，大部分距离地面20—30厘米，一部分栈道被流沙淹没。因木栈道较窄，两侧原来草被如沙蒿（Artemisia desterorum Spreng）、杨柴（Hedysarum laeve）、长芒草（Stipa bungeana Trin）等沙生植物以及枯枝落叶层，受游客践踏而消失，造成沙漠土壤完全裸露，沙漠结皮不能成型。本样带每日通过游客约为1800—2200人次，从主要指标分析结果来看，沙漠结皮破碎度增加率（SCF）是四个样带中最大的，两侧1米内样方达到66.67%，5米样方也在50%左右，这是因为木栈道样区外多固沙植被，且以花棒为主。游人在观光时，游步道两侧出现景观树木时，更倾向于停下拍照，导致栈道至景观树木（如花棒）间形成裸露土壤，沙漠结皮几乎为零。3米范围内样方植被覆盖度减少率（CR）也高达88.6%，植被覆盖度急剧降低，植被种类减少，植被变异度（FD）达到80%。

（2）样带二（黄沙古渡游客服务中心东侧）。游步道宽3.54m，坡度0°—3°，为流沙人车混合道。本区位于游客服务中心的下方，是游客分流方向的一条支路（其余游客流向驼场和继续行走木栈道），游客较少，多行沙漠越野车，每日通过游客为100—150人次，通过车辆60—120辆次。调查结果显示，本路段植被变异度（FD），为20%—50%，地表植被消长缓和。但是植被高度降低率（HR）变化大，两侧植被高度差异较大，游步道左侧3米内样方HR变化在0%—6.3%，右侧HR变化在93%—65%之间，这是由于左侧边坡坡度大（10°—30°），而右侧边坡坡度小（2°—3°）。

（3）样带三（黄沙古渡冲浪车车道）。游步道宽5.6米，坡度0°—3°，为流沙车道。本区位于沙漠深处，游人极少涉足（只有少量徒步穿行沙漠的游客），地表残留物覆盖度降低率（LR）全部为100%，几乎没有枯枝落叶层。统计本样带日通过游客20—50人次，通过车辆50—80辆次。沙漠结皮破碎度增加率（SCF）为最低，车道两侧样方在8.89%—11.11%，沙漠结皮破坏严重，车道在破坏结皮的同时也在翻动着车道内的沙体，冲浪车车轮压至两侧1米处样方，植被增多，且远多于参考样方，所以导致植被覆盖度减少率（CR）降低至 -400%和 -300%这两种极端状况。

（4）样带四（沙坡头北区沙漠栈道）。沙漠栈道木质，宽1.8米，坡度约3—8°，距离地面30—40厘米，栈道两侧70厘米处设有围栏，将游步道与治沙区隔开。围栏高约1.2米，有效地阻止了游人跨入治沙区游玩，促使游客快速通过栈道，到达北区沙漠游乐地带，本样带日均通过游客6000—12000人次。本区是覆盖度减少率（CR）、地表覆盖度响应指数（$ILCI$）、地表残留物覆盖度降低率（LR）最低的样区，植被覆盖率变化小（-16.7%—33.3%），地表残留枯枝落叶面积比重大。

3. 旅游踩踏干扰响应程度分析

通过上述调查变量分析，得出地表覆盖物响应指数（$ILCI$）及其等级划分。由表5-2可看出4个调查样区 $ILCI$ 的程度差异。总体来看，4个样带中有3个样带游步道边缘1米样区旅游踩踏干扰响应程度达到严重或非常严重。其中黄沙古渡湿地公园售票处调查路段（样带一）干扰最为严重，游步道边缘3米样区有3个样方达到非常严重标准，平均 $ILCI$ 值高达78.3%；游客服务中心东侧调查路段（样带二）、冲浪车车道调查路段（样带三）的游步道边缘1米样区也达到了严重水平；沙坡头北区沙漠栈道调查路段（样带四）$ILCI$ 值全部在44.9%以下，属于干扰中等—轻微程度，这是由于栈道两侧木栏的作用。而其他3个样带距离主游道3—4米样区内出现低值，5米样区出现较高值，由游步道边缘向远端样区呈现"高—低—高"的变化。

表 5 - 2　　　　　　各样带地表覆盖物响应指数（*ILCI*）评价（%）

样带	A5	A4	A3	A2	A1	B1	B2	B3	B4	B5
样带一	49.3[c]	49.3[c]	82.9[e]	79.3[d]	56.4[c]	77.9[d]	82.9[e]	90.7[e]	18.6[a]	8.6[a]
样带二	79.8[d]	2.5[a]	8.8[a]	13.1[a]	0.6[a]	80.3[e]	22.1[b]	33.1[b]	36.9[b]	28.8[b]
样带三	50.0[c]	50.0[c]	25.0[b]	150.0[e]	100.0[e]	60.0[c]	50.0[c]	25.0[b]	0.0[a]	25.0[b]
样带四	2.5[a]	14.7[a]	23.0[b]	40.7[c]	2.9[a]	5.4[a]	14.7[a]	37.3[b]	44.9[c]	8.8[a]

注："a"代表1级，"b"代表2级，"c"代表3级，"d"代表4级，"e"代表5级。

（四）旅游踩踏干扰效果的主要影响因子探讨

旅游资源吸引力不同、游客行为差异、景区建设管理都影响着游憩行为对环境的冲击，且各因子间有着复杂的交互作用。在沙漠景区自然发展态势下，游步道系统受冲击程度与通过的游客数量、分布、动向与游憩活动类型有着密切的关系，但目前对此还未形成统一的评价标准，因此本研究不予量化分析与探讨。调查数据用 SPSS 17.0 统计软件包处理，采用 Pearson 相关检验分析方法，选择研究各调查样带海拔、游步道宽度、坡度与边坡坡度 4 项影响因子，分析景区道路两侧植被与土壤干扰效应间的相关性，来确定游步道各因素对踩踏干扰效果的影响程度。由表 5 - 3 可看出，调查各项与海拔没有显著的相关性；*LD*、*FD*、*HR*、*CR* 及 *SCF* 均与游步道坡度、宽度、边坡坡度有一定相关性；*FD* 则仅与游步道宽度有相关；*SCF* 与游步道坡度、边坡坡度的负相关性非常显著，沙漠结皮的破碎度小，说明游步道坡度大，游客倾向于行走在栈道上而不是爬沙坡。

表 5 – 3　　　　　　　影响游步道响应效应的各因素相关分析结果

参　数	地表残留物减少率（LD）	植被变异度（FD）	植被高度降低率（HR）	植被覆盖度减少率（CR）	沙漠结皮破碎度增加率（SCF）
海拔	-0.674, p = 0.978	-0.334, p = 0.837	0.354, p = 0.789	0.563, p = 0.894	-0.326, p = 0.673
游步道宽度	5.003, p = 0.013	3.466, p = 0.032	5.873, p = 0.014	3.748, p = 0.043	2.593, p = 0.031
游步道坡度	-4.748, p = 0.018	-0.895, p = 0.342	-5.231, p = 0.032	-2.432, p = 0.016	-3.576, p = 0.009
边坡坡度	-4.893, p = 0.027	-1.890, p = 0.056	-3.238, p = 0.028	-3.947, p = 0.010	-5.873, p = 0.004

（五）旅游踩踏干扰的可接受改变限度（LAC）

就游人对游步道沿线环境冲击的可接受限度进行了问卷调查。请游客选择认为其无法接受的水平程度（典型景区照片），并以此确定该地区的 LAC。对 156 个受访游客的问卷统计分析结果如表 5 – 4 所示。受访游客接受沙漠植被在第 2 级（0%—20%）的比例最高，约占 41.0%；其次为第 3 级，占 33.3%；另有 12.8% 的人认为沙漠景区应该没有植被覆盖才能凸显沙漠的粗犷、雄浑；没有一人认为游步道边缘应 100% 植被覆盖，平均可接受度为 16.4%。因此，可初步判断可接受改变限度为游步道旁植被盖度不得高于 16.4%。对比实地调查，各调查样区除黄沙古渡湿地公园样带，植被盖度均大于该 LAC，超过可接受改变限度。其中沙坡头北区沙漠栈道两侧植被盖度达到了难以接受的程度。说明游客在沙漠中的空旷、苍凉的体验诉求与沙漠生态治理之间存在着天然的难以调和的矛盾。

表 5 - 4　　　受访者对游步道旁植被盖度可接受改变限度（LAC）反应

受访者	沙漠植被盖度						平均
	1级 （0%）	2级 （0%— 20%）	3级 （20%— 40%）	4级 （40%— 60%）	5级 （60%— 80%）	6级 （80%— 100%）	16.4%
人数	20	64	52	8	12	0	—
百分比	12.8	41.0	33.3	5.1	7.7	0	—

（六）基于中心地理论的游乐项目区旅游活动干扰调查结果

一般游乐项目，受欢迎程度与其新奇性、刺激性、价格、大众接受程度、所处景区位置等因素有关。沙漠景区的游乐项目分静态和动态两种，动态的有沙漠越野、卡丁车、骑骆驼、骑马、滑沙、羊皮筏子、热气球等项目；静态的有滑索、沙漠拓展运动、跷跷板、蹦极等项目。

在笔者调查的黄沙古渡景区"沙漠欢乐谷"中，"平衡木桩"2米外植被稀疏生长，5米外植被盖度达到10%，其游客量在此经停游玩率达到55%，但是停留时间仅为1—5分钟；"跷跷板"与"竞技网"之间距离仅为7.5米，两者游客量在此经停游玩率达到80%，停留时间达到8—25分钟，附近植被也仅见于12米外，盖度为5%—8%；卡丁车项目停车区/服务区植被覆盖度均为0，只在服务区角落见有小片稀疏植被。

由此可见，沙漠景区游乐项目中级别越高、新奇性越高、刺激性越强且价格适中的项目吸引的游客越多、游客停留的时间越长、中心性指数也越大，如表5-5、图5-6所示。

表5-5　　　　　黄沙古渡景区部分游乐项目游乐中心性指数（*ACI*）

参　数	平衡木桩	跷跷板	竞技网	卡丁车	滑沙
游客量(人次)	200	500	400	80	150
停留时间(分)	3	8	18	15	12
中心性指数	18.83	46.82	50.71	664.20	190.00

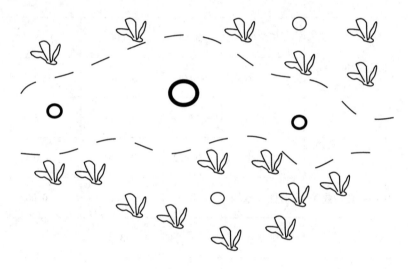

图5-6　游乐中心性示意

为探讨游乐项目的中心性指数与其对生态环境影响的关系，将上述5个游乐项目区所调查的边缘植被盖度、边缘植被线距离（即距游乐项目最近植被距离）数据用SPSS 17.0统计软件处理，采用偏相关检验分析方法，得出游乐项目与二者之间的相关性，如表5-6。中心性指数与边缘植被线距离显著性达到0.985，在$\alpha = 0.01$水平（双侧）上显著相关；与植被盖度负相关指数达到0.832，相关性稍小，即景区内游乐项目中心性指数越大，吸引的游客越多，游乐活动量越大、强度也越大，周边植被越稀少，裸露沙地面积越大，植被覆盖度可能就越小。

表 5 – 6　娱乐项目中心性指数 (*ACI*) 与植被盖度、边缘植被线距离相关性

控 制 变 量			植被盖度 X1	边缘植被线距离 X2	中心性指数 Y
– 无 – [a]	植被盖度 X1	相关性	1.000	− 0.842	− 0.832
		显著性（双侧）	0.00	0.073	0.080
		df	0	3	3
	边缘植被线距离 X2	相关性	− 0.842	1.000	0.985 **
		显著性（双侧）	0.073	0.00	0.002
		df	3	0	3
	中心性指数 Y	相关性	− 0.832	0.985	1.000
		显著性（双侧）	0.080	0.002	0.00
		df	3	3	0
中心性指数 Y	植被盖度 X1	相关性	1.000	− 0.235	
		显著性（双侧）	0.00	0.765	
		df	0	2	
	边缘植被线距离 X2	相关性	− 0.235	1.000	
		显著性（双侧）	0.765	0.00	
		df	2	0	

注：a 单元格包含零阶（Pearson）相关。 ** 在 0.01 水平（双侧）上显著相关。

（七）小结

旅游活动对沙漠自然环境的干扰最容易反映在植物种群和沙漠结皮的变化上，并影响游客的体验感受。在研究方法上，既成事实分析相对于长期监测及模拟试验法，在景区管理上有较强的可行性，本研究也选择了沙漠结皮和植被变化作为研究对象，得出的结论与国内外学者在其他景区的研究成果有一些相似[①]，但也已显示出沙漠型景区游客活动的不规律性和环境影响的随意性。不足的是本研究关于旅游活动对沙漠生态系统的分析没有反映出足够的生态学特征。

（1）通常，游客对景区游步道沿线的影响是由游步道边缘向双侧逐步减弱的。但是沙漠型景区游步道沿线践踏减弱的规律并不明显。通过分析可以判定，两个沙漠景区中旅游践踏干扰影响范围均在游步道边缘 4 米范围，但是沙坡头北区沙漠栈道明显得益于木栏的阻隔，植被和沙漠结皮受旅游活动影响小于其他 3 个样带。

（2）采用地表覆盖度响应指数（*ILCI*）和游客可接受改变限度（*LAC*）两个指标来综合衡量旅游活动对生态环境的冲击程度。其中黄沙古渡湿地公园售票处调查路段（样带一）干扰最为严重，达到非常严重的标准，平均 *ILCI* 值高达74%，此样带也是黄沙古渡景区日通过游客量最多的游步道之一（1800—2200 人次/日）；沙坡头北区沙漠栈道调查路段（样带四）*ILCI* 值全部在 44.9% 以下，属于干扰中等—轻微程度，虽然日通过游客量达到 6000—12000 人次，但是由于栈道两侧木栏的作用，干扰程度明显比黄沙古渡景区轻。而黄沙古渡三个样带影响程度由游步道边缘向远端样区呈现"高—低—高"的变化。

---

① 张森永、应绍舜、刘儒渊：《东北角草岭古道沿线植群与土壤冲击之研究》，《台大实验林研究报告》2005 年第 19 期。

（3）游客对游步道旁植被覆盖度的可接受改变限度不得高于16.4%。其中沙坡头北区沙漠栈道两侧植被盖度达到了难以接受的程度（5级）。说明游客在沙漠中的空旷、苍凉的体验诉求与沙漠生态治理之间存在着天然的难以调和的矛盾。关于沙漠型景区游客体验研究应当进一步加强。

（4）游步道响应程度与游步道坡度、宽度和边坡坡度具有一定相关性。这是评估沙漠景区旅游环境影响程度的参考依据。

（5）景区游乐项目级别越高，服务半径越大，吸引的游客越多，使用频率越大，周边的沙漠裸地面积也越大。景区规划项目布局时应将受游客喜欢的项目与普通项目做出间隔，否则损失的将是一整片沙漠。

（6）宁夏是我国开展沙漠旅游较成熟的地区之一，其旅游活动的环境影响已开始显现。在国内其他地区沙漠景区中，游客踩踏干扰引起道路两侧植被覆盖度减少、沙漠结皮破碎也已开始影响到沿线生态系统演替（沙丘运动、土壤发育、植被恢复）和游客游憩体验，并有进一步危害沙漠治理成果的趋势。因此，目前遏止沙漠景区无节制开发和管理体制混乱状态势在必行，沙漠景区应加强道路和保护区护栏规划设计，完善景区标识系统，规范游客旅游行为，强化游客的环保意识，并建立景区环境长期调查监测与预警系统，促进我国沙漠景区的可持续发展。

二　基于模拟实验法沙丘植被对踩踏干扰的响应

（一）踩踏模拟实验研究方法

美国学者 Wagar 在 1964 年建立踩踏模拟实验方法，其原理是模拟人类旅游行为，利用小块未被明显干扰的样方来去除一些不确定因素。模拟实验法采用人工模拟方式，精确控制活动强度，以观测其对环境的影响程度，不过该实验也存在所产生的效果与实际有着差距的缺点。

1. 样带选取时间

模拟实验选择在 2012 年 7 月初，此时沙漠植被正处于生长期，在未来2—3 个月是沙漠植被生物量累计增长期。

2. 样带选取地点及依据

实验样区选择在黄沙古渡景区邻近冲浪车换乘处的主要游步道东北侧，极少受到旅游活动影响的同质区域，距离游步道 50—100 米，大部分游客由此换乘冲浪车进入景区腹地，但也不排除一部分游客为挑战自我、追求刺激由此徒步穿越景区进入毗邻黄河的游乐区，这里是潜在的游客旅游活动区。样方区经景区开发公司近十年的治理，沙丘已逐渐固定，由荒漠转变为荒漠草原，植被平均覆盖度达到 40% 以上，沙漠结皮生长厚度达到 0.3 厘米。

样方 A 选择在 38°33′57″N、106°32′59″E，海拔 1112 米，样方倾角 8°；样方 B 选择在 38°33′56″N、106°32′58″E，海拔 1111 米，样方倾角 15°；样方 C 选择在 38°33′53″N、106°32′59″E，海拔 1110 米，样方倾角 45°。沙坡头景区植被多分布在防风治沙工程示范区内，示范区禁止游人进入，所以不在此设置实验。

样方 A（1m×3m）含有 5 个实验板块（1m×0.5m）和 1 个对照板块（1m×0.5m），所有板块都沿着沙丘等高线平行走向设置（如图 5–7 所示），分别实验 25 步、75 步、150 步、300 步和 700 步的踩踏处理；样方 B（1m×3m）含有 5 个实验板块（1m×0.5m）和 1 个对照板块（1m×0.5m），所有板块都沿着沙丘等高线平行走向设置，分别实验 25 步、50步、100 步、200 步和 500 步的踩踏处理；样方 C（1m×2.5m）含有 4 个实验板块（1m×0.5m）和 1 个对照板块（1m×0.5m），所有板块都沿着沙丘等高线平行走向设置，分别实验10步、20步、30步和50步的踩踏处理；踩踏者（体重为83公斤左右）以自然步态在调查样方里踩踏一次即为一步。

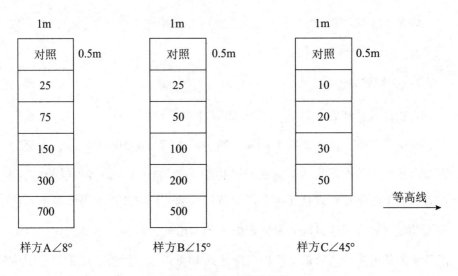

图 5-7　实验样区设计

3. 调查记录数据

实验观测分四次进行，第一次在踩踏前，观测未受影响的样方数据，第二次在踩踏后1小时，第三次在踩踏后两周，第四次在踩踏后一个月（8月为沙漠植被最大生物量阶段）。观测样方内植物群落和结皮破碎的变化。主要指标包括：①植物种类，以植物学名和中文名登记样区内植被；②植物覆盖度，以植被投影盖度以百分比估算；③枯枝落叶层盖度，以百分比估算；④沙漠结皮破碎度，观测样区内沙漠结皮破碎度，以百分比估算；⑤植被高度，以标准卷尺测量样方内植被平均高度；⑥样方沙丘活化面积，样方内沙丘受影响后活化面积比重。通过各样方测定沙漠植被和沙漠结皮受旅游活动影响的程度及恢复状况。

（二）不同沙丘类型对踩踏实验指标的构建

在借鉴既有研究基础上，通过样区调查所得到的资料，将观测实验样区与未踩踏样区（对照）进行数据统计分析，来表征沙漠植被、沙漠结皮受游客踩踏影响后的响应程度。

1. 植被覆盖度响应指数

应用前述覆盖度减少率（Cover Reduction，CR）来计算。

$$CR(\%) = (C_2 - C_1) \times 100/C_2$$

式中，C_1 为某调查时段实验样区的植被覆盖度，C_2 为未受影响对照样区的植被覆盖度。

2. 植被变异响应指数（Floristic Dissimilarity，FD）

$$FD(\%) = \sum |Pi_1 - Pi_2|/2, i = 1 - I(植物种数)$$

式中，Pi_1 为某调查时段受影响实验样区的某种植物 i 的数量，Pi_2 为该种植物在未受干扰区的数量，用物种数量及相对覆盖度所合成的重要值表示。

3. 植被高度响应指数（Height Reducation，HR）

用调查样方内植被平均高度降低率测算。

$$HR(\%) = (H_2 - H_1) \times 100/H_2$$

H_1 为实验样区某调查时段的植物平均高度，H_2 为未受影响对照区植被平均高度。

4. 沙漠结皮破碎度相应指数（Soil Crust Fragmentation，SCF）

将样区内各调查测量点沙漠结皮层破碎度测量结果加以平均，即得到样区平均结皮破碎度。由沙漠结皮破碎度受游客影响后的破碎程度可反映出沙漠尤其是固定半固定沙丘表层受干扰响应程度的大小。

$$SCF(\%) = (SCF_1 - SCF_2) \times 100/SCF_2$$

式中，SCF_1 为实验样区某调查时段的沙漠结皮破碎度，SCF_2 为未受影响对照区的沙漠结皮破碎度。

5. 可接受改变限度（Limits of Acceptable Change，LAC）

为了判别游客活动对景区生态环境影响的可接受程度，对样区内植被覆盖度分级：0%、0%—20%、20%—40%、40%—60%、60%—80%、80%—100%（100%即沙漠土壤完全被植被覆盖，没有任何沙体裸露）。随机对游客进行问卷（照片）调查，统计并计算游客对游步道旁沙漠植被覆盖度情形无法接受的程度，并确定该指标在调查区域的 LAC。

（三）模拟旅游踩踏干扰影响调查结果

1. 植被覆盖度响应

一般来说，游客旅游活动对沙漠植被最直接的影响体现在植被高度、覆盖度与植被根系的破坏。随着游客踩踏强度加大，植被覆盖度明显降低，其中一些植被根系被完全破坏，造成沙生植被死亡；随着时间的推移，一些遭受轻微踩踏的植被会逐渐恢复，而一些遭受严重踩踏的植被会逐渐死亡；沙丘角度越大，植被遭受破坏的程度越严重，恢复时间越长，甚至不能恢复导致死亡。如图 5-8 所示。

（1）样方 A，其沙漠植被对游客踩踏的抵抗能力是最强的。随着踩踏强度的增加，沙漠植被覆盖度逐渐降低。在微度踩踏（25 次）和轻度踩踏（75 次）1 小时后，植被覆盖度没有变化（响应指数为 0）；在重度踩踏（700 次）1 小时后，植被覆盖度响应指数即达到 85.0%，植被覆盖度急剧下降。半个月后，在轻度踩踏以下，CR 值为 10.0%，植被覆盖

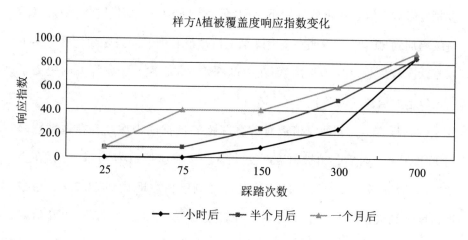

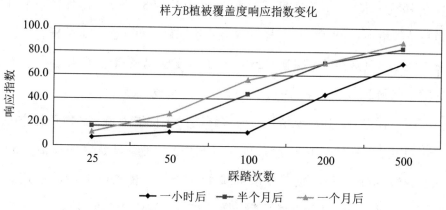

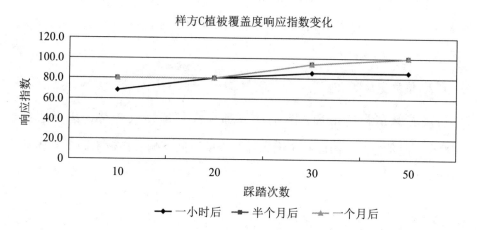

图5-8　样方A、B、C不同强度踩踏下 *CR* 随时间推移变化（％）

度稍有影响，但是在重度踩踏下，CR 值达到85.0%，而且在一个月以后持续增加到90.0%，说明在重度踩踏下植被没有恢复。只是在微度踩踏下恢复状况较理想（10.0%），而在中度踩踏（300 次）下，样方内失去了一半以上的植被（60%）。

（2）样方 B，其沙漠植被对游客踩踏的抵抗能力次之。在适度踩踏（100 次）1 小时后，植被覆盖度变化很小（响应指数为11.1%）；在重度踩踏（500 次）1 小时后，植被覆盖度响应指数即达到72.2%，植被覆盖度受到极大影响。半个月后，在轻度踩踏（50 次）以下，CR 值稳定在16.7%水平上，在重度踩踏下，CR 值达到83.3%，而且在一个月以后持续增加到88.9%，与样方 A 在重度踩踏（700 次）下一样，植被没有恢复。只是在微度踩踏（25 次）下恢复状况较理想（11.1%），而在适度踩踏下，样方内也失去了一半以上的植被（55.6%）。

（3）样方 C，其沙漠植被对游客踩踏的抵抗能力最差。由于样方 C 是半固定沙丘，沙漠植被覆盖度小（15%），在经过游客踩踏后（50 次），植被遭到破坏，覆盖度瞬间降低（2%），植被响应指数也达到86.7%，而且一个月后依然不能恢复（0%），说明沙丘角度越大，沙丘越不容易固定，游客踩踏的影响越大，植被恢复越困难，甚至极容易死亡。

2. 植被变异度响应

随着踩踏强度增加，三个样方都呈大幅度增大趋势，甚至达到100%。但是各样方因倾斜角度和踩踏强度不同而响应指数不同，具体见表 5 - 7。

表5-7　　踩踏半个月、一个月后各样区植被变异度响应变化（%）

样方 A			样方 B			样方 C		
踩踏次数	半个月后	一个月后	踩踏次数	半个月后	一个月后	踩踏次数	半个月后	一个月后
25	28.7	26.5	25	29.5	27.0	10	39.1	36.4
75	37.8	38.1	50	42.2	42.0	20	56.5	67.6
150	46.5	43.7	100	56.3	59.0	30	73.9	75.4
300	73.9	69.9	200	80.0	67.6	50	100.0	100.0
700	85.7	87.1	500	82.6	71.5			

（1）样方 A 植被对游客踩踏的抵抗能力最强。重度踩踏（700次）的 *FD* 值几乎是微度踩踏（25次）的3倍，而且在一个月后，植被恢复的状况很不理想，样方内原有植被5种：盐爪爪（Kalidium foliatum）、沙蓬（Agriophyllum squarrosum）、沙蒿（Artemisia desterorum Spreng）、羊茅草（Festuca）、赖草（Leymus secalinus），在踩踏一个月后消失的物种有羊茅草、赖草。样方内存留了稀少的残缺植被。

（2）样方 B 植被对游客踩踏的抵抗能力次之。样方内原有植被与样方 A 相同，一个月后只有在轻度踩踏（50次）以下的植被 *FD* 值恢复到了50%以下；重度踩踏（500次）下样方内植被减少了71.5%，消失的物种有沙蒿、羊茅草、赖草。

（3）样方 C 植被对游客踩踏的抵抗能力最差。样方内原有植被与样方 A 相同，一个月后轻度踩踏（20次）就有67.6%的物种消失；踩踏50次，样方内物种全部消失。

3. 植被高度响应

与植被覆盖度一样，随着游客踩踏强度加大，植被高度也明显降低。受影响轻微的植被茎叶不同程度遭到破坏，另外一些受影响严重的植被根系被完全破坏，在炎热干燥的环境下逐渐死亡；随着植被恢复时间的推移，一些遭受轻微踩踏的植被高度会逐渐恢复；沙丘角度越大，植被遭受破坏的程度就越严重，恢复时间也越长，甚至不能恢复导致死亡。如图5-9所示。

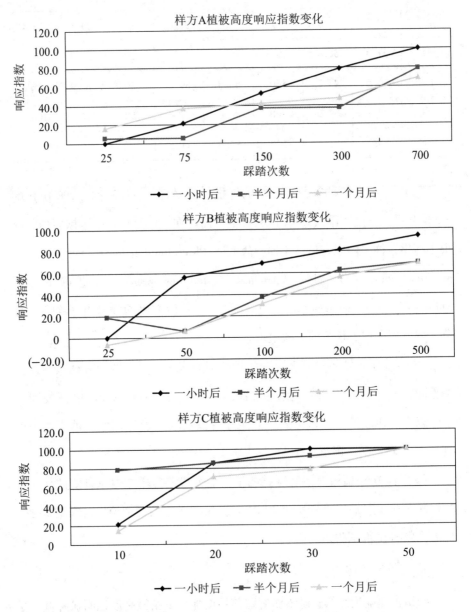

图5-9 样方A、B、C不同强度踩踏下 *HR* 随时间推移变化（%）

（1）样方 A 植被高度与踩踏次数增加呈正相关；在重度踩踏（700次）1 小时后，植被高度响应指数即达到 100.0%，即植被高度为 0，样方内植被全部被踩踏掩埋。半个月后，在轻度踩踏（75 次）以下，*HR* 值为 5.3%，植被高度稍稍有影响，但是在重度踩踏下，*HR* 值达到 78.9%，样方内植被高度也有被掩埋恢复到 4 厘米。一个月后，高度响应指数下降到 68.4%，说明在重度踩踏下植被高度恢复了三分之一，是在微度踩踏（25 次）下恢复状况较理想（15.8%），恢复程度随踩踏强度而呈负相关。

（2）样方 B 在微度踩踏（25 次 1）小时后，植被高度没有变化；但随着踩踏程度加重，植被高度变化急剧增加；在重度踩踏（500 次）1 小时后，植被高度响应指数即达到 93.8%，植被高度由 16 厘米降到 1 厘米。半个月后，除了微度踩踏下植被高度响应指数升至 18.8%，其他程度影响下植被高度都呈下降趋势，其中在轻度踩踏（50 次）以下恢复的最好，*HR* 值稳定在 6.3%，植被高度由 16 厘米降至 15 厘米，但是在重度踩踏下，*HR* 值仍达到 68.8%。一个月后，微度踩踏下，植被高度响应指数为 −6.3%，高度比对照样方植被高；在适度踩踏（100 次）下植被高度也恢复到 11 厘米；但是在踩踏 200 次以上，植被高度恢复情况并不理想。

（3）样方 C 在踩踏 1 小时后，除踩踏 10 次的样方内植被高度下降21.4% 外，其他样方内响应指数都比较大；在踩踏 30 次影响下，沙漠植被高度即降为 0。半个月后，踩踏 10 次的样方植被响应指数达到 78.6%，高度只有 3 厘米；一个月后，踩踏 10 次的样方植被高度响应指数为 14.3%，高度恢复到 12 厘米，其他样方内植被恢复依然不理想，踩踏 50 次的样方植被死亡。

4. 结皮破碎度响应

（1）样方 A 的 *SCF* 值最大。结皮受损程度严重，因为原有生物结皮面积大，破碎度小（10%），加之踩踏次数多，*SCF* 值在适度踩踏（150次）后即达到 500.0%；重度踩踏（700 次）后，样方内结皮被全部破坏。即使在一个月后，*SCF* 值增加仍为 233.3%，*SCF* 值的降低并不是因为沙漠结皮恢复，而是因为水蚀、风蚀及沙漠动物活动对对照样方的轻微破坏。

（2）样方 B 的 *SCF* 值次之。中度踩踏（200 次）后，样方内结皮全部被破坏。一个月后，在踩踏 100 次以下的样方内结皮稍有恢复，而 100 次以上的踩踏样方，结皮破碎度仍然为 100.0%。

（3）样方 C 的 *SCF* 值最小。因为样方 C 沙漠结皮面积小，破碎度大，再加上样方倾斜角度大，轻微的人类活动干扰就会对结皮造成毁灭性的破坏，踩踏 10 次即破坏了样方内 90.0% 的结皮，且恢复极为缓慢（表 5-8）。

表 5-8　　踩踏半个月、一个月后各样区沙漠结皮响应变化（%）

样方 A			样方 B			样方 C		
踩踏次数	半个月后	一个月后	踩踏次数	半个月后	一个月后	踩踏次数	半个月后	一个月后
25	166.7	33.3	25	150.0	0.0	10	58.3	28.6
75	366.7	166.7	50	200.0	66.7	20	65.0	28.6
150	500.0	200.0	100	375.0	100.0	30	66.7	42.9
300	533.3	233.3	200	400.0	200.0	50	66.7	42.9
700	566.7	233.3	500	400.0	233.3			

5. 旅游活动干扰强度、微地形与主要响应变量之间相关性探讨

根据实验数据，用 SPSS 17.0 分析软件，采用 Pearson 系数相关检验分析方法，对模拟踩踏强度与各个响应变量之间的关系做了相关性研究。如表 5-9 所示，除 SCF，FD、CR、HR 与踩踏强度均有显著的相关性，基本达到 0.05 的显著水平。关于 SCF 与踩踏强度相关性不显著的原因，猜测可能是因为沙漠结皮在受踩踏干扰影响的同时，也受水蚀、风蚀和土壤动物与地面活动的影响。总体来看，旅游踩踏与沙漠植被及沙漠结皮变化影响之间是存在相互关系的。

表 5-9　半个月及一个月后踩踏强度与主要响应变量指标相关性分析

		CR	FD	SCF	HR	强度
CR	Pearson 相关性	1	0.891*	0.858	0.987**	
	显著性(双侧)		0.042	0.063	0.002	
	平方与叉积的和	3480.000	2200.000	8400.000	2210.526	
	协方差	870.000	550.000	2100.000	552.632	
	N	5	5	5	5	
FD	Pearson 相关性	0.891*	1	0.744	0.912*	
	显著性(双侧)	0.042		0.149	0.031	
	平方与叉积的和	2200.000	1750.000	5166.667	1447.368	
	协方差	550.000	437.500	1291.667	361.842	
	N	5	5	5	5	

续　表

		CR	FD	SCF	HR	强度
SCF	Pearson 相关性	0.858	0.744	1	0.891*
	显著性(双侧)	0.063	0.149		0.042
	平方与叉积的和	8400.000	5166.667	27555.556	5614.035
	协方差	2100.000	1291.667	6888.889	1403.509
	N	5	5	5	5
HR	Pearson 相关性	0.987**	0.912*	0.891*	1
	显著性(双侧)	0.002	0.031	0.042	
	平方与叉积的和	2210.526	1447.368	5614.035	1440.443
	协方差	552.632	361.842	1403.509	360.111
	N	5	5	5	5
强度	Pearson 相关性	0.942*	0.933*	0.664	0.917*
	显著性(双侧)	0.017	0.020	0.222	0.028
	平方与叉积的和	30250.000	21250.000	60000.000	18947.368
	协方差	7562.500	5312.500	15000.000	4736.842
	N	5	5	5	5

注：* 在 0.05 水平（双侧）上显著相关。** 在 0.01 水平（双侧）上显著相关。

（四）不同时期植被响应程度和可接受改变限度关系

由调查和统计得出，游客对沙漠植被覆盖度的可接受限度为 16.4%，高于此标准后，大部分游客认为会失去沙漠原有的雄浑、原始和粗犷。对照各实验样区在各时段的调查结果，踩踏越严重，越能被游客接收。如表 5-10，只有在样方 A 踩踏 25 次、75 次的半个月后，踩踏 25 次的一个月后及样方 B 踩踏 25 次的一个月后恢复的植被覆盖度均高于游客的 *LAC* 阈值（16.4%）；踩踏次数越多，植被覆盖度越小，就越能接近游客所要求的"非现代""原始性""激情探险""粗犷雄浑"的体验诉求。

表 5-10　　　　　　各样方不同时期可接受改变限度变化

样方 A			样方 B			样方 C		
踩踏次数	半个月后	一个月后	踩踏次数	半个月后	一个月后	踩踏次数	半个月后	一个月后
25	18◆	18◆	25	15	16◆	10	3	3
75	18◆	12	50	15	13	20	3	3
150	15	12	100	10	8	30	1	1
300	10	8	200	5	5	50	0	0
700	3	2	500	3	2			

注："◆"表示植被覆盖度超过 *LAC*（16.4%）。

（五）结论与讨论

1. 讨论

旅游活动对沙漠生态环境的冲击直观的表现在沙漠植物种群和结皮的变化上，并影响游客体验，因此得到研究者的持续关注。陈立桢、

Cynthia L. M. Chin 和席建超等在山岳景区、森林公园和草原等类型景区做出模拟研究，通过仿真游客行为，观测对环境的影响。由于沙漠生态环境的特殊性，其对游客行为响应极为敏感，固沙植被和生物结皮一旦被破坏，沙丘也随之活化。踩踏实验虽不能精确模拟游客活动的影响，但是方法效果明显，能够为沙漠景区管理决策提供有效参考。研究结果表明，随着游客活动强度增加，样方内植被都表现出覆盖度下降、高度降低、植株数量及种类减少和沙漠结皮破碎度增大等变化。不同强度的踩踏对沙丘影响的结果不同，在沙漠生态系统所能承受的阈值内，系统能自行恢复，一旦超过其调节能力，将很难恢复为原来的生态类型。造成生物多样性变化差异的原因可能是旅游的过度开发，游客的过多踩踏及不文明的行为。因此，应适当控制旅游开发力度，规范游客的游览行为，保护沙漠景区生物多样性。

2. 结论

宁夏是我国沙漠旅游的典型地区，关于游客活动对沙丘影响的模拟研究对景区的开发与管理有一定现实意义，从以上分析可得出下列结论。

（1）游客活动对沙漠植被、沙漠结皮的影响程度与游客活动强度、沙丘倾斜角度呈正相关，植被与沙漠结皮的变化导致风蚀加大、地面风沙活动加剧和沙丘活化。因此，景区应完善护栏设置和标识系统，规范游客游览行为，强化游客的环保意识。

（2）游客在沙漠中的原始、空旷、苍凉的体验诉求与沙漠生态治理之间存在着天然的难以调和的矛盾，研究结果能对景区功能划分、景观规划和游览项目的设置提供借鉴。

第二节　基于模糊理论的沙漠旅游环境影响综合评价

传统的旅游环境质量评价大都是先选择评价指标再根据各指标的实地监测值和环境质量标准值的比较，然后综合计算多因子环境质量，得出综合污染指数进行分级。这种方法存在很大弊端，如生态系统领域中存在很多具有模糊性质的、无法用确切界限来划分的事物和现象，人为地对环境质量进行分级具有一定的主观性，而且环境质量变化具有复杂性和动态性。鉴于此，本研究将采用模糊评价方法对宁夏沙漠景区环境质量现状进行旅游开发评价，以此来描述环境影响的模糊性[①]。

一　指标体系构建

（一）指标选取原则

为了客观、全面、科学地衡量沙漠旅游活动对环境影响的水平，根据模糊评价模型的结构和目标，在建立宁夏沙漠旅游环境影响评价指标体系时必须遵循以下原则。

1. 科学性原则

指标体系一定要建立在科学理论基础上。具体指标能客观地反映旅游活动尤其是沙漠旅游活动的状态，并能较好地量度旅游活动各种效益

---

①　薄湘平、唐敏：《旅游对环境影响研究的模糊综合评价》，《统计与决策》2007 年第 22 期。

实现的程度。

2. 可操作性原则

指标体系要充分考虑指标的代表性和量化的难易程度，能全面反映沙漠旅游活动对环境影响的各种内涵及可比性，要尽量在现有统计资料及有关规范标准内让受众理解。

3. 动态性原则

考虑到旅游活动对环境影响具有的滞后性，需要一定的时间维度才能反映出来，因而指标的选择应充分考虑环境的动态变化，旅游活动的发展或趋势对未来环境的影响机制。

（二）指标选取

沙漠旅游对当地生态环境影响包括对游览环境、自然环境和社会环境三方面，本研究在文献研究和专家咨询的基础上构建双层指标系统来评价旅游活动对沙漠生态环境的影响，见表 5 – 11。

表 5 – 11　　　　　旅游活动对沙漠环境影响指标体系

旅游活动对环境影响得分	游览环境 U_1	沙漠旅游资源特色 U_{11}
		生物资源的多样性 U_{12}
		沙丘景观美誉度 U_{13}
		旅游资源的完整度 U_{14}
		沙漠旅游环境承载力 U_{15}
		旅游交通环境 U_{16}

续　表

旅游活动对环境影响得分	自然环境 U_2	景区绿化水平 U_{21}
		景区噪音水平 U_{22}
		大气质量 U_{23}
		水体质量 U_{24}
		污水处理能力 U_{25}
		垃圾处理能力 U_{26}
	社会环境 U_3	经济发展水平 U_{31}
		地区接待能力 U_{32}
		基础设施建设 U_{33}
		社会治安状况 U_{34}
		社会引导示范 U_{35}
		社区居民友善度 U_{36}

（三）指标解释

　　旅游活动对环境影响评价指标体系共分评价得分、准则层和指标层三层 18 个指标。鉴于沙漠景区区位和旅游活动的特殊性，准则层共分 3 层：游览环境、自然环境和社会环境。沙丘及表面附着物构成了沙漠景区的主要吸引内容，是沙漠景区游览环境的主要组成部分；景区所处的背景环境，是旅游活动影响的延伸，包括自然环境和社会环境。具体说来有下列几点。

游览环境包括沙漠旅游资源特色、生物资源的多样性、沙丘景观美誉度、旅游资源的完整度、沙漠旅游环境承载力和旅游交通环境六方面。沙漠吸引游客很重要的一点是沙漠旅游资源的独特性，千篇一律的旅游开发在一定程度上影响着其独特性，大量游客的到来不仅破坏了原始优美的沙丘景观，也对沙漠里的动植物资源的多样性与完整性产生影响。当代交通工具的发展使沙漠旅游活动能深入沙漠腹地，使旅游交通环境也成为影响的重要方面。

自然环境包括景区绿化水平、景区噪音水平、大气质量、水体质量、污水和垃圾处理能力。除探险、科考等特种活动，大部分沙漠景区类型都是依托治沙区、沙生植物园、地质公园等，景区绿化水平、处理污水和垃圾效率直接影响到景区的可持续发展。旅游活动所产生的噪音、粉尘、垃圾对大气、水体和土壤的污染，都是对景区背景环境的巨大考验。

社会环境包括经济发展水平、地区接待能力、基础设施建设、社会治安状况、社会引导示范和社区居民友善度。旅游不仅是发展地区经济的引擎，也是加大当地旅游接待设施和基础设施建设的重要推手；同样，旅游对当地居民价值观念的引导、对民俗民风的改变、对社区治安和居民友善程度的影响都是不可估量的。

根据评价者对旅游对环境影响的感知等级，构造评价集合 $V=\{$很小，较小，一般，较大，很大$\}$，分别表示旅游活动对环境的影响很小，较小，一般，较大，很大。对这五个评价等级依次赋予分值 0.2 分、0.4 分、0.6 分、0.8 分和 1 分。

二　权重确定

用 AHP 和熵值法确定指标权重。为获取尽量准确的指标权重，先运用美国运筹学家 A. L. Saaty 提出的 AHP 法对规划指标体系 A—B—C 三个层次指标的权重确定，然后用熵技术对得出的结果进行修正，最后对评价指标进行聚合。

（一）构造判断矩阵

将沙漠旅游适宜度评价指标体系同一层中各因素相对于上一层的影响力或重要性两两进行比较，构造判断矩阵 $A = (a_{ij})_{m \times m}$，其中 a_{ij} 表示表5 – 12 中确定的标度法。

表5 – 12　　　　　　　　因子相对重要性标定系列

标　度	含　义
1	表示两个因素相比，具有相同重要性
3	表示两个因素相比，前者比后者稍重要
5	表示两个因素相比，前者比后者明显重要
7	表示两个因素相比，前者比后者强烈重要
9	表示两个因素相比，前者比后者极端重要
2，4，6，8	表示上述相邻判断的中间值
倒数	若因素 i 与因素 j 的重要性之比为 a_{ij}，那么因素 j 与因素 i 重要性之比为 $a_{ji} = 1/a_{ij}$

（二）计算权重及一致性检验

确定各评价因子的权重值，然后计算矩阵最大特征根，并计算一致性指标和检验系数，为平均一致性指标，可通过查表获得。如果 $CR < 0.1$ 时，认为通过一致性检验。若 $CR \geq 0.1$ 时，需对判断矩阵 A 进行修正，使

其具有满意的一致性。

（三）权重向量 W_i 的修正

采用熵技术修正 AHP 得到的因子权重，首先对判断矩阵 $R = \{r_{ij}\}_{n \times n}$ 作归一化处理，得到 $\bar{R} = \{\bar{r}_{ij}\}_{n \times n}$，其中 $\bar{r}_{ij} = r_{ij} / \sum\limits_{i=1}^{n} r_{ij}$。则指标 f_j 输出的熵 E_j 为 $E_j = -\sum\limits_{i=1}^{n} r_{ij} \ln r_{ij} / \ln n$，可推知 $0 \leqslant E_j \leqslant 1$；其次求指标 f_j 的偏差度 $d_j = 1 - E_j$，确定指标 f_j 的信息权重 $\mu_j = d_j / \sum\limits_{j=1}^{n} d_j$；最后利用公式 $\lambda_j = \mu_j w_j / (\sum\limits_{j=1}^{n} \mu_j w_j)$ 得到各指标的权重向量 $\lambda_i = (\lambda_1 \lambda_2 \lambda_3 \cdots \lambda_m)$。修正后的权重信息量增大，可信度较修正前有所提高，且更符合实际情况。

（四）模糊综合矩阵判定

根据多个因子对评价等级作用的大小，得出因子集合 U 上的一个模糊子集 $W = \{w_{11}, w_{12}, \cdots, w_{ij}\}$，$w_{ij}$ 为每个因子对 U 的权重。构造指标层和准则层构造判断矩阵，并检验比较矩阵的一致性，计算矩阵的最大特征值根所对应的特征向量，标准化后得到的矩阵即为各指标的权重。准则层和评价层指标权重集为 w_1 和 w_2^i（$i = 1, 2, 3, 4, 5, 6, \cdots$）。

采用模糊评价集来确定感知等级，可以有效避免由于评价人员判断的主观性带来的对同一指标所做的评定产生不同的结果。对于每一个准则层指标集 U_i，建立一个从 U_i 的下属评价指标集 U_{ij} 到模糊评价集 V 的模糊综合评判矩阵 R_i，由此得到 U_i 的综合模糊评判矩阵 B_i。其中 $R = (r_{j1}, r_{j2}, \cdots, r_{jk})$，$r_{jk}$ 指第 j 个评价指标的单因素评价的相应隶属度，$r_{jk} = d_{jk} / d'$，式中 d 代表参与评价的专家人数，d_{jk} 代表评价中第 j 评价指标做出第 k 评价尺度的专家人数。则 $B_i = w_2^i \times R_i$。设 $B_i = (B_i^1, B_i^2, B_i^3, B_i^4, B_i^5)$ 由于各等级的分值分别为 0.2，0.4，0.6，0.8，1 分，从而 U_i 的综合评价值为 $a_i =$ $(B_i^1 \times 0.2 + B_i^2 \times 0.4 + B_i^3 \times 0.6 + B_i^4 \times 0.8 + B_i^5 \times 1)$。对准则层指标的评分值做加权平均得到目标层的总得分：

$$a = \sum_{i=1}^{3} w_1^i \times a_i, w = (w_1^1, w_2^2, w_2^3) \tag{1}$$

三　综合模糊评定

笔者通过 2013 年 8 月至 2013 年 12 月在沙坡头、沙湖、黄沙古渡景区进行实地调查，采用调查问卷的方式向环境保护专家、旅游研究专家、景区管理者、部分游客发放问卷，调查沙漠景区旅游活动对环境影响的状况。共发放问卷 47 份，收回有效问卷 41 份，有效回收率 87%。并利用 Yaahp，Excel 和 SPSS 17.0 软件对数据进行处理，结果如下。

根据各专家打分情况，利用 Yaahp 软件和熵值法，得出准则层和指标层的各项权重：

$$w_1 = \{0.4126, 0.3275, 0.2599\}$$

$$w_2^1 = \{0.1881, 0.3277, 0.0523, 0.1129, 0.2832, 0.0358\}$$

$$w_2^2 = \{0.3651, 0.0538, 0.0753, 0.1725, 0.1220, 0.2112\}$$

$$w_2^3 = \{0.4637, 0.1860, 0.1320, 0.0681, 0.1121, 0.0381\}$$

统计计算各专家各因子的测评结果，得出评价判断矩阵：

$$R_1 = \begin{pmatrix} 0.122 & 0.317 & 0.195 & 0.146 & 0.220 \\ 0.024 & 0.049 & 0.146 & 0.488 & 0.293 \\ 0 & 0.098 & 0.098 & 0.463 & 0.341 \\ 0.073 & 0.171 & 0.195 & 0.512 & 0.049 \\ 0.098 & 0.146 & 0.146 & 0.390 & 0.220 \\ 0.049 & 0.098 & 0.220 & 0.268 & 0.366 \end{pmatrix}$$

$$R_2 = \begin{pmatrix} 0.024 & 0.073 & 0.073 & 0.537 & 0.293 \\ 0.122 & 0.171 & 0.366 & 0.146 & 0.195 \\ 0.220 & 0.268 & 0.244 & 0.195 & 0.073 \\ 0.049 & 0.122 & 0.244 & 0.463 & 0.122 \\ 0.049 & 0.073 & 0.220 & 0.439 & 0.220 \\ 0 & 0.098 & 0.220 & 0.585 & 0.098 \end{pmatrix}$$

$$R_3 = \begin{pmatrix} 0.024 & 0.146 & 0.195 & 0.341 & 0.293 \\ 0.049 & 0.195 & 0.220 & 0.244 & 0.293 \\ 0 & 0.073 & 0.122 & 0.463 & 0.341 \\ 0.073 & 0.171 & 0.244 & 0.439 & 0.073 \\ 0.098 & 0.146 & 0.146 & 0.390 & 0.220 \\ 0.049 & 0.122 & 0.244 & 0.268 & 0.317 \end{pmatrix}$$

由各子集中二级因子权重 w_i 和评价决策矩阵 R_i，根据合成运算法则 $B'_i = w_i \times R_i$，可得出：

$$B'_1 = \begin{pmatrix} 0.023 & 0.008 & 0 & 0.008 & 0.028 & 0.002 \\ 0.060 & 0.016 & 0.005 & 0.019 & 0.041 & 0.003 \\ 0.037 & 0.048 & 0.005 & 0.022 & 0.041 & 0.008 \\ 0.028 & 0.160 & 0.024 & 0.058 & 0.111 & 0.010 \\ 0.041 & 0.096 & 0.018 & 0.006 & 0.062 & 0.013 \end{pmatrix}$$

$$B'_2 = \begin{pmatrix} 0.009 & 0.007 & 0.017 & 0.008 & 0.006 & 0 \\ 0.027 & 0.009 & 0.020 & 0.021 & 0.009 & 0.021 \\ 0.027 & 0.020 & 0.018 & 0.042 & 0.027 & 0.046 \\ 0.196 & 0.008 & 0.015 & 0.080 & 0.054 & 0.124 \\ 0.107 & 0.010 & 0.006 & 0.021 & 0.027 & 0.021 \end{pmatrix}$$

$$B'_3 = \begin{pmatrix} 0.011 & 0.009 & 0 & 0.005 & 0.011 & 0.002 \\ 0.068 & 0.036 & 0.010 & 0.012 & 0.016 & 0.005 \\ 0.090 & 0.041 & 0.016 & 0.017 & 0.016 & 0.009 \\ 0.158 & 0.045 & 0.061 & 0.030 & 0.044 & 0.010 \\ 0.136 & 0.054 & 0.045 & 0.005 & 0.025 & 0.012 \end{pmatrix}$$

进行矩阵计算得出沙漠景区旅游活动对环境影响第 i 个子集（$i = 1$，2，3）的综合评判结果分别为：

$B_1 = (0.0686 \quad 0.1449 \quad 0.1611 \quad 0.3896 \quad 0.2358)$

$B_2 = (0.0464 \quad 0.1067 \quad 0.1800 \quad 0.4756 \quad 0.1913)$

$B_2 = (0.0382 \quad 0.1465 \quad 0.1897 \quad 0.3487 \quad 0.2769)$

将对应的评判结果隶属度乘以对应的分值，得到 B_1，B_2 的评价值分别为 0.7158，0.7317，0.7359。

根据准则层指标权重集 w_1 和综合评价决策矩阵结果进行模糊变换综合运算，得出沙漠景区旅游活动环境影响的综合评判结果为：

$B^* = (0.0534 \quad 0.1328 \quad 0.1747 \quad 0.4071 \quad 0.2319)$

最后可从计算公式（1）中得出沙漠景区旅游对环境影响的综合评价分值为 0.7263。

四 结果分析

（一）总体结果分析

从评价结果标准化后的情况看，标准化后得 $B^* = (0.0534 \quad 0.1328$ 0.1747 0.4071 0.2319）按最大隶属度原则，结果隶属最大值为 0.4071，对应评价为"较大"，同时评价"很大"达到 0.2319；评价"一般"隶属也达到 0.1747，这三级总体水平占到 0.8137。结合综合评分值 0.7263 来看，宁夏沙漠景区旅游活动对环境的影响是比较大的。

（二）子系统评价结果分析

结合评价系统的三个子系统得分值，旅游活动对游览环境、自然环境和社会环境影响综合得分分别达到 0.7158、0.7317 和 0.7359，这说明宁夏沙漠旅游景区旅游活动对三者的影响都较大。

指标层分析，在不计算专家评判级别内部差异的前提下，从模糊的角度将评判选项分为 2 级：选项为"大"（包括较大、很大）和选项为"小"（包括较小、很小），并把各因子相应的隶属度值前两项 m（较大、很大）和后两项 n（较小、很小）分别相加得出指标层模糊评价结果，见表 5 – 13。

表 5 – 13 　　　　　　　　　指标评价层各指标 m、n 值

评价因子	U_{11}	U_{12}	U_{13}	U_{14}	U_{15}	U_{16}
m	0.366	0.781	0.804	0.561	0.610	0.634
n	0.439	0.073	0.098	0.244	0.244	0.147
评价因子	U_{21}	U_{22}	U_{23}	U_{24}	U_{25}	U_{26}
m	0.830	0.341	0.268	0.585	0.659	0.683
n	0.097	0.293	0.488	0.171	0.122	0.098
评价因子	U_{31}	U_{32}	U_{33}	U_{34}	U_{35}	U_{36}
m	0.634	0.537	0.805	0.512	0.610	0.585
n	0.171	0.244	0.073	0.244	0.244	0.171

由表 5 – 13 可知，指标层中 U_{12}（生物资源的多样性）、U_{13}（沙丘景观美誉度）、U_{15}（沙漠旅游环境承载力）、U_{16}（旅游交通环境）、U_{21}（景区绿化水平）、U_{25}（污水处理能力）、U_{26}（垃圾处理能力）、U_{31}（经济发展水平）、U_{33}（地区接待能力）和 U_{35}（社会引导示范），这 10 个环境因子 m（大于 0.6）值较大，旅游活动对这些环境因子的影响较大，其中旅游活动对沙漠景区绿化水平的影响最大，对沙丘景观美誉度、沙漠生物多样性和当地的社会带动影响也很大。

另一方面，旅游活动对 U_{11}（沙漠旅游资源特色）、U_{22}（景区噪音水平）、U_{23}（大气质量）和 U_{34}（社会治安状况）的影响较小，其中对大气质量的影响最小，沙漠旅游资源特色其次。

（三）宁夏沙漠旅游环境影响综合分析

2013 年，宁夏提出紧抓中央关于"紧抓扩大内需特别是扩大消费需求的重大机遇，鼓励旅游、健身、文化等消费"的决议要求，在使"塞上江南·神奇宁夏"的形象宣传进一步深入人心，取得良好经济效益的同时也使地区民族区域特色文化的美誉度和影响力不断攀升，地区生态环境得到良好保护，环境教育得到大力宣传，全区旅游事业呈现出稳步发展的良好态势。根据上述模糊评价结果，对宁夏沙漠旅游环境影响的综合分析如下。

1. 经济效益评价

旅游经济是地区经济的重要组成部分。旅游业各种要素综合作用直接体现在经济效益上。沙漠旅游经济效益不仅反映了宁夏沙漠旅游企业的经济效益及其旅游经济活动内在组织运行的机制发展，还在很大程度上体现了宁夏整个旅游产业的旅游经济，并充分发挥旅游经济强劲的产业关联效应，将沙漠旅游所产出的经济效益渗透到其他产业与部门，促进人们生活质量提高，带动地区经济增长，充分体现旅游经济的效益及社会价值。

2011—2013 年，宁夏三大沙漠旅游景区中除沙湖接待游客量有小幅下降，沙坡头和黄沙古渡接待游客量均平稳上升；同时，由于新一届政府持续的整顿，使公务出游比例大幅度下降，影响了景区的收入（见图 5 – 10）。

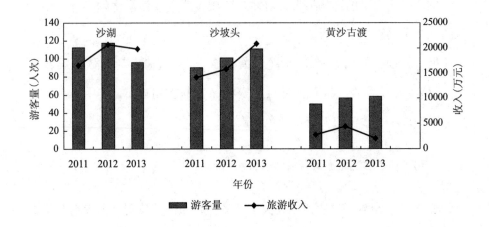

图 5 – 10　2011—2013 年三大沙漠景区游客量、收入情况

2013 年，宁夏全区共接待国内游客 1534 万人次，接待入境游客 2.54 万人次。其中三大沙漠景区接待游客量占 17.34%；三大景区全年旅游收入近 4.3 亿元，占全区旅游总收入的 3.63%，占宁夏 GDP 总量的 0.17%，占第三产业增加值的 29.01%，为交通、餐饮、娱乐等部门创造 3.5 亿元产值；直接带动就业人数 1546 人，间接带动近 2 万人参与沙漠旅游产业（图 5 – 11）。5—10 月是沙漠旅游的旺季，国际沙漠文化旅游节、自驾车旅游节、电视娱乐节目、七夕花棒情人节等活动的开展，将推动宁夏沙漠旅游在全国范围被更多潜在游客熟知；随着宁夏国际旅游目的地建设进程的深入，沙漠旅游势必在宁夏旅游中占据越来越重要的地位。

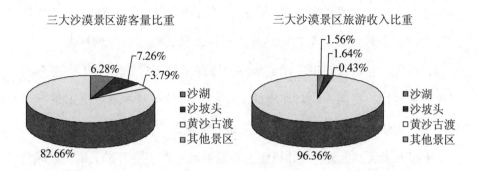

图 5 – 11　2013 年三大沙漠景区游客量、收入占全区旅游业比重

2. 环境效益评价

只要有旅游活动，就会或多或少地产生污染。宁夏沙漠旅游在对生态环境造成压力的同时，也在促使景区改善沙漠环境，维持良好的运营载体。如前所述，黄沙古渡景区在未开发前，生态环境脆弱，生产环境恶劣，月牙湖湿地面积逐年减少，滥垦滥牧现象严重，工农三废污染更加剧了当地环境的破坏。经过景区开发企业的生态治理，植被覆盖度增加，湿地面积扩大，生物多样性恢复，生态建设取得一系列成果。

沙坡头旅游区开发 20 多年来，坚持"保护与开发并重"的原则，通过旅游基础设施的生态化建设，加大对腾格里沙漠前沿生态系统的保护和投入力度，在中国沙尘暴重要源头区，以钱学森院士倡导的"沙产业"为指导，以构建腾格里沙漠向东扩张的防治基地生态样板为目标，发挥沙坡头在防沙治沙及保护生物多样性、维护生态平衡等方面的重要作用。大面积开展生态旅游、低碳旅游、和谐旅游、奉献旅游，为保护黄河的重点区段构筑稳固的大型生态屏障，缓解西部荒漠化地区生态危机，保障沙坡头湿地系统及宁夏沿黄城市带生态安全做出了巨大的贡献。

三大沙漠景区，分别建设了科普基地（沙坡头建设的中国首家沙漠博物馆，沙湖建设的宁夏湿地博物馆，黄沙古渡建设的生态治沙观光区、民俗博物馆），并积极组织周边省市院校、中小学生及相关单位到景区基地进行参观、学习和实践活动，充分利用"爱鸟日""地球日""科技周"和"世界环境日"等向游客宣传环保意义，唤起公众的环保和生态意识，宣传环保基础知识、保护沙漠、绿洲生物多样性和维护生态系统平衡的重要性，提高人们对环境的关注度。同时还对本景区员工进行培训，使广大职工的环保意识、节能意识、低碳意识有了显著的提高。

不得不承认，旅游者人数持续上升给景区生态环境带来了压力，部分景区环境承载力负担过重；大批游人的到来影响了沙漠治沙效益，不合理的旅游行为和薄弱的环保意识导致生态破坏；当地居民为谋得一时利益，对沙地旅游资源过度开发。这些影响将会长期困扰沙漠景区的可持续发展。

3. 社会效益评价

沙漠旅游不仅带来了直接经济效益，还为旅游地带来大量的就业机会。迎水桥镇沙坡头村、童家园子常年有近 200 人在景区工作；黄沙古渡景区周边的月牙湖乡有近 120 人在景区经营羊皮筏子、骆驼、卡丁冲浪车、摩托冲浪车等；亦有村民在经营地方特色与民族特色餐饮，销售土特产品、手工艺品、照相等，农户年均收入 2.3 万元，其中 78% 来自旅游收入。沙坡头景区还带动了中卫市农家乐等其他特色旅游。目前，依托沙坡头景区客源经营农家乐的有迎水桥镇沙坡头村、固沙林场以及常乐镇等。沙坡头上游的南、北长滩村民利用河湾果园、田园风光、黄河水车等资源也发展了黄河民俗村；近 1000 户农民以不同形式参与农家乐旅游项目经营和服务，年接待游客达 24 万人次。

沙漠景区通过旅游营销宣传了地方形象、挖掘了民族文化。沙湖不断挖掘民族文化，先后开发了民族歌曲大奖赛、沙雕节等具有地方民族文化特色的旅游项目。沙坡头也逐渐成为中卫市旅游形象代表，甚至一些外地游客只知沙坡头而不知中卫，这一优势形象犹如一个巨大的磁场，在源源不断地吸引世界各地游客前来旅游、观光的同时还吸引周边地区的生产要素集聚，以硒沙瓜、沙漠蔬菜、沙漠园艺等为龙头的沙漠产业迅速发展，推动和促进了当地经济社会的快速发展。另一方面，景区当地以沙漠旅游为契机挖掘民族文化，建设民俗博物馆，出版发行了《风雨沙坡头》《沙坡头诗集》《中国宁夏·沙漠体育运动手册》等书籍，增加游客对景区的形象认知。目前，以沙坡头、沙湖、黄沙古渡为代表的宁夏沙漠旅游，已经在国内形成了"宁夏归来不看沙"的旅游品牌形象。

沙漠旅游开发也带动了当地基础设施建设。如中卫市投入巨资修筑了中央大道、平安大道、迎宾大道等城市连接景区的道路，建设了腾格里沙漠湿地公园、香山公园等一批重点生态项目；黄沙古渡景区也建设了黄河湿地公园、黄河景观带；沙湖打造的沙湖水镇等都有效地带动了周边地区经济的发展。

五　小结

通过对旅游活动对沙漠景区环境影响进行模糊评判，得出旅游活动对沙漠生物资源的多样性、沙丘景观美誉度、沙漠旅游环境承载力、旅游交通环境、景区绿化水平、污水处理能力、垃圾处理能力、经济发展水平、地区接待能力和社会引导示范这10个环境因子影响较大；对沙漠旅游资源特色、景区噪音水平、大气质量和社会治安状况的影响较小。这为下一步减轻景区环境压力、缓和生态系统矛盾、改善沙漠地区环境质量、创新景区管理制度、实现宁夏沙漠景区可持续发展都有重要的启示。

宁夏沙漠旅游在很大程度上体现宁夏整个旅游产业的宏观经济效益，将沙漠旅游经济所产生的效益渗透到其他部门与产业，提高了人们生活质量，带动了地区经济增长。随着宁夏国际旅游目的地建设进程的深入，沙漠旅游势必在宁夏旅游中占据越来越重要的地位。

宁夏沙漠旅游促使景区企业改善沙漠环境，维持良好的运营载体。景区开发公司的生态建设取得一系列成果。但是另一方面，部分景区环境承载负担过重、游人的不合理旅游行为、当地居民和一些开发者的薄弱的环保意识都会影响沙漠景区的可持续发展。

第三节　旅游活动对沙漠景区沙坡形态（地貌景观）影响研究

一　基于 RTK 技术和 GIS 对沙坡头不同时期沙坡变化研究

（一）微观尺度年内变化研究

笔者采用 RTK 测量技术，对研究区分不同时段进行 4 次地形测量。由于 1—4 月为沙漠型景区旅游淡季，游客罕见，且冬季西北风结束，自然因素对沙坡坡度及形态的影响最明显，第一次选择 2014 年 4 月初进行测量。5 月到 10 月为旅游高峰期，全年游客主要集中在这几个月，并且夏季风势力不强，自然因素干预较小，所以第二次选择在 10 月 6 日旅游高峰过后测量，可与第一次测量对比，能够更明显地对比出游客对沙坡的影响。10 月到 12 月游客逐渐减少，对沙坡的踩踏强度减弱，此时测量能对比出游客量的多少对沙坡的影响程度，因此，第三次测量选择在 2014 年 12 月初。12 月到 3 月为旅游淡季，自然因素影响强烈，经过 4 个月的恢复，此时测得的地形图可以验证自然因素是否可对下移的沙坡产生修复作用，因此，第四次测量选择在 2015 年 3 月。通过四次测量，并绘制出地形图，将所测的数据导入 ArcGIS 软件中，将数据进行可视化处理，生成三维模型，直观的表现沙坡形态。然后进行坡度变化分析、坡度变率分析和断面提取进行对比分析。

1. RTK 测量

RTK（Real – time kinematic）实时动态控制系统。是常用的 GPS 测量方法，以前的静态、快速静态、动态测量都需要事后进行解算才能获得厘米级的精度，而 RTK 是能够在野外实时得到厘米级定位精度的测量方法，它采用了载波相位动态实时差分方法。测量过程中，流动站接收机在不同时刻同时接收三颗及以上的 GPS 卫星信号，就可以解算出接收机天线位置中心至 GPS 卫星的距离，和该时刻 GPS 卫星的三维坐标，以同一时刻卫星的瞬时位置为圆心，以卫星至接收机天线的距离为半径进行距离交会，即可解算出测站点的坐标。测量原理如图 5 – 12 所示。

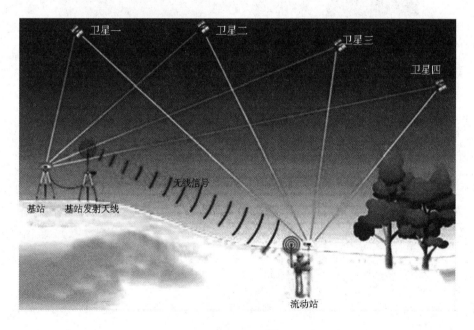

图 5 – 12 RTK 测量原理

研究中测量仪器为南方 S82T（图 5 – 13 所示）。此型号 RTK 水平精度 ±1cm + 1ppm，垂直精度 ±2cm + 1ppm，码差分定位精度 0.45 米，单机定位精度 1.5 米，可以满足研究的需要。

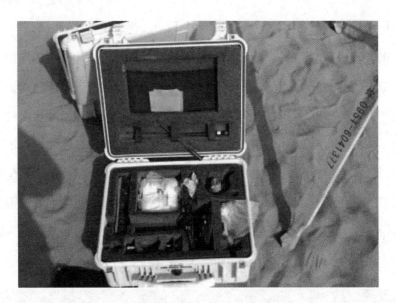

图 5 – 13　南方 S82T 测绘仪

但 RTK 测量时也存在人工操作误差和仪器本身误差，比如受卫星状况限制，天空环境影响，数据链传输受干扰和限制，作业半径比标称距离小，发射信号功率低，不易穿透可能阻挡卫星和 GPS 接收机之间的固体建筑物。因此研究测量时，选择在天气晴朗少云，并且避开电视塔、信号塔等强辐射源的建筑，基站选择在景区中海拔最高的滑沙区坡顶，地面稳固且有标志性地点的地方。

2. 基站选取

研究中将 RTK 基站架设在景区大门前空旷的地方，相对地势比较高，没有遮挡物，离测区或控制点比较近，经过基本的对中整平后，将手持的移动站做点校正，或者是"重置当地坐标"（图 5 – 14 所示），最后将基站位置选择在沙坡头景区南区入口广场位置，如图 5－15 所示。

图 5－14 基站架设位置

图 5－15 校正点位置

3. 控制点校正

选好址，完成基站架设，然后进行各个控制点校正，测量过程中不能一次完成的测量，第二次测量时，把基站架设在记录好的已知点上，用已知点启动基站，移动站接收到基站差分信号固定后测量。必须要做点校正，具体的操作方法如下。

（1）首先"键入"→"点"里输入已确定点的当地平面坐标，把流动站放在校正点上，然后进行对中整平，最后实施"测量点"的操作。在"测量点"里，基站"点名称"为 J1（取基站的首字母大写），测量时采用地形点 D1—Dn 编号即可。

（2）点校正。对"测量"，点击"校正""增加"，对"网格"一个已知点的当地坐标系的选择，点击"OK"，然后选择一个已知点的经度和纬度的"GPS"，点击"OK"，最后再"修正"，根据需要选择修正或水平和垂直校正的应用，然后单击"确定"，完成一点逐点校正。

（3）后增加的校正完成后，点击"计算"，然后单击"确定"，完成整个点校正操作，然后测量沙坡头沙漠地形。

4. 地形测量

（1）单击屏幕左下方的"菜单"，弹出"管理"，选择"任务/文件"，单击"新建"按钮，输入文件名（沙坡头），单击复选标记确定文件信息以确定所选的任务，单击"检查"文件名出现在屏幕的左上角。

（2）如果手簿设置了基站，点击屏幕左下角的黄色闪电符号，再点击连接，点击"RTK 移动站"，弹出"设置"对话框＞选择"截止角"选择"测量的流量"（在底部的接收器），选择"CMR ＋"并点击，将流动站与发射电台的射频频率调成统一频率，然后返回初始界面。

（3）点击"RTK 流动站"，等三角形缓冲进度条逐渐由红变绿，说明已准备完毕。基准站的名称变成基站点名称后，输入测量点名称，高程

（将流动站的高度设置为 1.8 米）→点击"MSR"测量，然后就可以进行控制点测量和碎步点测量了（图 5 – 16、图 5 – 17）。

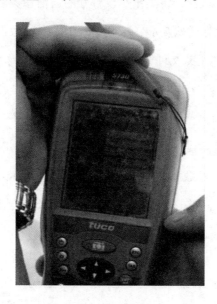

图 5 – 16　测量手簿

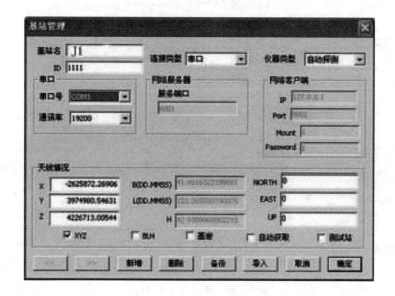

图 5 – 17　操作界面

5. 测量结果

启动南方 CASS 软件，将测量时设置好的通信参数逐一输入到电脑中，利用 CASS 软件的数据传输功能，把全站仪上的坐标数据导出保存为∗.dat 格式的文件，然后利用此文件开始成图。

首先展开高程点。点击"绘图处理"菜单下的"展高程点"，弹出数据文件的对话框，打开坐标数据文件"∗.dat"，选择"OK"。

建立 DTM．"等高线"菜单下"用数据文件生成 DTM"，弹出数据文件的对话框，打开坐标数据文件"∗.dat"，选择"OK"

选择显示建三角网结果，输入等高距 0.5 米，三次 B 样条拟合等参数，最后生成等高线，如图 5 - 18 至图 5 - 21 所示。

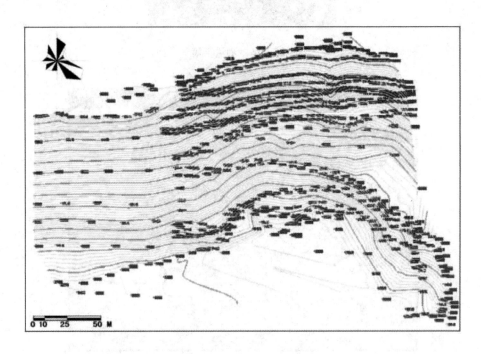

图 5 - 18　2014 年 4 月测量

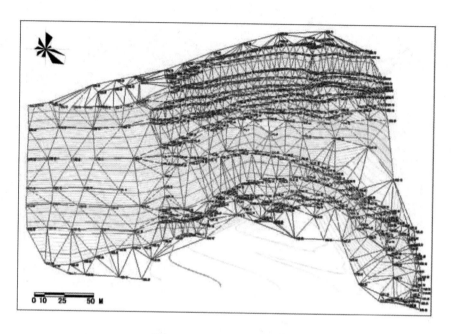

图 5 – 19　2014 年 10 月测量

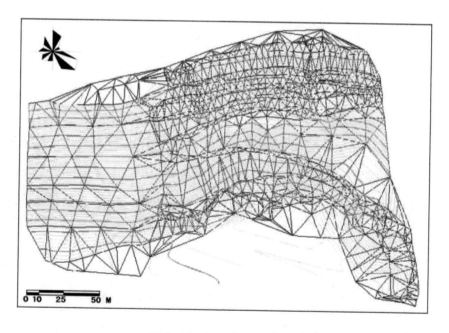

图 5 – 20　2014 年 12 月测量

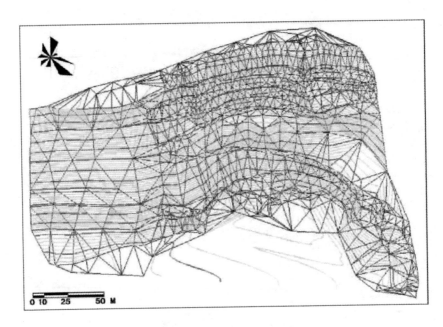

图 5 –21　2015 年 3 月测量

（二）地形图对比分析

1. 研究区功能分区

按照研究区旅游项目的功能区和游客的行为特征，研究将该区域分为滑沙区、游客步行区、驼队马队区三个区域。并将三个区域进行对比分析，得出游客不同行为对沙坡的影响程度以及不用类型的旅游活动对沙坡的影响程度（图 5 –22）。

2. 坡度提取与分析

地表任意一点的坡度是指过该点的切平面与水平面的夹角，表示该点的倾斜程度。坡度有两种表示方法，一种是坡度，另一种是坡度百分比。坡度指水平面与地形面之间的夹角，坡度百分比指高程增量与水平增量的

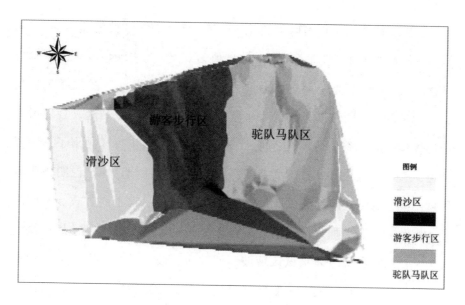

图 5-22　研究区功能分区

百分数。在 Arc Toolbox 中选择 Spatial Analyst 工具，选择表面分析—坡度，打开坡度对话框，输入所测的数据，选择默认单位 DEGREE（度），完成坡度提取，图 5-23 为坡度提取图。

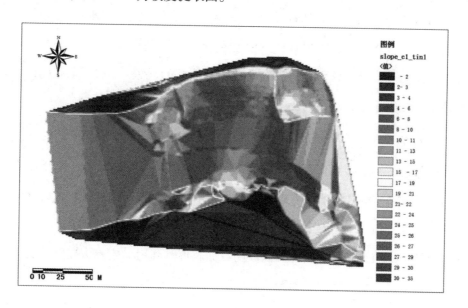

图 5-23　坡度提取

由坡度提取图可得出以下绪论。（1）整个滑沙区坡度非常大，200米水平距离垂直落差80米左右，坡度值为0.4，图中颜色较深的区域坡度值较大，颜色较浅区域的坡度值小。（2）左侧滑沙区图像颜色较均匀，无色差，说明坡度无起伏，从坡顶至坡底无坑洼或凸起，且坡度介于游客步行区与驼队马队区之间。（3）中间的游客步行区测出了不同颜色值，并且成斑块状分布，且上部斑块颜色浅下部颜色深，说明该区域坡度不同，有陡有缓，形成此形态的原因是游客活动不同方式、不同程度的踩踏造成的，加之自然风的影响形成了不同的坡度。（4）最右侧浅黄色和浅绿色的部分表示该区域坡度值较小，坡度较缓，也有部分区域颜色呈深绿色，该区域由于骆驼项目迁移后，受到较好的保护，保留了较陡的坡度。（5）游客步行区和驼队马队的区域整体呈现上、中部坡度较大，下部坡度较小，分析得出游客步行区和驼队马队区域坡底有大量植被，可对沙坡向前移动起阻碍作用，但沙坡上部的沙体由于受到游客踩踏的影响而不断向下移动，因此造成沙坡下部坡度变小，坡底不断向上抬升。（6）滑沙区之所以没有出现沙坡底部不断抬升的现象，是因为滑沙区的形态直接影响到景区的收益和项目的顺利运营，管理者会经常对该区域进行维护，因而而没有出现坡底抬升的现象。（7）顶部上下红色的区域为平地，坡度为零。

3. 坡度变率提取与分析

坡度变率是指在微分空间的地面坡度变化率，是基于梯度的计算原理，根据各点的梯度值计算提取，相当于水平面变化的二阶导数。坡度变率可以精确地显示出坡面曲率信息。选中DEM图层数据，选择Spatial Analyst工具，表面分析工具，提取坡度数据。再对其用上述方法提取一次坡度，得到坡度变率数据。如图5-24所示。

图 5 - 24 坡度变率图

由坡度变率图分析得出以下结论。(1) 坡度变率变化幅度的大小为游客步行区（中）>滑沙区（左）>驼队马队区。(2) 其中游客步行区的颜色值最深，且成片状交替分布，说明该区域的变化最大，直接地反映出游客步行对沙坡造成的影响是最大的，且游客对该区域的影响程度不同，有大有小，特别是沙坡的下部，颜色明显深于沙坡上部区域，说明沙坡底部的形态改变要大于顶部。(3) 从左侧滑沙区的分析图可以看出，该区域颜色较浅，且相对均匀，说明滑沙对沙坡也有一定的影响，所造成的影响基本是均等的，其原因有两点：一是工作人员合理的分配游客在不同的滑道中进行滑沙活动，让其他区域的滑道有恢复的时间；二是因为该区域有大量的喷水固沙装置，可以减缓沙坡的变化。(4) 滑沙区中颜色介于其他两个区域的中间值，说明坡度变化幅度介于二者之间。而右侧驼队马队区域，可以从其中清晰地看出骆驼和马匹走的之字形路线，该区域的颜色明显较其他区域深，由于驼队马队迁移到北区，该区域后期的整体坡度变率值变化不大。(5) 滑沙区和游客步行区的沙坡底部变化明显大于沙坡上部，且游客步行区的变化明显大于滑沙区的变化。(6) 在假定其他影响因子相同的情况下，由以上结论总结可知，游客对沙坡的影响是最直接的，相关性也是最大的。

4. 断面提取分析

在沙坡上选择滑沙区、游客步行区、保护区三个区域，选择不同的断面位置（图5－25所示），绘制出不同时期的沙坡断面图。断面图可以更直观地显示沙坡的整体变化及预测变化趋势，是将测量数据可视化的过程，如图5－26—图5－29所示。

图5－25　断面提取位置

根据图5－26—图5－29分析对比得出如下结论。（1）4个时期的自然保护区的坡度基本上没有变化，坡顶海拔1312米和坡底长度174米都维持原状，因为该区域不受游客活动的影响，且植被覆盖率达60%，在植被未能覆盖的区域，工作人员还在沙坡上编织了草方格用来固定沙丘。（2）从4个时期对比，滑沙区顶部海拔1310米，在研究时限内没有变化，底部坡长由原来205米延长至209.5米，向前延伸了4.5米。从整体来看沙坡上部有微量的后移，中上段呈现"凹"形，中下段抬起，下段向前延伸，全年一直为正向移动，但在春冬旅游淡季的时候，变化速率减慢。（3）4

个时期的步行区顶部海拔 1329 米基本无变化，底部向前延伸 10.5 米。（4）以保护区的曲线作为参照，滑沙区相对坡度变化较小，在海拔 1300 米至 1260 米，沙坡整体有后移趋势，在海拔 1260 米至 1250 米，由于坡长增大，坡度较以前变得平缓。步行区相对变化较大，在沙坡中上部明显看出沙坡后移，中段沙坡抬起，后段向前延伸。（5）2014 年 4 月图像中，三个区域的断面曲线近乎重叠，保护区和滑沙区有交错现象，步行区曲线顶端介于滑沙区和保护区之间。随着时间推移，2015 年 3 月时，步行区顶端的曲线已后移到与滑沙区近似重合。而保护区和滑沙区的位置相对没有变化，因此，说明步行区的顶端受到游客极大的影响，顶部整体向后平移。（6）2014 年 3 月，图像中步行区底端长 1.98 米，2014 年 10 月时已延伸至 2.05 米，2015 年 3 月时已延伸至 2.15 米，总体延伸达 15 米之多。（7）全年沙坡形态恢复不明显，经过一年自然风的影响，特别是冬季风的吹刮，保护区和滑沙区的顶端都无变化，步行区沙坡上段略有恢复，所有区域沙坡底端无后移趋势，说明短期靠自然因素无法恢复沙坡原有形态。

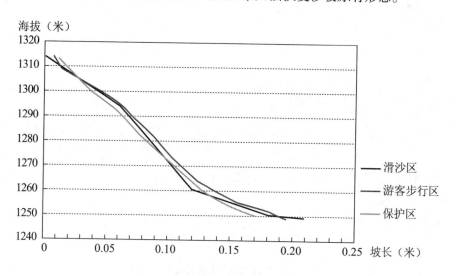

图 5 - 26　2014 年 4 月断面提取

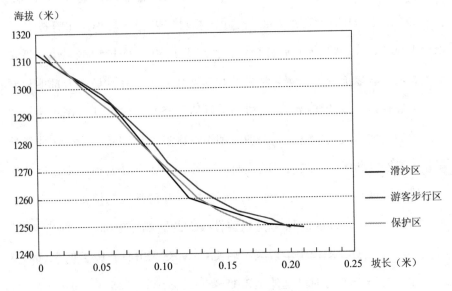

图 5 - 27　2014 年 10 月断面提取

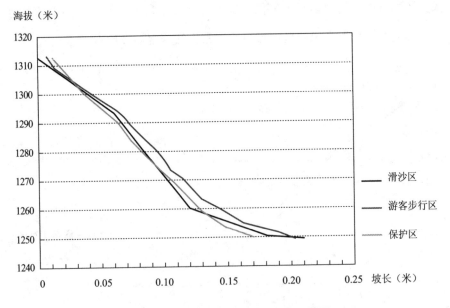

图 5 - 28　2014 年 12 月断面提取位置图

（三）宏观尺度对不同时期遥感影像对比分析

研究获取了 1995 年地形图（起到辅助对比作用），并通过 Google Earth 软件的 SGGS 插件截取了 2003 年、2010 年和 2013 年研究区的遥感影像。早期的影像由于技术手段的制约，其分辨率无法满足研究需要，且 2003 年沙坡头的游客量刚刚呈现迅速增长的趋势，因此，影像第一期选择在了 2003 年；2003—2010 年，研究区的游客量呈现平稳波动的增长态势，2010 年，游客呈现猛增的趋势，因此，第二期影像选择在 2010 年；2010—2013 年，整个景区的游客每年都突破了百万人次，且近些年沙坡变化尤为明显，因此，第三期的影像时间选取在了 2013 年。将收集到的影像导入 PS 软件中，选取控制点，进行叠加校正，然后利用网格，通过调整透明度逐幅进行对比，并借助标尺功能辅助年尺度的对比观察，目的是为了探讨出研究区在大时间尺度的变化过程，并与游客量、气候因子进行相关性分析，得出沙坡变化的过程与机制。

1. 影像截取

笔者采用 Google Earth 软件的 SGGS 插件的"保存图像"工具，截取屏幕显示的图像，并以 JPG 格式保存。以下为截取图像操作步骤。

（1）选择拼图控制点，采用添加"地标工具"，在研究区范围的边界添加地标。因为地标的设置会影响拼图精度，因此将地标的标签比例设置为"0"，并调整好显示比例。

（2）将研究区（滑沙区）划分为 10×10 的方格网，采用"控制分布保存"的方法将图像以此截取，目的是为了方便对不同时期的影像做对比研究（图 5-29）。

（3）由于影响投影及地理位置存在一定的误差，按以上方法拼接图像也会存在误差，笔者采用表 5-14 所示的几种方法将误差降到最小。

图 5 – 29　研究区与 10 × 10 网格叠加

表 5 – 14　　　　　　　　　消除误差方法

方　　法	作　　用
将地图图层关闭，屏幕显示二维视图	消除点的投影误差
将添加地标中的"海拔高度"设置为贴近地面	消除控制点（地标）的投影误差
将添加地标中的"视图""倾斜"设置为0	消除像点的倾斜误差
调整添加地标中的"视图""方位"，使截取图像区域边线与显示框平行	方便控制点的布设及影像拼接

（4）图 5 – 30 为影像叠加示意图。

2. 影像叠加对比

将收集到的影像导入 PS 软件中，选取控制点，进行叠加校正，然后利用网格，通过调整透明度逐幅进行对比，并借助标尺功能辅助分析。

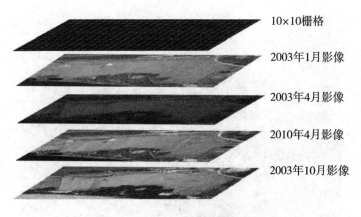

图 5-30　不同时期影像叠加示意

（四）影像分析及结论

通过对比分析，沙坡形态的变化呈现以下规律。

2003—2013 年，其中沙坡底部 H2、H3、H4、H7、I5、I6、I8 网格变化最大，其中 I6 处下移达 14 米、H3 处下移 10.5 米，平均下移 8.6 米。

2003—2013 年，A1—J1 十格中基本无变化，因为该区域尚未开发，游客对此区域未产生影响，且设置有草方格和喷灌设施养护，沙坡形态保持完整，如图 5-31、图 5-32 所示。

图 5-31　人工模拟草（塑料网）方格

图 5 - 32　固沙喷灌设备

2003—2009 年，D2—H2、C3—H3 区域，整体下滑趋势最明显，沙坡下沿平均南移 10 米左右。2009 年以后有所减缓，根据资料显示，2010 年，景区花巨资打造沙漠电梯，分流游客，降低游客对沙坡的影响。

2003—2009 年，滑沙区 D3、D4、F3、F4、G3、G4、H4、I4 变化趋势从上至下成正梯度增加，据对比，下滑距离为 5.8 米，2009—2013 年，D3、D4、F3、F4、G3、G4、H4、I4 仍按上述规律变化，但变化速度明显减慢，后通过访谈，得知 2009 年滑沙区增加了固沙喷灌设备，如图 5 - 32 所示，沙子潮湿后，因水的表面张力而结合在一起，可以对抗风力和游客对其的影响，该区域的沙坡下滑速度得到了明显的控制。

2003—2013 年，A9—J9、A10—J10 属自然保护区，游客罕至，基本无变化。

2003—2009 年，A7、B7、B8、C8、D9、E9、F9、G8、I8、I9 均有不同幅度的下移，而 2009 年至今却无明显变化，根据资料显示，2009 年以前，该区域为跑马场和驼场，马在 I8、I9 区域活动，骆驼在 A7、B7、B8、C8、D9、E9、F9、G8、I8、I9 区域沿之字形路线上下运送游客。2009 年以后，马场废除，驼场整体迁移至北区。I8、I9 区域设为房车基地，旅游活动的影响减小，因此该区域基本稳定。

2003—2009 年，A5—H5、A6—H6 区域，整体下滑趋势也较为明显，该区域属于游客步行区。沙丘前移量比滑沙区西侧的游客步行区沙坡前移量小，分析得知，是因为该区域坡底有大量植被，沙坡前行时遇到阻力，沙子不能前移导致该区域沙子呈抬升趋势，沙子对植被的掩埋增多，可能会导致该区域部分植被死亡。

结合研究区功能分区图（图 5-22），发现滑沙区沙坡坡龄之间有下移变化，但在 2010 年至 2013 年的对比中发现，沙坡下沿无明显前伸，后通过与沙坡头索道公司员工访谈得知，2009 年，景区游客猛增，2010 年游客蜂拥而至，对沙坡造成了巨大的影响，因此 2011 年初，为了保证滑沙项目的持续发展，索道公司用装载机等大型机械对沙坡底部进行了修复，并在滑沙区沙坡顶部倾倒沙子补充沙源，2014 年年初也进行了大规模的修复工作。通过人为的强烈干预，滑沙区的变化呈现波动状态，沙坡变化有所缓解，但修复工作代价巨大，且人工堆砌的沙体与自然形成的沙体有着完全不同的物理结构，人工堆砌的沙体疏松，很容易遭到自然风的侵蚀和游客的影响。

1984 年，为了确保包兰铁路的安全，各级部门为了防沙固沙，沙坡头地段修建了总长 154 公里的"五带一体"治沙防护体系，腾格里沙漠边缘的沙源固定，沙坡没有了移动沙丘的补充，且每年众多游客的衣服、鞋子等会带走大量的沙子，部分外地游客还会专门带走一些沙子作纪念。虽然每个游客带走的沙子量很小，但面对每年百万以上的游客的影响和自然风吹刮，其对沙坡的改变不容小觑，因此，景区要不定期地对沙坡进行观测，及时补充沙子。

二 景区沙坡变化与相关因子的探讨

造成景区沙坡变化有两大因子，即人文因子和自然因子。人文因子又可分为游客数量、游客行为、游客思维意识等要素；自然因子则为气温、降水、蒸发以及大风等。当前，研究把气象因子量化，把人文因子也通过统计的方法定量表达，从而探讨沙坡变化与气候、人文因子的相关性。

（一）游客特征分类分析

1. 景区项目统计

根据景区项目部提供的资料得出 2013、2014 年景区项目游玩人数统计表（表 5 – 15）。

表 5 –15　　　　　　　　　景区项目游玩人数统计

所在区域	项目名称	票价(元)	2013 年游客数量（万人）	2014 年游客数量（万人）
黄河区（南区）	滑沙缆车组合	40	58.8	60.2
	滑沙扶梯组合	30	34.7	40.5
	黄河飞索	100	4.8	5.1
	滑翔翼	100	4.7	4.7
	黄河蹦极	160	0.58	0.6
	沙漠大扶梯	15	23.1	24.0
	缆车	20	40.1	41.1
	羊皮筏快艇组合	90	33.5	39.7
	快艇冲浪	60	8.5	8.6
	摩托艇	100	12.3	11.5

续　表

所在区域	项目名称	票价（元）	2013 年游客数量（万人）	2014 年游客数量（万人）
沙漠区（北区）	骆驼（上行/下行）	80/50	47.4	50.1
	越野车	100	18.7	20.5
	冲浪车	80/160	20.6	25.1
	沙漠勇士（常规/经典）	50/100	21.0	19.2
	四轮摩托车	50	12.2	11.5
	沙漠雪橇	80	8.5	8.7
	沙漠巴士	150	4.4	5.9
	沙滩车	50	6.3	6.7
	沙漠动感精灵	50	2.6	3.1
	沙漠 CS 野战	80	1.3	2.5
	沙漠滑草	15	14.6	13.2
	旋翼机	380	0.58	0.67
	动力三角翼	260	0.63	0.85
	沙漠穿越（越野车）	1500/车	0.72	0.76
	沙漠穿越（骆驼）	500/人	1.2	1.3
	观光车	10	36.6	38.9

资料来源：沙坡头项目部提供。

根据上表统计得出：沙坡头游玩项目中滑沙缆车组合、滑沙扶梯组合人数最多，除去交通项目，占体验项目比列的29.5%，比例最大。根据游客问卷调查，得知滑沙、骆驼、羊皮筏子为游客最为期待和最愿意参与的项目。其中，滑沙为游客参与度和体验度最高的项目，也是沙坡头的王牌项目。从表中还可以看出，项目的参与度和项目价格成线性相关，价格越低，参与人数越多，因此价格的调控也决定着游客的游玩意向。

2. 游客滑沙行为特征分析

在滑沙区，游客由于职业、年龄、性别、地域等差异，会选择以下不同的方式进行游玩（表5-10）。笔者对游客不同行为特征进行了具体分析，并对其沙坡的影响做出评定。

表5-16　　　　　　　　　　　游客滑沙行为特征

名称	特征	对沙坡影响	示　意　图
滑板滑沙	游客借助滑沙板，利用重力从坡顶滑至坡底，游客不直接接触沙坡，方法简单，老少皆宜，大部分游客愿意参与。由于接触面积较小，且接触面光滑，其影响对沙坡最小	小	
坐式滑沙	游客蹲坐在沙坡上，用腿当桨向下滑行，由于臀部和沙坡接触面最大，而且是连续不断地和沙子接触，因此对沙坡的影响最大	大	

续　表

名称	特征	对沙坡影响	示　意　图
蜷身打滚	多为外地南方年轻游客,从未接触过沙子,愿意零距离接触沙子。游客平躺近似于圆柱,滚动的影响远小于滑动影响。游客参与度较低,可忽略	中	
徒步行走	部分女性或老年游客选择步行上下沙坡,下坡时,由于和沙坡接触较大,会踩落大量沙子;上坡时,由于重力和沙子结构等因素,会出现上一步退半步的情况,有相当一部分游客采用此方法	大	
徒步奔跑	不愿利用滑沙板,游客从坡顶飞奔到坡底,因为对沙坡冲击为间断的不连续的,接触面积小,但压力较大,其影响略小于徒步行走	中	
冲浪板滑沙	游客借助滑沙板,利用重力从坡顶滑至坡底,游客不直接接触沙坡,该方法难度系数较大,游客数量极少,可忽略	小	

以上六种方式中，滑沙板冲浪和蜷身打滚这两种参与方式由于各种限制因素，参与游客极少，在研究中忽略不计。研究主要对最常见的滑板滑沙、坐式滑沙、徒步行走、徒步奔跑四种方式进行调查统计，选取一天中10：00—10：10、11：00—11：10、12：00—12：10游客最多的三个时间段，统计出游客的行为特征，具体数量见表5-17。

表5-17　　　　　　　　　　　游客行为特征数量统计（％）

时间	滑板滑沙（人）	比例（％）	坐式滑沙（人）	比例（％）	徒步行走（人）	比例（％）	徒步奔跑（人）	比例（％）	合计
10：00—10：10	41	38.7	33	31.1	20	18.9	12	11.3	106
11：00—11：10	56	49.1	19	16.7	24	21.1	15	13.2	114
12：00—12：10	40	35.4	21	18.6	33	29.2	9	7.9	113
平均值	137	41.1	73	22.1	77	23.1	36	10.8	

资料来源：景区实测。

根据表中数据统计得出以下结论。41.1%的游客选择滑板滑沙，22.1%的游客选择坐式滑沙，23.1%的游客选择徒步行走，10.8%的游客选择徒步奔跑。其中大部分游客选择对沙丘相对影响较小的滑沙板滑沙，但仍有58.9%的游客选择不借助工具的下滑方式。根据影响对比、RTK测量、对植被掩埋高度的测量等得出的结论，可以得到游客不同的游玩方式对沙坡造成的影响不同。其中徒步行走和坐式滑沙对沙坡的影响最大，蜷身打滚和徒步奔跑影响次之，滑沙板滑沙影响最小。

3. 游客量与沙坡变化相关性分析

R 平方值是趋势线拟合程度的指标，也叫决定系数，它的数值大小可以反映趋势线的估计值与对应的实际数据之间的拟合程度，拟合程度越高，趋势线的可靠性就越高。R 平方值取 0—1 的数值，当趋势线的 R 平方值等于 1 或接近 1 时，其相关性最高，反之则相关性性较低。根据计算得出，拟合曲线公式为 $y = 0.0924x + 0.0369$，$R^2 = 0.9310$，$0.5 < R^2 \approx 1$。从图 5-33 分析得出以下结论。（1）$R^2 \approx 1$，说明游客量与沙坡下移量息息相关，呈现高度正相关，即随着游客量的增长，沙坡的下滑速度加快。（2）自然保护区和游客量没有相关关系，游客量的变化不会对保护区产生影响，对比说明游客的活动对滑沙区、步行区有非常显著的影响。（3）2003 年至 2014 年，滑沙区和游客量整体呈现较大的相关性，只有 2014 年相关性轻微的减小，游客增加，滑沙区的下移量增速减小，后通过访谈得知，由于 2012 年、2013 年游客对沙坡造成的影响很大，2014 年初，景区管理部门对滑沙区进行了修复。（4）2008 年，由于金融危机的影响，波及各地旅游业，因此游客量减少，滑沙区的下移量也随之减小，具有显著的相关性，但同年，步行区的下移量却呈现继

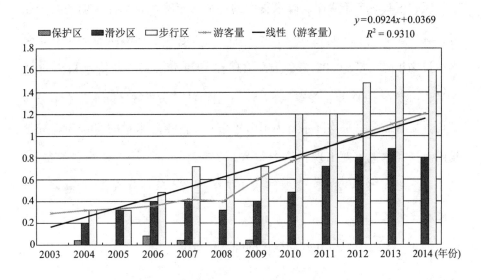

图 5-33　游客量与沙坡下移相关性分析

续增长趋势，与游客量呈现负相关，而在 2009 年时出现回落现象，该现象可能受到影响获取时间的影响，即 2008 年游客造成的影响，数据在 2009 年年初才得到，图中 2009 年的数据，实为 2008 年就已经对沙坡造成了影响。

（二）气候影响因子探讨

经和专家商讨，在研究中对滑沙区沙坡形态影响最重要的两个气候因子为降水量和风力。其中降水可以改变沙子的物理结构，使其含水量增加、紧实度增加以致黏性增加，沙丘固定程度变高，不易发生形变。而自然风则和降水起到相反的作用，它可以改变沙丘的物理结构，通过作用力使沙丘发生正向或逆向移动。通过对降水量和风力风向两个气候因子与沙坡近十年的变化进行相关性分析，探讨出影响沙坡形态最重要的两个气候因子对沙坡影响的机理。

1. 降水量因子

研究区具有冬干春旱、降水集中的特征，年降水量总体呈弱的减少趋势，减少速率为 1.58mm/10a（图 5 - 34）。当地年平均降水量为 176.5 毫米；最多年降水量为 308.2 毫米，出现在 1978 年；最少年降水量为 56.8 毫米，出现在 2005 年。受季风影响，中卫市沙坡头景区区降水量季节分布不均。夏季最多，平均降水量为 107.9 毫米，占年降水量的 58.3%，局地暴雨洪涝和冰雹主要出现在这个季节。冬季降水量最少，秋季多于春季。其中春季降水 22.8 毫米，夏季降水 107.9 毫米，秋季降水 42.8 毫米，冬季降水 3 毫米。

表 5 - 18 是中卫市气象局提供的降水量数据。

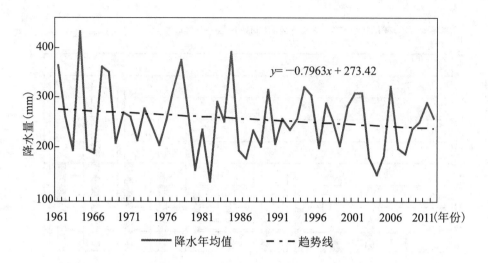

图 5 – 34　1961—2013 年研究区降水量

表 5 – 18　　　　　　　　　　2003—2014 年研究区降水量

年份	2003	2004	2005	2006	2007	2008	2009	2010	2011	2012	2013	2014
降水量(mm)	283.4	125.5	56.8	152	263.6	131.1	148.6	135	189.3	252.5	111.2	233

资料来源：中卫市气象局。

　　研究将 10 年降水量数据与沙坡前移的数据进行相关性分析，由于影像资料不是逐年收集的，导致沙坡的变化对比数据相应缺失，研究采用均值填补法，即利用与有缺失值的属性相关联的属性或属性组对对象进行划分，之后再用分组后的该属性的均值对缺失数据进行运算填补。图 5 – 35 为降水量与保护区、滑沙区、游客步行区沙坡下移相关性研究分析图。

　　根据计算得出，拟合曲线公式为 $y = 0.0018x + 0.162$，$R^2 = 0.0082$，$R^2 < 0.1$，从图中可以得出以下结论。（1）自然保护区基本无变化，并且

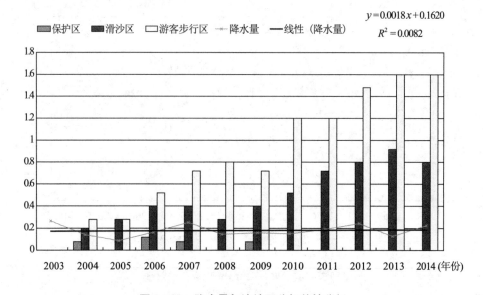

图 5-35　降水量与沙坡下移相关性分析

现有降水量的波动不影响保护区沙坡的形态。（2）2006 至 2009 年出现降水量增长又减少后持平的态势，但滑沙区沙坡下移却呈现一直减少的趋势，而游客步行区却一直增长，其变化与降水量无相关性。（3）从整体看，除 2005 年降水量极少，其他年份均在有限范围波动，但沙坡下移的距离却随着年份逐年增长，说明降水量与沙坡下滑的相关性非常小，几乎可以忽略其影响。

2. 自然风因子

（1）平均风速

研究区多年平均风速为 2.4m/s。1996 年为历年最大，达 3.2m/s；1988 年、1989 年为历年最低，为 1.5m/s。近 50 年来，年平均风速总体呈两次波峰，1995—2002 年均在 3m/s 以上，2003 年以来呈明显下降的趋势，到 2013 年降到 21 世纪以来最低值 2.2m/s（图 5-36）。

研究区各月风速分布情况为春季最大，冬季最小。3—5 月，月平均风

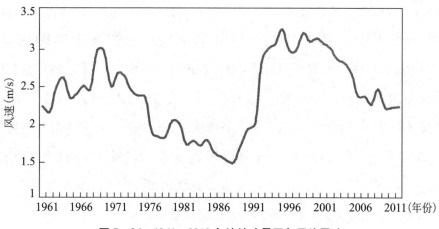

图5－36 1961—2013年沙坡头景区年平均风速

速为2.8—3.0m/s；6—8月次之，为2.3—2.6 m/s；1月份最小，为1.9
m/s。

（2）大风日数

中卫市沙坡头景区大风日数的年变化为春季较多，秋冬季略少，与平
均风速类似。其中，3—5月，平均天数为1.8—2.2天；6月次之，为1.4
天；其他月份为0.3—0.7天（图5－37）。

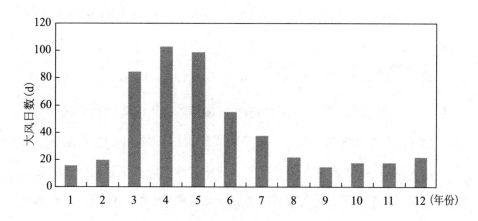

图5－37 1961—2013年沙坡头景区年均大风日数月变化
（3）最多风向及频率

研究区年平均风向以东风和西北偏西风较多，风向频率分别为

14.4%、9.2%；其次为西北风、西风和东南偏东风。但由于研究区地形特殊，导致研究区形成局部风向，经对中卫市气象局专家白玲的咨询和沙坡头索道公司的员工访谈得知，绝大部分时间风向是由坡底刮至坡顶。在夏季，沙坡的温度极高，气流上升形成低压，而河道温度较低，气流下降形成高压，因此，在底部形成了从河谷吹向坡顶的风向，而夏季的东南风，此现象更加强烈。研究区冬季盛行西北风，且势力较强，虽然夏季盛行东南风，但研究区深居内陆，势力较弱，因此沙坡形态恢复主要在11月至来年3月。图5-38为研究区形成局部风向示意图。

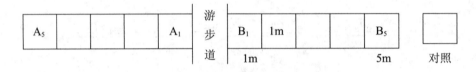

图 5-38 研究区局部风向示意

根据平均风速、大风日数及风向频率等综合影响因子，对缺失数据同样采用均值填补法，对缺失数据进行运算填补。然后对其进行分析运算，图5-39为保护区、滑沙区、步行区与风力因素的相关性分析。

根据计算得出，拟合曲线公式为 $y = 0.0064x + 0.2615$，$R^2 = 0.2864$，$0.1 < R^2 < 0.5$。（1）2003年至2014年，保护区和风力之间几乎没有相关性，由于没有游客影响，加之草方格的固沙作用，保护区10年基本无变化。（2）2005年较2004年风力增大，滑沙区沙坡虽有下移，但速度明显减慢，步行区基本无变化，说明风力对沙坡下移具有抑制作用。（3）2008至2009年，滑沙区和步行区较往年变化幅度较小，是由于2008年全球金融危机波及中国旅游业市场，使沙坡头游客量骤减，在此说明游客对沙坡的影响是主导因素。（4）2011年较2010年风力增大，滑沙区沙丘下滑距

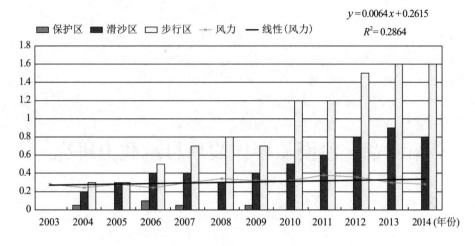

图 5-39　风力与沙坡下移相关性分析

离增幅持平，步行区增幅减小，风力与下滑有一定的相关性。（5）2003 年
至 2014 年，滑沙区较步行区受风力影响较弱，后通过访谈得知，每年在旅
游淡季，景区工作人员会对滑沙区进行修复，2011 年，景区花费巨资从腾
格里沙漠运送大量沙子补充在坡顶，用来填补因游客踩踏而滑落的沙子。
因此，2011 年滑沙区和步行区的变化均不如往年明显。

第六章　沙漠旅游体验项目承载力研究

第一节　旅游体验的概念与类型

一　旅游体验的概念

体验式旅游主要强调游客参与体验项目，并亲身经历和参加体验活动，在过程中感受到发自内心的快乐。旅游体验具有一定的特殊性，需要游客在特定地点进行游览和感受，其中掺杂着独有的个人感知、消费产品的价格和质量等要素，是由诸多因素相互影响的综合体。

旅游体验在性质上具有双重效应，即"换个角度凝视他人"，又在新的意境下认知了自我。在时间轴上，旅游体验有预期体验、现场体验和追忆体验，呈现阶段式的递变，随着时间的推移而升华，最终演变为生活体验和精神境界的组成部分；从强度上看，有一般体验和高峰体验；从深度上看，旅游体验与马斯洛的人类需求层次非常相似，依次有感官、身体、情感、精神、心灵五种体验等级，体验级别越高，游客旅行感受越深。低层次体验通常指简单的观光游览，是旅游主客体视听觉的简单对接，而高层次体验则伴随视觉、听觉、触觉、味觉和嗅觉的感知，存在着精神上的沟通和心灵的震撼。

二　旅游体验的类型

早期大多数学者研究认为，所有的旅游者外出旅游都将获得某种类似的体验。然而，Cohen（1972）作为最早提倡用类型学来阐明"旅游者"这一概念的学者之一，认识到必须从类型学角度来理解旅游体验。关注旅游者自身和旅游者的类型可以更好地解释为什么不同的旅游目的地吸引着不同的旅游者（Jafari，1989）。但他最初也只是在旅游者是否由专门的机构组织的基础上划分旅游者的类型。直到1979年，Cohen才提出要根据旅游体验划分旅游者类型，他把旅游体验分为5类：休闲、排遣、获取经验、试验、存在。20世纪90年代末，旅游体验类型划分越来越细致，Henley研究中心结合旅游者富裕程度和旅游体验将英国度假旅游者分成4个不同的层面；Alain Decrop结合旅游者预期计划、个人环境和旅游体验过程把旅游者划分为7种类型；Uriely等（2002）用现象学方法专门研究了无组织旅游者旅游体验的多样性；Wickens（2002）采用心理学和现象学方法，通过对旅游者半结构化的访谈和观察，根据旅游动机和旅游体验划分出5种不同类型的旅游者；Ryan（1998）通过市场抽样调查，根据旅游体验偏好对旅游者进行了聚类分析，得出了11种类型的旅游者，不同类型的旅游者对目的地属性的偏好存在差异[1]。

---

① 李萍、许春晓：《旅游体验研究综述》，《北京第二外国语学院学报》2007年第7期。

综合上述国外旅游专家学者对旅游体验类型的划分，不难发现旅游体验类型划分的关键在于对跨学科如心理学、现象学、旅游资源学或人类学等的结合，建立在旅游者旅游动机的基础上，从旅游者意识角度出发，进行体验分类。因此，笔者认为旅游体验类型是对旅游者心理和旅游资源丰富的一种尺度调和，旅游资源指引旅游者的旅游偏好，而旅游者心理却会直接决定旅游体验类型的划分。从旅游者角度出发，旅游体验类型可大致划分为：视觉型、听觉型、嗅觉型、触觉型和味觉型。

三 沙漠旅游体验项目分类

体验项目的分类，不同学者有不同的标准，游客的心理体验是旅游体验项目承载力的核心之一，因此，体验项目主要从游客的体验与感知角度，通过视觉、听觉、触觉等方面综合分析来分类，依据参与的主动性和自我投入的程度，具体的分类见表6-1。

表6-1 不同视角下的旅游体验分类

学 者	类 型	分类角度
约瑟夫·派恩 詹姆斯·吉摩①	娱乐、教育、逃避、审美	现象学角度
窦清②	情感、文化、生存、民俗风情、学习、生活、自然、梦想实现、娱乐	细分旅游体验
邹统钎③	娱乐、教育、逃避、审美、移情	旅游体验的本质

---

① 约瑟夫·派恩、詹姆斯·吉摩：《体验经济》，毕崇毅译，机械工业出版社2002年版。
② 窦清：《论旅游体验》，硕士学位论文，广西大学，2003年。
③ 邹统钎：《体验经济时代的旅游景区管理模式》，《商业经济与管理》2003年第11期。

续　表

学　者	类　型	分类角度
李晓琴①	情感、知识、实践、转变经历	旅游体验的主要内容
宋咏梅、孙根年②	消遣娱乐、逃逸放松、知识教育、审美猎奇、置身移情	旅游体验的内涵和特点

旅游界普遍认同体验旅游分为 5 个等级类型的观点，即消遣娱乐、逃逸放松、知识教育、审美猎奇和置身移情。

消遣娱乐体验。消遣娱乐是旅游体验中最主要的方式之一，参与诸如演出和娱乐项目，忘却工作的烦恼和各种不悦，达到放松身心和缓解紧张情绪的效果。

逃逸放松体验。休闲度假作为最重要的旅游目的之一，是逃避城市的嘈杂、放松身心、享受恬静生活的新形式。现代人被工作压力、生活琐事和错综复杂的社交所累，期望能从现实生活中逃离，重新审视诸如田园风光、农家小院等的温馨与宁静，找寻真我的境界，得到暂时的放松。

知识教育体验。旅游的各个环节都涉及知识的传递，尤其是地质博物馆、展览馆、国家森林公园等，在旅游过程中得到诸多新知识，能够增长见识，开阔视野，获得从实践中发现知识的体验和思想情感上的体验。

审美猎奇体验。在整个旅游活动的审美体验，是一种高层次的旅游体

———————
①　李晓琴：《旅游体验影响要素与动态模型建立》，《桂林旅游高等专科学校学报》2006年第 5 期。

②　宋咏梅、孙根年：《论体验旅游的理论架构与塑造原则》，《社会科学家》2006 年第 6 期。

验。旅游者主动通过个人感知寻找美好景物，通过已获得的知识和生活经验领悟其精华，身临其境，使身心舒畅。丰富的自然和人文景观、居民和管理人员的热情好客，均可获得审美体验。

置身移情体验。旅游活动中的置身移情，是指旅游者把自己置于他人的位置上，将自己想象成臆想中的对象，从而实现情感的转移和短暂的自我超越。

每种类型的体验设计的参与和体验度不同，越高级别的体验类型，对游客的震撼力越大。旅游体验是以体验项目为载体开展旅游活动。体验项目设计应注重个性化，旅游产品坚持"人无我有、人优我特"的设计理念，满足游客求新求异的心理，如沙漠自驾越野车和沙漠帐篷等。体验项目的核心是游客的参与体验，游客通过诸如滑沙、滑草和沙漠 CS 野战等过程，获得一种前所未有的心理体验，其重心在过程而非结果。

依据上述理论和相关资料，对沙坡头景区体验项目进行分类，详见表6-2。

表6-2　　　　　　　　　　沙坡头景区体验项目分类

体验项目类型	项目名称
逃逸放松类	黄河蹦极、黄河飞索、滑翔翼、沙漠越野
消遣娱乐类	鸣钟滑沙、快艇、沙漠巴士、摩托艇、沙坡头景区文艺演出
审美猎奇类	沙漠观光扶梯、沙漠骆驼、观光电瓶车、沙漠战车
知识教育类	治沙博物馆
置身移情类	皮筏漂流、沙漠 CS 野战、《爸爸去哪儿》亲子乐园、沙漠探宝

第二节　沙坡头主要体验项目承载力分析与计算

根据每类体验项目体验特点与内容的不同及其最主要的限制因素，诸如温度、风力、项目设施状况、项目工作人员的数量与服务质量等要素，分别运用生态容量法、面积容量法、游线容量法、卡口容量法等方法对环境容量进行结算。体验项目承载力的计算，是以游客体验为重点，结合每个体验项目的主要影响要素，采取控制变量的方法进行相关的分析与计算体验项目承载力。

一　审美猎奇类体验项目承载力分析——以骑骆驼为例

（一）沙坡头骑骆驼体验项目概况

骆驼因耐饥耐渴，被誉为"沙漠之舟"。依据驼峰数量可分为单峰驼和双峰驼，生活在我国境内的多为双峰驼。双峰驼比较驯顺、易骑乘，适于载重；双峰驼毛长、耐寒，每年春末夏初开始脱毛，历时三个月。脱毛属于动物的自然属性，是适应高温的生理机能的反应。脱毛利于夏季散热，新毛在冬季更加保暖。小骆驼全身脱光，而成年骆驼背部保留蓬松的长毛，减弱太阳曝晒伤害。沙坡头景区四月份之后游客量逐渐增多，各种体验项目正式营业，天气乍暖还寒，偶会气温骤然降低，会因天气过冷而不能载客。沙坡头沙漠区气候干旱，温差大，地物少，风阻小，容易形成沙风，据沙坡头气象监测站了解，沙坡头景区沙漠的沙尘起动临界风速为每秒 6 米，相当于四级风。每年驼队都有更新，新买的骆驼年龄在 1—2 岁之间，一般驯养6个月到1年便可载客。骆驼的生长期较长，驼羔4月龄以内的食物几乎全靠母乳，4月龄以后逐渐吃草，16月龄以前必须吃母乳，16—18个月自然断奶，景区买入18个月至2岁驼龄的骆驼，经过6个月至1年的驯养，便可载客。人工饲养的骆驼没有野骆驼的驮力，长途行进过程中，每日行程20公里左右。

沙坡头景区使用的骆驼全为双峰驼，主要来自内蒙古和甘肃。与母驼相比，公驼的骨骼较硬，体格较大，体力较好，因此景区所用骆驼全为公驼。沙坡头景区拥有59个驼队，每个驼队有7峰骆驼，其中6峰骆驼供游客骑乘，头驼一般不搭乘游客，共养殖400多峰骆驼。骑骆驼线路长约1.5公里，游客骑乘时间在30分钟左右。沙坡头景区拥有3个驼场，分别是大漠驼场、动感驼场和返程驼场。从大漠驼场至动感驼场需13分钟左右，动感驼场至返程驼场一般不载游客，此段需要4分钟左右，返程驼场至大漠驼场需6分钟左右。80%的游客选择往返路线，7月、8月旅游旺季时线路变为骆驼流动线，每日承载游客4000人左右，游客排队时间控制在20分钟以内。截至2014年年底，沙坡头景区骆驼已经超过400峰。旅游旺季时，骆驼仍然不能满足游客的需求，尽管骑骆驼项目组明文规定，游客排队时间不能超过20分钟，但是高峰时段游客仍不得不接受长达40分钟的等待，由此可见，骑骆驼项目的承载力的准确判断与合理预测迫在眉睫。

（二）沙坡头骑骆驼项目承载力分析与计算

1. 线路承载力

沙坡头景区拥有3个驼场，分别是大漠驼场、动感驼场和返程驼场，如图6-1所示，其中线条表示沙坡头的骆驼路线。

沙坡头景区拥有59个驼队，每个驼队有7峰骆驼，每峰骆驼体长3

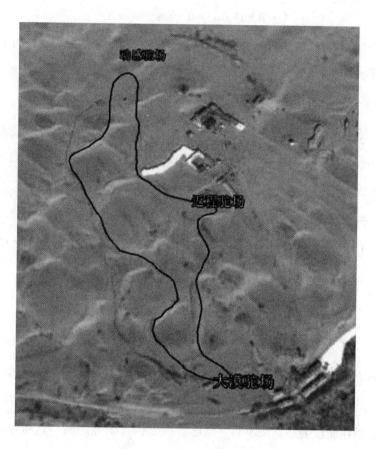

图 6 - 1　沙坡头骆驼路线

米左右，其中 6 峰骆驼供游客骑乘，头驼一般不搭乘游客，共养殖 400 多峰骆驼。骑骆驼线路长约 1.5 公里，游客骑乘时间在 30 分钟左右，大漠驼场至动感驼场 0.75 公里，动感驼场至返程驼场 0.35 公里，返程驼场至大漠驼场 0.4 公里，动感驼场至返程驼场之间一般不搭乘游客。80% 的游客选择往返路线，7、8 月份旺季时，驼场线路成为骆驼流动线，每日承载游客 4000 人次左右，游客排队时间控制在 20 分钟以内。基于沙坡头骆驼的线路现状，对沙坡头骑骆驼娱乐项目的线路容量进行计算如下：

$$C = B \times Q \times n \quad B = S/s \quad Q = T/t$$

式中：S 为沙坡头景区骑骆驼线路长，取 1200 米；T 为每日的工作时间，取 9 点至 18 点，即 9 小时；t 为每支驼队运营一次的时间，取 30 分钟；s 为每支驼队长度，取 24 米；n 为每支驼队的载客量，取 6 人。

经计算得出，基于线路长度，沙坡头景区骑骆驼娱乐项目的最大容量为 5400 人次/天。一般情况下，动感驼场至返程驼场之间，即 0.4 公里，不搭乘游客，此处 S 取 900 米，由此得出，基于线路长度，沙坡头景区骑骆驼项目的适宜容量为 4050 人次/天。

综上所述，基于线路长度，沙坡头景区骑骆驼娱乐项目的容量区间为 4050—5400 人次/天。

2. 骆驼生理承载力

2012 年，国庆长假期间鸣沙山景区体验项目骑骆驼属于热门中的热门，供不应求在此体现得最为明显，近千峰骆驼都未能满足游客的需求，超强度的工作，导致一些骆驼"过劳死"。这种现象的产生归根结底在于死亡骆驼体质较差和饲喂不当。景区管理处调查研究之后，立即对骆驼管理规定做了相应修正和细化，生病骆驼不得参与营运、高峰时段确保间隔休息、每日每峰骆驼至多驮送 5 次，违反者将接受停号处罚。

骑骆驼作为西北地区最具特色的旅游体验项目之一，骆驼作为该体验项目的灵魂，为避免"鸣沙山骆驼过劳死事件"的再次发生，骆驼的生理状况应作为首要考虑要素。骆驼的采食量不高，自由放养状态下，喜欢采食骆驼刺、麻黄、金合欢等，夏天吃芨芨草、沙米等，秋冬季节吃沙葱、骆驼刺、刺蓬等。景区所养骆驼每天饲喂饲料或精料 8 公斤至 12 公斤。夏秋季骆驼的饮水量为 4.5 升/天，冬春季饮水量为夏秋季的 3 倍。

基于骆驼的生理需求，对沙坡头骆驼的生理承载力的计算如下：

$$C = B \times Q \qquad Q = T/t \times A \qquad t = t1 + t2 + t3$$

式中：B 为每支驼队拥有的载客骆驼数量；t 为每支驼队一次的运行时间；t1 为从大漠驼场至动感驼场时间；t2 为从动感驼场至返程驼场时间；t3 为返程驼场至大漠驼场时间；T 为每支驼队载客的极限时间；A 为驼队数量。

沙坡头景区拥有 59 支驼队，每支驼队拥有 7 峰骆驼，一般情况下只有 6 峰骆驼载客，头驼不载客。驼队载客的极限时间取鸣沙山景区 2012 年国庆期间的载客时间，为 7 小时。从大漠驼场至动感驼场需 13 分钟左右，动感驼场至返程驼场一般不载游客，此段需要 4 分钟左右，返程驼场至大漠驼场需 6 分钟左右。经计算得知，基于骆驼生理需求，沙坡头景区骆驼娱乐项目的最大生理承载力为 6464 人次/天。骆驼既要载客，又需休息，一般状况下，骆驼载客 30 分钟需休息 10 分钟，骆驼状态才能达到最佳。此处每支驼队的载客时间取 5 小时，经计算得知，基于骆驼最佳的生理状况，沙坡头景区骆驼适宜生理容量为 4617 人次/天。

综上所述，基于骆驼的生理需求，沙坡头景区骆驼体验项目的承载力区间为 4617—6464 人次/天。

3. 驼场生态环境承载力

沙坡头景区从 1984 年成立以来，游客量总体在明显增加，从最初的五六万人，到 2013 年突破了 100 万人。伴随着游客量的增加，沙坡头景区的各项设施发生了明显变化，骆驼数量的变化非常明显，从几十峰，到 2005 年的 100 多峰，再到 2013 年的 400 多峰，骆驼的增加或多或少地对生态环境产生了影响，尤其是在排粪、排尿和排气等方面。

相关的文献资料显示，骆驼一年四季的排泄行为有所不同，详见表 6 - 3。

表6-3　　　　　　　　　　双峰驼四季排泄行为

项　　目		春季	夏季	秋季	冬季
排粪	昼夜排粪次数	15	21	25	9
	昼排粪次数	9	12	16	6
	夜排粪次数	6	9	9	3
	昼夜排粪量(kg/峰)	3.75	4.67	10.2	1.18
排尿	昼夜排尿次数	12	22	19	8
	昼排尿次数	8	14	12	6
	夜排尿次数	4	8	7	2
排气	甲烷	58 千克/年·峰			

注：数据来源于《内蒙古双峰驼的生理状况研究》[①]。

在沙坡头景区，骆驼养殖场处于海拔相对高的地段，围墙周围均有通风口，通风效果较好，即便进入养殖场，气味也较弱，因此，排尿和排气对生态环境的影响较小。骆驼对生态环境的影响主要在排粪上，沙坡头景区旅游人数最多的时间为 7 月和 8 月，笔者主要运用夏季的排粪量来分析。沙坡头景区骆驼线路长为 1.5 公里，拥有 3 个驼场，面积分别为大漠驼场（350 平方米）、动感驼场（200 平方米）和返程驼场（200 平方米），骆驼可能排粪面积为 1500 平方米。实地调查中得知，沙坡头骑骆驼项目组雇用 5 名拾驼粪工人，每日驼粪捡拾量为 7 筐，并且捡拾粪便多数含水量较少，大致为 30%，所使用漏勺孔径较大，只能捡拾大块粪便。驼粪捡拾率越

---

① 岳东贵、徐志信、赵刚等：《阿拉善双峰驼四季牧食行为的研究》，《内蒙古农牧学院学报》1999 年第 3 期。

高，对沙质污染就较小，反之亦然。如果粪便没有得到及时捡拾，很快被晒干，被风打散成细小颗粒，将无法捡拾。

4. 游客感知承载力

在实地调查中发现，骆驼身上的气味与干净程度和拉驼者的讲解、风趣幽默、整洁程度等都会影响到游客的感知。本研究采用游客选择其认为最能接受的感知意向的方法，如游客通过 3 张图片选择沙漠骑骆驼最佳的意境感知，详见表 6 - 4。

表 6 - 4　　　　　　　　　骑骆驼体验项目游客意境感知

图片			
意境描述	充分彰显大漠的空旷与寂寥，远眺沙山相连，意境唯美	大漠的空旷中掺杂些许热闹气息	骆驼线缓慢移动，娱乐气氛高涨中，带有几分焦急
选择人群及百分比	中年人及崇尚纯粹大漠的青年人，占 16%	青年人居多，占 76%	孩子非常乐意，占 8%

由上表可知，旅游市场的主体是青年人，感知倾向于第二张图片，故在游客的感知承载力计算中，采用单个沙丘上有两到三支驼队为最适宜。基于游客体验与感知的骑骆驼体验项目承载力计算如下：

$$C = B \times Q \qquad Q = q_1 \times q_2 \times q_3 \qquad B = t_1 / t_2$$

式中：q_1 为游客体验与感知的骆驼的数量（一般取值 7 峰），在游客和导游的访谈中得知，不管是散客还是团队旅游，80% 以上的游客是以家庭为单位，主要为 3—5 人；q_2 为基于游客感知的驼队之间的距离，一般取单个沙脊上 2 至 3 个驼队（通过专家咨询方式得到）；q_3 为沙坡头骑骆驼路线上的沙丘数量，此处取 12 个；t_1 为骆驼的载客时间；t_2 为骆驼载客一周的时间。

骆驼线路长度，取 1.5 公里；基于游客的感知基础，t1 取 7 小时，t2 取 30 分钟，Q2 的极大值取 3，适宜值取 2。经计算得知：最大的游客体验与感知容量为 3024 人次/天，适宜的游客体验与感知容量为 2016 人次/天。综上所述，基于游客体验与感知的沙坡头景区骑骆驼体验项目的容量区间为 2016—3024 人次/天。

5. 基于现有游客量的可扩展承载力

现有的设施承载力还不能满足旅游旺季的需求，本研究采取旅游旺季 8 月 17 日至 23 日全天候记录不同时段的游客量的变化，每一时段求其平均值，并将其作为沙坡头骑骆驼项目的旅游旺季日游客量变化的一线数据资料，见图 6 - 2。

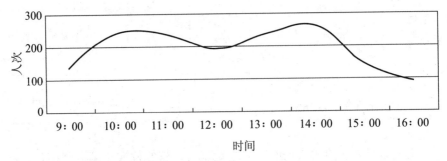

图 6 - 2　沙坡头景区旅游旺季骑骆驼项目游客量的日变化

由上图可知，骑骆驼体验项目日内出现两个峰值，这与沙坡头南北景区距离较远密切相关。早上进景区时，工作人员建议游客到北区玩，北区为沙漠区，正午气温较高，游客游览的舒适指数较低。另一高峰值则因东大门停车场较大，游客方便停车，故游客先到南区玩，直至 14 点，在北区骑骆驼体验项目处人流较为集中。沙坡头主要的旅游时间为 5—10 月，平均每天为 2633 人次，7 月、8 月的实际日游客量区间为 3800—4200 人次。从图 6 - 2 中得知，在一日内最繁忙的时间段为 10：00—14：00，此段时间游客量占到一天的 72.4%。要满足上述实际游客量的需求，骆驼的承载力区间为 5248—5824 人次/天。

（三）小结

骑骆驼体验项目各要素之间相互影响，相互制约，各要素承载力范围如图 6-3 所示，从图中能够明显看出，骑骆驼体验项目最大的制约因素为游客的感知。

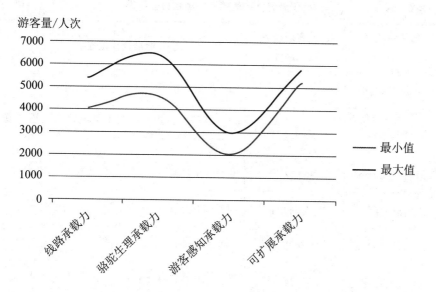

图 6-3 骑骆驼体验项目各影响要素承载力区间

骑骆驼体验项目在旅游旺季已长期超载，线路容量已接近极限，可通过开辟临时线路来满足高峰期游客的需求；游客购票和等待参与时间长达 40 分钟，此时游客出现烦躁、抱怨等负面情绪，可通过队伍分段设置预计等待时间，预计等待时间稍大于实际等待时间，留给游客意外惊喜，减弱因长时间排队带来的负面情绪；驼场和线路上的驼粪量远远超出了环境的自净能力，应增加捡拾人员数量，对其进行监督和管理，以捡拾量作为工作绩效。为满足现有旅游旺季游客量的需求，可通过提高骆驼载客的行进速度（提高至 3.88—4.66 公里/小时，该速度完全能够保证骆驼的生理健康）编短走完骑骆驼线路的时间，（就目前的骑骆驼线路 1.5 公里而言，骆驼的行走时间在 19—23 分钟之间。）基于以上研究，结合问卷调查数据，在骑骆驼项目的参与体验中，实际游客量基本接近设施承载力，远远高于游客体验与感知承载力。基于游客体验的骑骆驼项目设计标准如表 6 - 5。

表 6 - 5　　　　　　　　基于游客体验的骑骆驼项目设计标准

骑骆驼项目 影响要素	游客最佳 体验标准	标准选择依据
每支驼队驼数	4—5 峰	80% 的游客选择家庭游或结伴游，3—5 人最多
连续驼队数量	每个沙丘 2—3 队	2—3 队骆驼行进沙丘之上最能体现大漠的苍凉之美
驼道上驼粪含量	30% 以下	驼粪含量过高或过细，容易造成大气污染
排队时间	20 分钟以内	问卷调查统计
排队长度	30 米以内	问卷调查统计
沙丘的坡度	25—34 度	新月形沙丘的休止角
风力	3—6 级	3 级以下游客感知炎热，6 级以上起沙尘暴

二　消遣娱乐类项目承载力分析——以滑沙为例

（一）沙坡头滑沙体验项目概况

滑沙是游客借助滑沙板，从沙山顶自然下滑至沙坡底部。滑沙体验过程中相当惊险，但也很安全，即便脱离滑沙板，也不会有太大伤害。沙坡头景区位于腾格里沙漠东南边缘处，沙海由北面而来，遇到黄河阻隔，在黄河岸边形成极为壮观的沙漠瀑布，沙坡头得名于此。沙坡头滑沙场沙坡宽2000米，落差72米，坡长180米，角度60°，现有的适合开展滑沙活动沙坡的宽度约42米，每个滑道需80厘米左右，滑道间距30厘米左右，滑道深15厘米左右，中间深，两侧浅。随着2013年《爸爸去哪儿》在沙坡头的拍摄，游客慕名而来，滑沙的游客中，儿童的比重大幅度增加，有的孩子甚至觉得滑一次不过瘾，还要再次滑沙。

（二）沙坡头滑沙体验项目承载力分析与计算

1. 缆车携带滑沙板承载力

以一个滑沙板运行为例，滑沙板从坡顶滑到坡底需要50秒，坡底至缆车需40秒，缆车把滑沙板携带至坡顶需1分50秒，滑沙板下缆车至滑道处需40秒，整个循环过程需要3分钟左右。

景区拥有滑沙板333个，游客滑沙至坡底后，滑沙板通过缆车载至坡顶，缆车索道共有36个缆车，上行缆车与下行缆车各占一半，只有上行缆车才能携带滑沙板，每个缆车最多能携带2个滑沙板，运行一周需6分钟。缆车携带滑板承载力可用下面的公式计算：

$$C = B \times Q \qquad\qquad Q = H/t \times A$$

式中：B为缆车数量；A为缆车携带滑沙板的承载力；H为索道运行时间（上班时间）；t为索道运行一周所需时间。

B取36，H取9点至18点，t取6分钟，A取1或2，运用设施容量法，经计算可知，缆车携带滑沙板的容量区间为3240—6480人次/天。

2. 滑道承载力

旅游淡季，滑道数量减少，滑道的宽度变大。游客从沙坡顶滑至坡底所需时间在22秒至1分10秒，主要集中在45秒至60秒，平均时间约为

48 秒。在旅游旺季，游客相继顺利滑沙，游客滑沙所需时间平均为 55 秒，滑沙技术欠佳的游客可能会需要 1 分钟以上。滑道每天需要清理，进行喷水和重塑滑道，主要在 8 点半之前完成，每个滑道使用 3 个小时左右，需要清理和重塑，大约需要 5 分钟时间。沙坡头滑道数量随季节和节假日变化（表 6 - 6），每日都需要重新修整滑道。滑沙是南区排队最长、参与人数最多的活动，被游客戏称为"漫长等待 1 小时，就为潇洒 1 分钟"。滑道承载力可用下面的公式计算。

表 6 - 6　　　　　　　2014 年沙坡头主要节假日滑道数量的变化

时　段	起止时间	使用的滑道数量
五一假期	5 月 1 日—3 日	16 个
中秋节假期	9 月 6 日—8 日	10 个
十一假日	10 月 1 日—7 日	22 个
周末	周六周日	比工作日多出 4—6 个
淡季	11 月初—次年 3 月底	4 个或者停运

$$C = B \times Q \qquad Q = H / (t1 + t2)$$

式中：B 为滑道数量；t1 为从沙坡顶滑到沙坡底所需时间；t2 为同一滑道两次运行的时间间隔。

沙坡头景区旅游旺季为 5—10 月，游客人数较多，B 取 10—20 个，H 取 9—18 点，t1 取 48 秒，t2 取 30 秒，经计算可知，基于滑道设施的滑沙项目的容量区间为 4153—8307 人次/天。

3. 游客体验与感知承载力

游客体验与感知和体验项目的刺激性、新鲜度、价格、排队时间等要素相关，涉及视觉、听觉、嗅觉和触觉等方面，在实地调研与游客的访谈过程中，排队时间的长短是游客关注最多的话题之一。游客可以接受的等待时间在30分钟以内，超过30分钟游客会出现焦虑、烦躁、易怒的负面情绪，随着时间的延长，负面情绪会越来越高。

2014年，沙坡头旅游旺季（7、8月份）接待滑沙的游客量，由图6-4可知，在一天当中14：30—16：30最多，30分钟的游客量在400人以上，大约需要12个滑道，周六周日需要15个滑道，周一和周二10个滑道即可。经计算可知，旅游旺季时，滑沙项目的游客量为7200—9000人次/天。

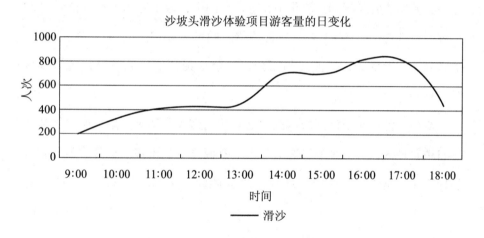

图6-4　沙坡头滑沙体验项目游客量的日变化

4. 滑沙体验项目的可扩展承载力

（1）基于资源本体的可扩展容量

沙坡头滑沙场可开展滑沙活动的坡宽度为42米，每个滑道所需宽度为110厘米（含两个滑道间30厘米间距），可扩展的滑道数量为35个，经计算可知，滑沙项目的容量可扩展为22400人次/天。

（2）基于游客量的可扩展容量

2014年十一期间，游客量平均在14800人次/天，按照以上同样的计算，则需要 25 个滑道，而在此期间，沙坡头只有 20 个滑道，高峰期时游客排队等待时间接近 1 小时，游客怨声载道。

（三）小结

沙坡头滑沙体验项目，坡顶至坡底落差大，坡度陡，拥有世界性垄断资源，游客参与人数最多，是沙坡头体验项目的典型代表。滑沙体验项目具有很强的日变化特征，依据经验临时设定滑道数量，滑道数量在 4—22 个，由工作人员清理和塑造。缆车携带滑沙板的承载力成为主要制约要素之一，游客体验与感知主要集中在等待时间上，旅游旺季平均等待时间 32 分钟，尤其在午后 2—3 点，最长等待时间可达 47 分钟，游客难以接受。旅游旺季蒸发量大，沙面极易干燥，滑道变形严重，尤其是靠近坡顶区域，极易冲入临近滑道。

当前，沙坡头滑沙区域承载力已经达到最大，游客量增加则需占用游客自由爬沙区，节假日的游客量超出了资源本身的承载力，许多游客望长队而却步。基于以上研究，在确保游客体验质量的前提下，设定以下标准，详见表 6 – 7。

表 6 – 7　　　　　　　沙坡头滑沙体验项目设定标准

滑沙项目影响要素	设定标准	标准来源
温度	25—30 度最为适宜，正午不宜滑沙	调查问卷
沙子质量	沙面沙子干净松软，沙面 5 厘米以下为湿沙	实地测量、一线人员
滑道间距	50—70 厘米	实地测量与推算
排队时间	等待时间 25—30 分钟	调查问卷
工作人员态度	亲和力较强，与游客友善	实地观察

三 逃逸放松类项目承载力分析——以黄河飞索为例

（一）沙坡头黄河飞索体验项目概况

索道研究主要集中在索道发展概况，其中包括索道长度、运载力、高差、时速等[1]，还包括世界最长、最高等特色索道带来的新感受。索道建设应科学设计，严格管理，把索道对环境的损坏降到最低，优点最大化[2]，但在旅游景区生态脆弱区建设索道具有一定的环保意义。

黄河滑索体验，也叫"飞黄腾达"，延伸意思便是飞越黄河兴旺发达，沙坡头滑索是我国第一条横跨黄河的滑索。从 2000 年开始，沙坡头景区已经建成 8 条索道；2013 年 4 月底，沙坡头新增 2 条钢丝索道，在黄河上，是规模最大的飞索，往返式运行，落差 58 米，总长 830 米，10 条飞索日均总输送量达 2600 人，能有效缓解高峰期黄河南北两岸游客通行。沙坡头飞索是目前黄河上建造最早，跨度、落差最大，日输送游客最多的黄河飞索。黄河飞索返回时，由于高差不够常导致游客滞留索道中间（黄河之上），需要工作人员拉动绳索才能到达彼岸，如果距离过长，则需要工作人员乘索道去携带乘客。飞索游客最长排队时间达 3 个小时，远远超过了一般游客的极限等待时间。解说服务系统不完善，有时游客排队等待 1 小时，却被告知超重不能参加。飞索无失重感，质量越大，滑得越快。飞索的辅助设备很简单，由皮带裤与小滑轮吊架组成，以钢绳为轨道，依靠地心引力飞速下滑，速度感与刺激感最强，是游客评价最高的体验项目，也是一种新兴的极

① James M. W., Brown John, "Dynamics of an aerial cable way system", *Engnineering Sstucture*, Vol 20. No 9826 – 836，1998.

② 童春荣、傅广海：《国内外山地旅游景区索道研究综述》，《成都理工大学学报》（社会科学版）2011 年第 4 期。

限运动。

黄河飞索总长 830 米, 落差 58 米, 黄河蹦极基站海拔 1243 米, 蹦极塔高 42 米, 黄河飞索始发基站海拔 1311 米, 上行终点海拔 1353 米, 飞索下行起点海拔 1270 米, 下行终点基站海拔 1239 米。

(二) 沙坡头黄河飞索体验项目承载力分析与计算

1. 索道承载力

以黄河飞索为例, 沙坡头拥有 10 道飞索, 上行 6 道, 下行 4 道, 用公式表示:

$$C = B \times Q \qquad Q = H/(t1 + t2 + t3)$$

式中: B 为索道数量; H 为项目开放时间; t1 为上下行索道所需时间; t2 为同一索道两次运行的时间间隔; t3 为游客在黄河上的悬停时间。

完成整个过程需要四到六分钟的时间, 游客乘坐缆车至沙坡顶需 1 分 30 秒, 下缆车处至索道乘坐处需 1 分钟, 上行时间 45 分钟, 下行时间 25 分钟左右, 部分游客由于体重较轻, 下行索道的高差较小, 不能顺利到达终点, 一般会在黄河上悬停 2 分钟左右。上行索道至下行索道之间楼梯需要 2—3 分钟时间, 平均时间为 2.5 分钟。

上行索道承载力可表示为:$C = B \times Q \qquad Q = H/(t1 + t2)$

B 取 6, H 取 9—18 点, 即 9 个小时, t1 取 45 秒, t2 取 30—45 秒, 经计算可知, 上行索道的承载力区间为 2160—2592 人次/天。

下行索道承载力可表示为: $C = B \times Q \qquad Q = H/(t1 + t2)$

B 取 4, H 取 9—18 点, 即 9 个小时, t1 取 25 秒, t2 取 25 秒—2 分钟, 经计算可知, 下行索道的承载力区间为 894—2592 人次/天。

黄河蹦极站可以容纳的人数在 100—150 人。综上所述, 沙坡头的上下行索道的承载力区间为 894—2592 人次/天。结合飞索的实际游客接待量,在旅游旺季，已经达到或超过了最大承载力，游客备受排队煎熬。沙坡头黄河飞索体验项目游客量的日变化如图6-5所示。

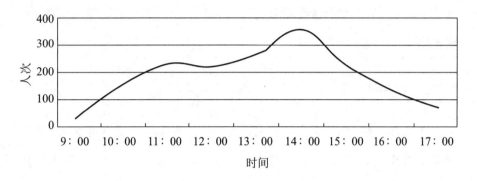

图6-5　沙坡头黄河飞索体验项目游客量的日变化

2. 游客体验感知承载力

参与黄河飞索体验项目的游客，以中青年为主，接受的等待时间极限相对较短，一般可忍受的等待时间为20—30分钟，但黄河飞索刺激性很强，各大旅游网站、旅游攻略中经常提到，冲击眼球，属于网站、景区和已参加过的游客的推荐项目，对其期望值很高，部分游客等待将近3小时，总体上，除了等待时间较长和下行河面悬停两个因素，黄河飞索的满意度非常高，4成游客有再来一次的意愿。三根索道同时使用，游客安全感增加，也即是最大承载力的一半1296人次/天。依据客流量来分析，每小时最大接待量为340人次/小时，游客需排队40分钟左右，经计算可知，每小时游客量在180—200人次时，游客等待时间可控制在游客可接受的20分钟以内。

3. 黄河飞索可扩展承载力

黄河飞索可扩展方式只能增设索道数量尤其是下行索道的数量，下行索道落差小，存在游客悬停在河面上的现象，甚至是几条索道同时滞留，严重影响载客量。上行索道主要为飞索体验，下行飞索主要功能为运送游客，可通过飞索与快艇组合实现分流，投资相对较小，游客选择更多，可作为临时扩展承载力的方式。现有 10 条索道的日均运载力为 2600 人次，实地调研显示，节假日接待量日均值为 3450 人，计算可知，尚需增设至少两根索道才能满足游客需求。

（三）小结

沙坡头黄河飞索体验项目有上行 6 根索道和下行 4 根索道，在旅游旺季基本能够满足游客需求，日均输送量在 2600 人次左右，属于极限运动，需要游客有足够的勇气去挑战，速度感和刺激感最强，游客对黄河上悬停和等待时间过长较为关注，下行索道的悬停问题，可由工作人员助力减少，亦可通过增加下行索道的落差完成，也可通过将游客体重范围限定在 42—85 公斤来解决。

四　逃逸放松类项目承载力分析——以沙海冲浪为例

（一）沙坡头沙海冲浪体验项目概况

沙坡头景区动感地带项目之沙海冲浪，六驱越野车动力十足，满载游客 20 人，在沙脊和沙谷中穿越，刺激惊险中，安全系数很高。目前拥有冲浪车 9 辆，从 1 号到 10 号，由于 4 号有"死"的谐音，所以没有 4 号，10 号属于专门修路车辆。7、8 月份冲浪车开启冷凝器给车降温，几乎不停车，车辆回到站点，立刻接下一波游客出发，甚至司机午饭都是在游客中途拍照的时候解决的，重要节假日期间每辆车每天跑 30 趟左右。冲浪车大部分有长线和短线之分，选择短线的较多，但短线途中不停留，长线有停留 5—10 分钟的拍照时间，长线大约15—16 公里，短线 6—7 公里。冲浪车线路经过 4—5 年的时间老化至不能使用，在景区规划中间，没有给出线路选择的标准。线路的选择主要由经验丰富、技术娴熟的司机来确定，主要依据为沙丘的坡度、坡高和沙丘链的分布，游客的安全与感知（刺激），主要通过的微地貌包括沙丘鞍部、沙脊梁和沙坡底部三种，下比较陡的沙坡时最刺激。上坡路非常容易损坏，属于重点维修路段。冲浪车体验项目在线路的选取过程中，上坡路段坡度较缓，便于车辆加速，下坡路段较陡，为增加游客的刺激与震撼程度，坡度越陡，失重感越强，人体重心改变越快，心脏瞬间压力改变，会引起心慌、心跳加速等症状，故患有心脏病、高血压的游客不能乘坐冲浪车。由于路途非常颠簸，老年人骨质疏松，容易引起骨折，故50岁以上的游客不宜参与该体验项目。

（二）沙坡头沙海冲浪体验项目承载力分析与计算

1. 基于游客安全的冲浪车体验项目承载力

沙坡头冲浪车属于高配车型，安全性能较好，在线路设计中上坡角度控制在35°，下坡角度越大，速度越快，游客的失重和刺激感越强，但考虑到游客安全，坡度过大，极易引起翻车事件。旅游旺季同时也是高温期，应及时将冷却阀打开。淡季时，每辆冲浪车每次可承载满员21人，在对游客的访谈中，基于游客的感知与安全角度，每辆车每次最适宜的载客人数为10—18人，结合沙漠动感组的相关规定，旅游旺季，尤其是在节假日期间，由于路况不佳，后排颠簸，基于游客安全需求，每辆车每次只能承载16人。

由图6-6可知，冲浪车项目的游客出现两个高峰期，分别为10：00—11：00，14：00—16：00，在此段时间内每小时的载客量为400人次以上，最高达520人次，有8辆车，每辆车能载16人，每小时跑2—4趟，经计算可知，基于游客安全角度的冲浪车项目的游客承载力区间为256—512人次/小时，即使是游客全部选择短线也不能满足需求，这与80%以上的游客选择长线之间存在巨大的矛盾，游客需排队等待半个小时。

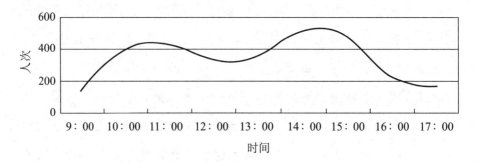

图6-6　沙坡头冲浪车体验项目游客量的日变化

说明：数据来源于沙坡头景区动感地带项目组和实地调研数据。

2. 司机工作能力承载力

2012年9月，在《国务院关于加强道路交通安全工作的意见》中，严格落实停车换人、落地休息制度。营运性连续驾驶时间明文规定，白天不得多于4小时，夜晚不得多于2小时，日内驾驶时间不得超过8小时。从上述的表述中，可以清晰地看出司机工作时间对交通安全的重要影响，沙坡头的冲浪车也属于营运性交通工具，游客安全至关重要。

冲浪车路线有长短之分，长线15公里左右，全程30分钟左右，中途停留5—10分钟，游客拍照留念。短线7公里左右，全程15分钟左右，中途无停留，在对游客的访谈中，得知多数游客常因长线中有5—10分钟的拍照留念而选择长线，似乎没有拍照就不能说明曾经来过一样，这也是中国一些游客陷入走形式怪圈的体现。

沙坡头景区旅游旺季时，冲浪车项目的每位司机一天跑车高达32趟，工作人员的工作时间为9：00—18：00，上班时间即是载客时间，甚至中午饭都是在游客拍照期间解决的，即便是有加餐，工作一天，早已筋疲力尽。疲劳情况下，又需上坡和下坡，存在很大的安全隐患。基于司机的角度，司机的载客时间为 8 小时。可用下面的公式表示：

$$C = B \times Q \qquad Q = H/t \times A$$

式中：B 为冲浪车数量 B 取 8 辆，H 取 8 小时，t 取值范围为 15—30 分钟，A 值范围为 16—20 人。

经计算可知，基于司机工作能力的承载力区间为 2560—5120 人次/天。

据司机介绍，在旅游旺季（主要为 7 月、8 月、9 月），周六周日及节假日，烈日当头，汗水直流，午后 14：00—16：00 连喝水的工夫都没有，身体极为不适，开完一趟车后，司机需有 5 分钟的休息，才能正常工作。

经计算可知，基于司机的工作能力最适宜的游客承载力区间为 2194—3840 人次/天。

（三）小结

沙坡头沙海冲浪体验项目中，游客对沙漠"腹地"的瞭望与拍照，长线游客的满意度要高于短线游客，长线游客对价格较为敏感，短线游客遗憾于没有留下照片。路线的选择上，一般选取路途须有明显起伏的沙丘 5—6 个，沙坡倾斜度在 20°—34°，下坡坡度在 45°—65°；短线应设置 3—5 分钟停留时间。腰椎间盘突出、心脏病，年龄 50 岁以上的游客禁止参与。客流高峰时段，由于路况不良，冲浪车必须按照规定只载 16 人，后排 4 个座位不允许游客乘坐。

五　置身移情类项目承载力分析——以皮筏漂流为例

（一）沙坡头羊皮筏子漂流概况

沙坡头景区地处西北，7 月、8 月份降水较多，且多为暴雨，其间河流水位不稳定，2001 年底顺利完成截流，对汛期水位起到一定的调控作用，提高了羊皮筏子漂流的安全系数。4 月、5 月多出现大风和沙尘暴天气，对漂流来说，是致命的打击，只能停止运营。羊皮筏子被誉为"河上环保船"，筏子质量轻，浮力大，易转向，不易发生翻筏事故。据筏工介绍，羊皮筏子最多能承受 5 级的风力，风再大时，就容易发生翻筏事故，3 级以下风力，不能满足游客追求新奇与刺激的需求。皮筏漂流属于生态旅游，具有刺激、探险、强烈体验的特点，此类项目属于生态旅游中发展较快的项目之一①。季节性和节假日性强，九成以上游客在 5—10 月到来，7 月、8 月的游客量接近全年的一半，客源区域性较强，主要为陕甘宁蒙周边地区，中远途游客逐年增多。节假日期间，部分游客因设施接待不足或等待时间过长而放弃体验项目②。拥挤的主观感知要素包括旅游景点、游览时间、排队时间；气候条件、游览空间和遇到的游客人数也是影响游客拥挤感知的关键因素，游客最不满意的是排队时间③。

皮筏子体验项目最具黄河特色，沙坡头景区此项目非常火爆，皮筏由 14 只皮胎组成，采用中间 4 只前后各 5 只的排列方式，质量在 50 公斤左右，最多能坐 6 个人，沙坡头景区只许载 4 位游客。沙坡头景区拥有 83 个筏子，83 个筏工，22 个筏工属于景区正式员工，24 个属于个体户，其余都属于季节工。旅游旺季和节假日全员上班，旅游淡季实行轮班休息，11 月至次年 3 月项目停运。八点半上班，10 点钟游客渐多，17 点钟过后游客寥寥无几，18 点钟大部分工作人员下班，留有少量值班人员。调研期间属于沙坡头景区的旅游旺季，由于长线历时较长，安全系数和经济效益相对较低，已取消长线漂流，只有短线漂流。现有漂流路线长 1.5 公里，漂流

① 吴源：《安徽省漂流旅游初步研究》，《安徽农业大学学报》（社科版）2007 年第 1 期。
② 刘海东、保继刚：《漂流专项旅游开发研究——以广东乐昌漂流为例》，《经济地理》1995 年第 2 期。
③ 吴义宏、杨效忠、彭敏：《主题公园拥挤感知影响要素研究——以方特欢乐世界为例》，《人文地理》2014 年第 4 期。

时间 25 分钟左右。羊皮筏子漂流时距离岸边最近约 20 米，风浪大时，两筏间距在 2 米以上方可保证游客安全。

景区起初没有快艇，游客乘坐羊皮筏子漂流之后，乘坐骆驼前往北区，筏工只能凭借人力将筏子运至漂流起始点。2000 年景区引入快艇项目，皮筏与快艇组合项目更加便利，有专门的 4 艘快艇运输羊皮筏子，也缩短了游客的等待时间。"十一"假期只售皮筏与快艇的组合票，2014 年十一期间的游客量明显增加，十月一日当天为 2000 人次，10 月 3 日当天皮筏漂流游客接待量接近 8000 人次，皮筏漂流日益受到游客青睐。

羊皮筏子小而轻，吃水浅，因此皮筏漂流具有较强刺激性、体验性特点，40 岁以下游客参与最多。虽然皮筏漂流存在较多的安全隐患，但年轻人接受能力强，求新期望值较高，故对皮筏漂流很有好感，漂流的满意度调查发现，男性游客满意度低于女性游客，在年龄上，超过 50 岁的人满意度最高[①]。漂流项目的开发要求河流具备适宜的水文特征，如水流速度总体平缓偶有湍流，水量充足；设施安全系数的高低，很大程度上取决于筏工的体力与技术；漂流路线两侧一步一景，视觉冲击力强。影响要素主要有天气、水量、流速等。在所有的体验项目中，羊皮筏子漂流是最有利于节能和环保的体验活动。

（二）基于 IPA 分析法的皮筏漂流满意度分析

1. 数据采集及处理

为确保数据的可靠性和分析结果的可信度，用 SPSS 软件进行信度检验，用 Cronbach's Alpha 系数分别对重要性和满意度的值进行同质性信度检验，a 值为 0.918，通过 0.05 的显著性检验，说明问卷可信。各要素指

---

① 胡建成、沈曦：《黄山市漂流旅游项目不同游客群体满意度现状分析》，《黄山学院学报》2009 年第 5 期。

标评分标准详见表6-8。

表6-8 李克特5分量表评分标准

表述	非常重视/非常满意	重视/满意	中立	不重视/不满意	非常不重视/非常不满意
得分	5	4	3	2	1

利用 SPSS 软件统计问卷，并进行相关分析，各要素得分详见表6-9。

表6-9 沙坡头羊皮筏子漂流 IPA 指标得分

指标	影响要素	重要性	满意度
E1	沿途风景	4.35	4.28
E2	安全性	4.56	4.31
E3	舒适性	4.30	3.86
E4	等待乘筏时间	4.18	3.79
E5	乘坐皮筏价格	3.96	3.85
E6	筏工着装	3.70	3.40
E7	筏工的讲解方式	3.86	4.19
E8	筏工的讲解内容	3.78	4.14
E9	刺激性	4.20	4.10
平均值	—	4.10	3.99

2. 数据分析

依据表6-9中的数据，9个要素的重要性平均值为4.10，满意度均值为 3.99，以均值为原点，横轴为重要性，纵轴为满意度，绘制二维坐标图，依次将各评价要素的重要性和满意度平均分值标注在二维坐标系中，见图 6-7。

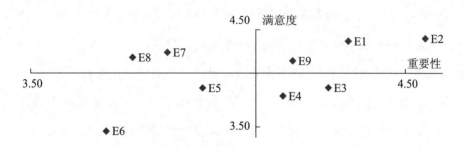

图 6-7 皮筏漂流重要性与满意度 IPA 分析

（1）第一象限主要优势分析

第一象限中共有"E1 沿途风景""E2 安全性"和"E9 刺激性"三个指标，说明 E1、E2 和 E9 对皮筏漂流非常重要，游客对其非常满意，属于沙坡头皮筏漂流的优势所在。首先，皮筏漂流沿途经过白马拉缰、黄河悬索桥、黄河蹦极、一边沙漠一边绿洲，风景非常优美，羊皮筏子既经济环保，又继承了传统文化，故此，沙坡头入选亚洲五大特色漂流地。其次，游客对羊皮筏子的安全性给予较高评价。沙坡头所使用的筏子由 14 个皮胎组成，前后各 5 只，中间为 4 只，浮力大，变向灵活，总质量分散到每个皮胎上，相当安全；筏工全部经过严格培训，持证上岗，技艺高超，安全性更好。再次，乘坐羊皮筏子可谓是有惊无险，其质量较轻，搏击风浪、激流勇进，脚下就是宽阔的黄河水，与黄河既亲近，又危险，游客体验的就是羊皮筏子的刺激性。

（2）第二象限次要优势分析

第二象限中"E7 筏工的讲解方式""E8 筏工的讲解内容"两个指标，说明游客对其满意度较高，但对其关注度不高。沙坡头有筏工 83 人，30—

45 岁筏工占 87%，属于年轻力壮型，人际交往能力较强，讲解内容信手拈来，风趣幽默中伴随着骄傲与自豪，故受到游客的好评与赞赏。

（3）第三象限次要劣势分析

第三象限中有"E5 乘坐皮筏价格""E6 筏工着装"两个指标，游客对其重要性和满意度评价均较低，乘坐皮筏的价格游客认为相对较高，并且皮筏和快艇捆绑销售，游客满意度较低。筏工着装统一进行编号（因 4 有死的谐音，没有带 4 的编号）。筏工着装都很旧，并且编号看不清楚，有的工装已经严重破损，影响美观，因此，建议景区定期更换工装，让筏工以干净整洁的形象出现在游客面前。

（4）第四象限中主要劣势分析

第四象限中"E3 舒适性""E4 等待乘筏时间"两项指标，属于沙坡头皮筏漂流的主要劣势，游客对羊皮筏子期望值较高，部分游客奔着皮筏漂流而来，可乘坐时烈日当头，无任何遮挡之物，紫外线非常强烈；游客坐在筏子上不敢动，半个小时漂流下来，腿脚发麻，舒适感较低，也未能达到游客的预期效果。旅游旺季等待乘筏时间均在 40 分钟以上，游客排成长队，队列中间没有任何等待时间的提示，漫长的等待期间没有任何缓解游客焦虑的措施，游客满意度急剧降低。

（三）沙坡头羊皮筏子漂流体验项目承载力分析与计算

1. 基于筏工体力的承载力

筏工这项工作依靠体力和一定的技巧才能胜任。在旅游旺季时，83 个筏工全部上班。笔者在访谈中了解到，筏工一天用筏 13—15 趟时，加上适当的休息和加餐，能够正常工作。在节假日期间，尤其是"十一"，游客量骤增，筏工曾有一天 23 趟的记录，但已经到了筋疲力尽的程度，加餐也于事无补，每个筏子每次只能载 4 名游客。鉴于此，基于筏工体力的承载力计算如下：

$$C = B \times Q \times P$$

式中：B 为筏工数量；Q 为筏工每日所能载客次数；P 为筏工每次的载客数。

经计算可知，基于筏工体力的承载力适宜范围为 4316—4980 人次/天，极限值为 7636 人次/天。皮筏漂流体验项目游客量的日变化如图 6 - 8 所示。

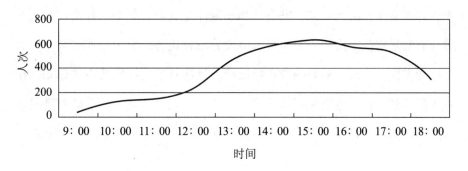

图 6 - 8 沙坡头皮筏漂流体验项目游客量的日变化

2. 游客体验感知承载力

由图 6 - 8 可知，9：00—13：00 游客量较少，13：00—16：00 之间游客量较多，几乎每个游客的排队时间在 30 分钟以上，一个小时的最大接待量达到 960 人次，筏工每半个小时用筏一次，每次可载 4 名游客。现有漂流路线长 1.5 公里，漂流时间 25—30 分钟，漂流时间受到风力大小、筏工的掌筏技术和快艇等的影响。每小时筏工可载游客为 650—700 人，此时则需游客等待半个小时以上，尤其是在多数游客即将结束旅行，等待超过 20 分钟已经是其的心理底线。连续工作了一天的筏工已经筋疲力尽，此时筏工筏一次需要 30—35 分钟。

基于游客对漂流的体验感知，两筏间距 10—20 米时，游客感知最适宜，距离小于 10 米，游客感知非常拥挤，有相撞的危险，安全系数明显下降。距离 20 米以上，游客孤独感渐生。经计算可知，基于游客体验与感知的漂流承载力区间为 4800—6400 人次/天。

（四）小结

羊皮筏子漂流体验项目因其特色非常鲜明，经济环保，惊险刺激，安全系数较高，游客对其总体较为满意，尤其是获得学生团体的好评，在九个影响要素中，沿途风景、安全性和刺激性是其主要优势，舒适性和乘筏等待时间是皮筏漂流的主要劣势，应充分发挥优势，努力改变劣势。体验与感知方面，节假日期间的游客量已经远远超过了皮筏漂流主体感知，接近极限承载力；皮筏漂流客体（筏工）承载力在旅游旺季基本能够满足游客需求，但节假日期间筏工体力透支严重，降低了皮筏漂流的安全系数。

第三节　沙漠型景区体验项目承载力提升优化对策

沙坡头沙漠型景区体验项目主要研究包括骑骆驼、滑沙、黄河飞索、沙海冲浪和黄河漂流 5 个体验项目，每个体验项目都各有优势和劣势，针对各旅游体验项目存在的问题寻求优化对策。

一　体验项目共性问题优化对策

本书所研究的五种四类体验项目，都已经达到或超出现有的承载力，出现局部超载、季节性超载、高峰时段超载并存现象。旅游旺季，各处人流密集，拥挤问题突出，处处可见长队，尤其景区售票窗口、热门景点处最为严重，可通过智慧旅游手段得到缓解。具体优化解决策略如下。

针对沙坡头景区南北两区之间距离较远，并且在景区内连接两区的道路只有一条，游客走重复路问题非常严重的问题，应利用环形线路设计理念合理开发游览线路；及时传递景点客流信息，以便游客合理安排游览顺序。

对于拥挤问题，可分流网购团体，与各大旅游网站进行合作，实施门票预付机制，预付价格稍低于现付价格，购票成功发送二维码，在检票口设置二维码扫描通道，免去网购换票环节；或工作人员配备手持刷卡机，游客刷订票身份证即可通行。沙坡头景区官网开通旅游公共服务账号，增设各体验项目票网上订购功能，使用电子门票，无须兑换，设置每日门票限额，并动态显示余票数量，更多地反馈旅游资讯，合理引导游客错峰出行。

针对游客等待时间长，游客满意度急剧下降问题，可结合一线人员历年经验，绘制游客抵达时间日内分布图，在游客排队处分段标示预计等待时间；高峰时段增设可移动临时休息点，并附带凉棚，减少游客排队的焦虑情绪。

二　审美猎奇类项目优化对策

骑骆驼项目在旅游旺季时，线路较乱，任意在附近开辟新线路，应不能临时任意增设线路，应合理规划骑线，注重新月形沙丘美学景观，多选择在沙脊上，所通过沙丘的制高点有高有低，骆驼行走在沙丘上时，可在不同高度远观沙漠，丰富游客的体验。

沙漠生态环境已经发生改变，尤其是驼场和骑线，驼粪污染极为严重，越是旺季，驼道污染越严重，驼粪捡拾工人主要在驼场区域捡拾，驼道较长，消耗工人很大体力。部分驼粪未来得及捡拾就已经晒干，在骆驼的踩踏下变为粉末状颗粒，污染空气。

具体解决优化对策如下。

骑骆驼项目组聘请相关旅游专家与一线工作人员共同商定线路，旅游专家给出主体线路设计思路，结合一线工作人员的相关感知体验确定具体线路。线路所经沙丘倾斜角度不易过大，一般选择 25°—35°，小于 25°，起伏感不强，大于 35°，骆驼负重吃力，重心不稳，游客安全系数降低。旅游旺季增加环保人员数量，对其进行合理分工，分地段责任到人，以减少捡拾人员路途体力消耗。捡拾驼粪大漏勺减少孔径，提高粪便的捡拾率。

三　消遣娱乐类项目优化对策

滑沙体验项目，拥有世界垄断级的旅游资源，但对沙丘形态的干扰作用明显，沙坡头滑沙区与爬沙坡区明显改变，沙丘高度不变，沙坡底部沙子明显下移，人为干扰较为明显，沙漠电梯的运营使其干扰得到缓解。

增加沙坡上部滑道的湿度，提高滑道的相对固定性，减少因滑道变形而耽误的时间。

提高缆车的运行速度，提升缆车携带滑沙板能力；滑沙板分类设计，如根据游客体重不同，设计诸如迷你款、普通款和超大款等，增大游客选择空间。

沙坡沙质明显低于沙漠区，沙漠区沙质干净，沙坡上沙质压实严重，可通过降低缆车费用、增加沙漠电梯的乘坐次数，或合理引导游客去沙漠区爬沙山等方式，减缓人类活动带来的负面影响，增加自然修复能力。

四　逃逸放松类项目优化对策

黄河飞索属于现代极限运动的一种，最大的卖点就是速度快、旋转和轻微失重，但同样因为这些卖点而流失部分游客，恐高、害怕而退缩，建议根据不同游客需求设置刺激性相对较弱的飞索体验，最经济易操作的策略如下。

上行索道作为高难度的极限体验，飞索下行乘坐快艇至漂流起始点或漂流终点。下行索道作为较低难度的极限体验，羊皮筏漂流子至快艇区，乘坐快艇至蹦极站参与低难度飞索。上述项目的结合，既缓解了游客高峰时期飞索的压力，又为快艇增加了客源，同时也解决了运送羊皮筏子的空返问题，也能够为游客提供更多的选择。

黄河飞索的另一问题是下行索道的悬停问题，可通过体重来调控，依据物理学计算可知，体重为 42 公斤，恰巧能够到达终点，结合飞索整体体重要求，下行索道乘坐的体重范围为 42—85 公斤；体重较轻者，可通过工作人员助力来完成飞索体验。

五　置身移情类项目优化对策

羊皮筏子漂流属于绿色环保体验项目，充满刺激与惊险，但安全问题不容忽视，做好漂流前的准备工作，如检查救生衣的穿着，详细讲解羊皮筏子乘坐的安全须知，贵重物品的妥善保管等，加强水上安全防范。

密切关注天气变化，风力 6 级以上，羊皮筏子体验项目停运，并在官网上及时更新羊皮筏子运营状况。

与快艇保持距离在 20 米以上，20 米以内快艇带起水浪，容易打翻羊皮筏子。

旅游旺季，日内非高峰时段筏工采取轮流形式上班，确保筏工体力充沛，增加游客安全系数。

扩展羊皮筏子的旅游衍生产品，着力传承羊皮筏子的制作工艺与流程，对传承技艺筏工家庭进行鼓励与支持；对筏工进行定期培训，而非简单发放筏工证。

第七章　基于管理框架下的沙漠型景区旅游环境容量研究

第一节　沙漠型景区旅游环境容量测评技术

一　沙漠游憩使用管理框架（DRUM）

沙漠旅游及沙漠景区主要具有以下特点：旅游地区位较偏远，经济、设施等发展状况较落后；有明显淡旺季之分，且旺季短而集中，淡季漫长而又易造成资源、设施闲置；资源组合相对较为单一，以沙、水结合为主要景观类型的旅游地更容易根据游客不同体验诉求划分游憩功能分区；物理空间较大，但生态环境脆弱，旅游生态环境容量往往成为整个景区容量的瓶颈，沙漠生态旅游是沙漠旅游发展的必然趋势。

前已述及，无论是国外的管理手段还是国内的测评方法均不能很好地与我国沙漠型景区实际相结合，若对此提出改进后的测评技术需满足如下要求。

1. 资金人员投入相对较低；

2. 技术方法操作简单易行；

3. 调控管理措施方便实用；

4. 可有效评价游客的影响；

5. 关注旅游地的居民利益。

国内现行的旅游环境容量测评技术虽然成本低廉、标准简单，但难以实现游客体验、环境保护与社区利益之间的协调均衡，而国外 LAC、VERP 等技术的公众参与、游憩分区、目标管理等理念能较好地克服此问题。实际上，国外这些相对成熟的管理理念并没有抛弃传统旅游环境容量的内涵，而是将关注重点由固定游客数量及资源容量转移到通过管理手段达到预期目标上来（Farrell、Marion，2002）[1]。因此，借鉴国外成熟理念，基于国内现实，结合沙漠旅游特点，改进 VERP 等管理框架，使其成为适于我国沙漠型景区的旅游环境容量测评技术，理论上应该具有可行性。

基于上述分析，笔者尝试性地提出"沙漠游憩使用管理框架"DRUM（Desert Recreation Uses Management，DRUM）。DRUM 是一个灵活可操作的八步骤管理框架，其参与者包含旅游主客体系统的利益相关者，并能在各方互相妥协中达成共识。该框架既吸纳了国内测评技术投入及标准较低的优点，又借鉴国外游憩分区、目标管理等先进理念，较大程度地摆脱了单纯限制人数的局限。针对国外管理手段、资金技术投入较高的不足，DRUM 充分利用相关领域专家团队的知识、经验，采取专家评估法代替指标选择与监管步骤，据此可以相对较低的技术资金投入实现对旅游地资源环境使用状况的合理测评。

---

① 李俊：《北京市旅游环境承载力及潜力评估》，硕士学位论文，首都经济贸易大学，2007 年。

二 沙漠游憩使用管理框架实施步骤

DRUM 在 VERP 等管理模式基础上改进后共分为 8 个实施步骤，具体如图 7-1 所示。

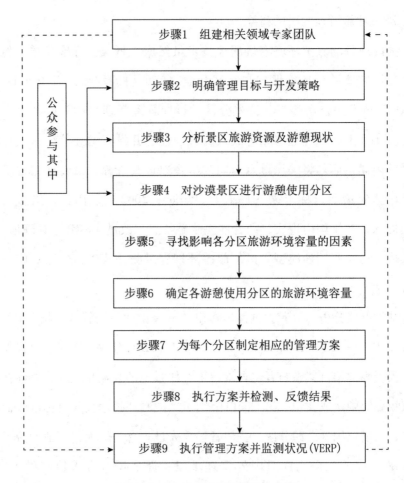

图 7-1 DRUM 管理框架实施步骤

（一）组建相关领域专家团队

该团队分为公众及专家两部分。公众团队由旅游目的地居民、游客、景区经营管理者及其他关注该问题的民众组成；专家团队结合沙漠景区具体情况，应由旅游、环境、沙漠生态学、景观学、社会学、管理学、经济学等众多领域的学者构成。

（二）明确管理目标与开发策略

（1）陈述景区要实现的管理目标及其重要性，并明确关注的核心问题。该阶段让公众团队参与，使其理解沙漠景区的价值及意义所在，为以后方案的落实奠定基础。

（2）分析沙漠景区保护与开发策略。沙漠景区所实行策略由保护及开发两方面构成，但实际操作中两者往往不可兼得或产生冲突，这也反映出景区施行的策略存在不足之处。因此，该阶段应经过专家评估，找出并弱化沙漠景区在保护管理与旅游开发政策上的矛盾。

（三）分析景区旅游资源及游憩现状

（1）了解沙漠景区旅游资源及游客使用状况，分析游憩使用方式是否符合管理目标要求，并评估当前旅游活动强度是否在可承受范围之内。

（2）针对游客诉求，根据沙漠景区资源类型将不同游憩体验进行分类并分析方案。

（四）对沙漠景区进行游憩使用分区

对沙漠景区进行游憩使用分区是国外成熟管理手段的核心理念之一。沙漠景区应结合资源类型特点，在基于管理规划的前提下，利用 ROS 分区法划分游憩使用区域。专家团队应尽可能提出多种候选方案，并关注公众团队意愿与诉求。

合理的游憩使用分区应具备如下条件（Ceballos，1996）[1]：

---

[1]　宋春玲、全晓虎：《湿地旅游环境承载力研究——以宁夏银川市阅海湿地公园为例》，《湿地科学与管理》2008 年第 2 期。

（1）应满足不同类型游憩活动及体验的需求；

（2）应与景区要实现的管理目标一致；

（3）各分区应特色鲜明且易于识别；

（4）游憩分区可弱化现状影响及冲突。

（五）寻找影响各分区旅游环境容量的因素

由于沙漠景区各游憩使用分区的自然禀赋不同，生态、经济、社会等因素对其旅游环境容量的影响程度也有所差异。例如：沙漠旅游区周边居民对旅游开发的心理接受能力比较高；沙漠生态环境，尤其是水域（湿地）、植被、沙漠结皮、地貌形态等因子，可能是须重点关注的容量影响因素。因此，在确定各分区容量前需要专家团队找出关键影响因素。

（六）确定各游憩使用分区的旅游环境容量

为使测评结果更加合理准确，本书采用 Cifuentes 的分类方法，将旅游环境容量分为三类：物理环境容量（PTCC）、真实环境容量（RTCC）及有效环境容量（ETCC）。（Cifuentes，1992）[①] 结合沙漠旅游特点，针对每日旅游环境容量进行研究可使成果更好地运用到景区日常管理当中，故在测算方法、指标选取及内涵定义上与原方法有所差异。

1. 物理环境容量（PTCC）

指特定时间与地点的物理空间所能容纳的最大旅游者数量，公式描述如下：

$$PTCC = A \times V/a \times Rf \qquad （公式7-1）$$

---

① 赵路、严力蛟：《生态旅游景区生态旅游环境承载力及其应用研究——以安吉中南百草原为例》，《东华大学学报》（社会科学版）2009年第1期。

其中，A 为可供游客使用游憩区域面积；V/a 为每平方米所容纳游客数量；Rf 为游客日周转率。

为合理计算沙漠景区物理容量，有必要针对其特点进行假设及统一标准：

A：容量最大情况下自由活动空间取 $1m^2/$人；

B：可供游憩区域面积与该区基质条件相关，沙漠景区多开阔地带，供游憩面积可能受到自然特性（河湖、湿地、植被、岩石、沟壑等）的影响；对自然及人工游步道而言，可用面积由其长度及宽度决定。

C：日周转率＝游憩区开放时间÷游览一次平均所用时间

2. 真实环境容量（RTCC）

指以物理容量为基础，在特定时间与地点综合考虑景区生态、经济、设施、心理等子容量后可容纳的最大旅游者数量。真实容量是通过管理手段可达到的最大值，且随着生态、经济、社会等因素的变化而变化。

3. 有效环境容量（ETCC）

指以真实容量为基础且在管理目标容量要求下，特定时间与地点所能容纳的最大旅游者数量，是真实容量与管理容量综合的结果。公式描述如下：

$$ETCC = RTCC \times (EMC/IMC) \qquad （公式 7-2）$$

其中，EMC 为有效管理容量，指景区在现状资金、人员、管理技术等水平条件下所能实现的管理容量；IMC 为理想管理容量，指景区实现其管理目标时所达到的容量；EMC/IMC 可视为有效管理率。

实际上，管理容量会随着资金、技术、人力、经验、设施等条件的变化而改变，且难以量化测定其对管理容量的影响，故此处需专家团队评估确定。

（七）为每个分区制定相应的管理方案

DRUM 舍弃 VERP 中的监测指标及标准，规避复杂的环境变化监测而直接面向对游客的管理，很大程度上降低了沙漠景区管理要求及成本。针对各分区实际情况及问题，由专家团队与景区管理人员进行协商后制订相应的管理方案。

（八）执行方案并检测、反馈结果

方案执行后，由专家团队及景区管理者定期检测其效果，并依据反馈结果不断调整管理容量及措施。检测内容由专家确定，主要是旅游活动可能对沙漠景区自然、生态、社会三方面所造成的影响。详见表 7 − 1。

表 7 − 1　　　　　沙漠景区开展旅游活动可能造成的主要影响

影响类型	主要影响内容
自然方面	沙丘（坡）形态及景观资源美感度；沙质及土壤密度、HP、紧实度、化学成分、生产力等；裸露地表的面积；荒漠化及水土流失现象；大风沙尘天气；成熟野营地的面积；沙漠绿洲面积；沙漠生物资源多样性
生态方面	沙漠动物及土壤微生物；沙漠地表覆盖密度和地表裸露密度；沙漠植物种类及其密度与成分；沙漠植物的高度、覆盖度、活力和疾病情况；外来植物物种的比例；沙漠野生动植物物种的密度、数量；沙漠土壤结皮破碎度；沙漠湿地水域、生物生态状况；污染物、垃圾种类及数量
社会方面	偶遇次数、偶遇地点、活动种类、团队大小、交通模式；游客对拥挤的感知程度；游客对环境影响的理解程度；游客体验满意度；游客抱怨程度；旅游地社区居民态度；旅游地文化环境

第二节　沙漠游憩使用管理框架（DRUM）优劣势分析

DRUM 结合沙漠景区实际采用基于旅游者数量进行管理的手段，通过评估景区管理水平及实施的有效性来制定调控措施，是一个在尝试中不断调整的动态管理框架。较之国内现行测评技术，DRUM 吸纳了公众参与及游憩分区理念，尽管目前难以在国内广泛实施，但在旅游地区域范围内通过征求公众意见，了解多方利益与诉求，对景区管理目标的顺利实现及旅游的可持续发展仍具有现实意义。

但是 DRUM 没有移植 VERP 中的指标选取、标准制定和监测环节，必然会缺乏大量科学翔实的基础数据资料作为支撑而导致由于分析环境影响因素时的准确性降低，主观判断可能会夸大或忽视一些要素的影响。此外，基于主观评估，管理者往往会在环境退化到一定程度时方能察觉，这对于生态环境先天脆弱的沙漠景区而言更易使其旅游资源与环境品质退化，不利于及时采取管理措施改变现状，影响沙漠旅游的可持续发展。

尽管如此，DRUM 框架仍可为沙漠景区环境容量的研究及管理提供一种新的思路。虽然缺乏国外制定的专业复杂指标数据作为支撑依据，但通过公众参与并在景区相关定性定量研究资料的基础上，专家团队凭借深厚的知识背景和丰富的经验所提出的测评方法及管理措施，其效果要远优于景区管理者的一己之力。

第三节　沙湖 DRUM 案例研究

一　组建相关领域专家（公众）团队

研究区公众团队应由以下成员构成：沙湖旅游区及周边社区居民代表（西大滩镇、洪广镇、姚伏镇、周城乡、常信乡等）；当地相关企业代表（宁夏农垦集团等）；利益相关者代表（景区开发管理者、服务人员，餐饮、住宿、购物等服务业经营者，项目承包者，本地及外地游客等）。

专家团队应由以下多学科领域成员组成：沙湖管理委员会专家、湿地及沙漠领域专家、鸟类研究专家、旅游资源规划开发及管理专家、生态环境治理专家、社会经济学领域专家、旅行社导游员、相关政府代表等。

二　明确管理目标与开发策略

（一）管理目标

（1）维系沙湖湿地生态系统平衡，维持区域生物多样性，保护独特的"湿地—沙漠"景观资源；

（2）保护沙湖水体及珍稀濒危物种，尤其是作为核心吸引物之一的湿地鸟类；

（3）为公众游憩欣赏及保护旅游资源环境创造教育机会；

（4）在避免资源环境系统退化及游客体验质量下降的情况下，通过旅游区科学开发合理挖掘其转化为经济、社会效益的潜力，从而实现景区可持续发展。

（二）重要性陈述

（1）宁夏最大半咸水湖泊，"中国十大魅力湿地"之一；

（2）国家旅游局确定的王牌景点和国家5A级生态旅游区；

（3）国家级自然保护区，西北重要的候鸟栖息地，宁夏最大的苍鹭繁殖地；

（4）具有独特的"湖泊—沙漠"生态景观资源，在沙漠旅游中独树一帜；

（5）西北典型的荒漠化湿地生态系统综合研究保护区域。

（三）开发及保护策略

1. 注重生态旅游开发及规划

沙漠旅游属生态旅游，沙湖景区自开发以来便以此为导向，先后制定《宁夏沙湖自然保护区总体规划》《宁夏沙湖生态旅游区总体规划》及《宁夏沙湖生态旅游区总体规划修编及重点区域修建性详细规划》等，明确了景区性质、资源状况、旅游功能、发展定位及策略，使景区逐步成为国家级生态旅游区。

2. 强调生态旅游资源及环境保护

在景区资源及环境保护方面采取多种措施，通过深挖、排水洗碱、加施有机肥等措施进行绿化造林，逐渐改变景区绿化率过低的状况；成立环保部管理平台，对景区内及周边场所采取"四无一禁止、四自一包"等措施，并改造与景观不协调的设施，旅游环境质量不断得到提升；通过减少燃油船只、增设生态厕所、自建污水及垃圾处理厂等措施，使水体环境质量显著改善；采取种植芦苇、荷花等方式扩大湖泊湿地面积，以改善周边生态旅游环境；通过划定核心保护区、建设观察点及监测站、改造观鸟游线、增设观鸟设施等手段，对景区鸟类进行保护。

三 分析景区旅游资源及游憩现状

（一）沙湖旅游资源

1. 自然旅游资源

（1）水文景观

沙湖湿地景观可分为天然和人工两大类型，天然湿地由湖泊、沼泽构成，人工湿地由水渠、鱼塘组成。沟渠纵横、线面交错，形成较为完整的水景体系，在维系区域生态系统平衡的同时，也为旅游开发提供了独特的景观资源及环境空间。

（2）生物资源

沙湖景区内有丰富的动植物资源，其中，鸟类98种、鱼类16种、两栖类3种、爬行类10种、哺乳类17种、陆生植物63种、水生植物61属，是一座庞大的生物资源"基因库"和自然博物馆。

沙湖素有"候鸟天堂"之美誉，鸟类是景区最重要的动物旅游资源，每年过百万只各种鸟类来此栖息繁殖，是一处开展观鸟旅游活动的绝佳场所。芦苇是沙湖最具代表性的植物旅游资源，主要分布在鸟岛周围、湖泊西部的旅游航道以东水面上，具有极高的观赏、经济及环境价值。2015年，"沙湖苇舟"入选宁夏新十景，船行湖面之上，百鸟翔集、芦苇摇曳、碧水蓝天、湖光沙色，令游者流连忘返。

（3）地文景观

沙湖景区集沙丘、湖泊、沼泽三种地貌于一处，沙水兼具，有机组成了西北地区独特的"湿地—沙漠"型地文景观资源。

（4）天象气候

贺兰日出、沙漠日落、平沙落雁，春观鸟、夏赏荷、冬滑雪，沙湖景观季节变化明显，可配以其他旅游资源开展各种季节性旅游项目，让游客尽情体验大自然的无限魅力。

2. 人文旅游资源

（1）体验项目

景区游憩体验项目分为沙漠及水上两部分。其中，沙漠特色项目主要包括沙漠滑索、大漠驼铃、滑沙滑草、沙漠越野、沙地摩托、沙雕等；水上特色项目主要有水上自行车、水上飞机、摩托艇、水上降落伞等。此外，冬季还开展滑雪、滑冰等冰雪项目。依藉独具特色的自然资源而开发出的丰富多彩的体验项目已成为沙湖旅游最大的亮点和核心吸引物。

（2）旅游商品

主要是农副产品及手工艺品，农副产品如沙湖大米、枸杞、生态鸭蛋、鱼等；手工艺品如沙画、风棱石、刺绣、珍珠加工品等。

（3）民间习俗

包括地方风俗及饮食习俗，地方风俗如回族传统节日、水上渔家习俗；饮食习俗如沙湖大鱼头、全鱼宴、手抓羊肉等。

（4）文化活动

常年推出回乡婚礼表演、海狮表演、鸟表演及沙画艺术展演四大演出，通过一年一度的沙湖国际观鸟节、冬季文化旅游节等活动，打造寓教于乐、四季皆宜、早晚称奇的文化旅游活动。

（二）沙湖旅游现状

为了解景区旅游现状，2015 年，课题组在 8—10 月的沙漠旅游旺季及节假日期间（开斋节、古尔邦节、中秋节、五一、国庆）进行了集中调研，并在旅游淡季也进行了随机调查，共发放问卷 300 份，回收有效问卷283 份，有效率94.3%。调查内容主要为游客行为特征、特色体验项目运营情况及游客体验感知状况等。

结果表明，沙湖景区游客构成以企事业人员及学生为主，客源以宁夏本地及周边省市居多，旅游旺季集中在5—10月（图7-2），旅游线路一般早上从银川出发，下午返回，很少在景区留宿；来此旅游的主要目的为观光游览、康体娱乐、休闲度假等（图7-3）；出游方式以家庭式自驾游和自助式团队游为主；骆驼骑行、滑沙、飞索等沙漠体特色验项目旺季实际游客接待量已超过设施承载力上限，远高于游客体验感知最佳时的承载力水平，造成拥堵、排队等候时间长等现象，大大影响了游憩体验质量。近年来沙湖游客量每年均过百万，目前正处于旅游地生命周期的第4个阶段，即巩固阶段。

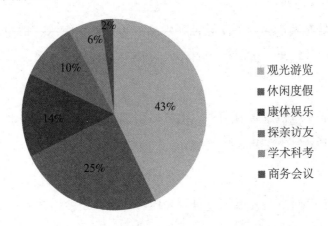

图7-2　2015年沙湖景区游客人数状况

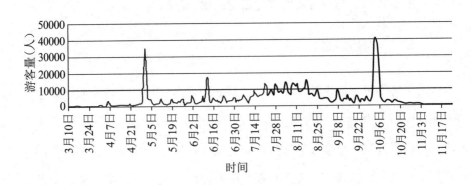

图7-3　沙湖景区游客利用类型

四　对沙湖景区进行游憩使用分区

来沙湖的游客其参与活动类型的诉求也不尽相同，喜静者多选择在原始偏远、开发较少的区域以获得返璞归真的自然体验；而好动者多会选择在项目密集、游人众多的氛围中享受旅游的乐趣；同一游客在不同时间也往往需要不同的游憩活动类型。此外，各类型体验项目对场地及周边环境的要求也有所差异，如滑沙、越野等沙湖南岸游憩项目集中的沙漠区域对生态环境的要求较低，而以观鸟体验为主的湖泊东侧鸟岛周边对生态环境却有着严格的要求。因此，基于 ROS 分区理念，专家团队需将沙湖旅游区的资源特点、景观类型与游憩项目特点、游客体验诉求相结合，来划定游憩使用空间分区。

（一）分区目标

基于 ROS 法对沙湖景区进行游憩使用分区，目标如下：

（1）根据景区资源类型特征，结合游客不同体验诉求及活动对环境的干扰程度，将旅游影响控制在环境容量较高的有限区域，减少对生态脆弱区的冲击；

（2）划分多种开发程度不同的环境空间，以满足沙湖游客的不同需求；

（3）根据各类型体验项目特点，通过对空间及活动进行规划管理，将游憩项目影响控制在合理区域范围内。

（二）分区结果

空间分区以景区相关规划为参考，对沙湖及周边主要旅游景观资源及土地利用类型进行梳理，共分 5 种景观类型：水域及湿地景观、沙漠景观、田园景观、街区景观、草地景观，具体分类及特征详见表 7－2。

表 7 - 2   沙湖旅游区景观资源及游憩使用类型

景观类型	土地类型	面积比例	景观特征	游憩机会类型
水域及湿地景观	水体	54	包括湖泊及沼泽,是景区观赏游览的主体	乘船游览、亲水娱乐、观鸟赏荷等
沙漠景观	沙地	22	包括沙丘及沙地,主体沙丘呈东西向横亘沙湖南岸,沙地有不同程度的植被覆盖	沙漠游憩项目体验、沙漠观赏
田园景观	耕地、池塘	11	以水稻田及池塘为主,星罗棋布,阡陌纵横	徒步、观景、田园
街区景观	服务设施、居住地	7	包括服务、办公、居民点、道路、水利设施等,交通廊道将其连接	游客接待服务、中转
草地景观	半荒漠草地	6	未利用荒地为主,斑状分布	观景、亲近自然

综合考虑游憩体验需求,经专家及公众团队评估分析,将沙湖景区划分为管理服务区、项目体验区、观光游览区及生态保护区 4 类游憩使用空间(图 7 -4、表 7 -3)。

图 7 - 4　沙湖旅游区 ROS 空间分区

表 7 - 3　　　　　　　　沙湖旅游区 ROS 空间使用分区

分区类型	区域范围	土地类型	游憩活动	配套设施
管理服务区	景区入口及周边接待服务区域	居住地	购物、餐饮、休闲、观光	景区管理办公、游客接待服务设施
项目体验区	南岸滨水及两侧项目延展地带	沙漠、水域	沙漠及水上游憩项目体验、沙漠及水域观光	沙漠及水上游憩项目设施、旅游服务设施
观光游览区	水上游览及沿湖徒步观赏空间	水域、沙漠、草地	水域游船观光、沙漠穿越体验	简易旅游服务设施
生态保护区	鸟岛周围及南部大片荒漠区域	湿地、沙漠	观鸟、摄影、科普考察	观鸟及监测设施

1. 管理服务区

此区域主要功能为景区管理办公、游客接待服务、购物餐饮住宿等，包括管理经营办公设施、餐饮住宿接待服务设施、停车场、游憩广场、环保设施等。该区内以建筑设施、硬化路面等人工景观为主，也有人工绿化、周边农田等少许自然要素掺杂其间。

进入该区的游客无须户外技巧，且与其他旅游者及景区工作人员有很高的相遇机会。此外，该区域对资源环境退化的承受能力很高，可进入性及景区对游客、设施的管理程度均较强。

2. 项目体验区

此区功能以游憩项目体验为主，包括沙漠及水上游憩项目设施、景区管理场所、店铺、展馆、游客服务点、解说牌等。该区域主要位于湖泊南岸的滨湖狭长地带，南至沙丘背风坡，北延至湖泊近水岸，是景区进行项目体验与开发的核心地带。在沙水资源的自然本底之上建有大量人工游憩设施，使游客在饱览湖光沙色的同时，还可体验沙漠及水上项目带来的奇特感受与激情。

来此区域体验的游客需具备一定的体能，个别项目需有挑战与冒险精神，游客之间仍然有较高的相遇机会。由于集中分布大量游憩娱乐设施，该区对生态环境质量的要求较低，对资源环境退化的承受能力较高，但需控制在一定程度之内。

3. 观光游览区

该区功能以观赏游览已开发的湖泊湿地景观及荒漠自然景观为主，自然要素占绝对优势，游船、电瓶车、沙漠及水上旅游标识、栈道、游步道、休憩点、垃圾箱等简易人工设施分布其间，游客既能体验感知景区的主体资源，又不会产生过于原始自然的空旷感。对于水域而言，游客可乘船往返观赏，无关体力考验；而对于沿湖来讲，徒步游客需面临一定挑战。

此区域游客间相遇机会中等，由于以自然要素为主，且主体资源为易受干扰的水体、沙域环境，因此对生态环境质量的要求较高，需将旅游活动强度控制在较低层次。

4. 生态保护区

该区功能以保护景区独特的"湿地—沙漠"生态环境系统及生物多样性为主，尤其以鸟类、芦苇、沙漠植被为重点，主要分布在湖泊东侧鸟岛周围和沙漠南侧极少开发的地带，可为游客带来回归自然的感知与观鸟体验机会，较之观光游览区又添了几分野趣。除鸟岛建有观鸟体验设施外，其余区域很少见到人类活动及设施。

该保护区很可能是景区生态环境最脆弱的区域，因此对生态环境质量有着严格的要求，若管理不当，轻则损害旅游资源，影响旅游体验，重则会减少生物多样性，破坏生态平衡。基于对资源及生态的保护，严禁在此区域开展可能给环境带来干扰的体验项目及活动，对来此地的游客也应有必要的限制，如需具备生态保护、文明观鸟的相关常识等。

沙湖旅游区游憩分区游客体验描述如表7-4所示。

表7-4　　　　　　　　沙湖旅游区游憩分区游客体验描述

体验类型	管理服务区	项目体验区	观光游览区	生态保护区
新奇刺激及挑战冒险体验	低	高	较高	较低
依靠道路及其他旅游设施	高	高	较低	低
游客相遇机会	高	高	较低	低
与工作人员相遇机会	高	高	较低	低
路（水）面状况	高等级路面	沙地、铺装	水面、沙地	木栈道、沙地
资源环境保护及安全管理力度	高	较高	高	高
生态敏感度	低	较低	较高	高
资源环境退化承受能力	高	较高	较低	低
回归自然体验	低	较低	较高	高
人工设施疏密度	高	较高	低	低

五　寻找影响各分区旅游环境容量的因素

专家团队在大量实地调研、资料研判的基础上，尽可能寻找限制各游憩使用分区旅游环境容量的潜在因素，并与公众团队充分沟通协商，确定各分区旅游环境容量影响因素及关键限制因子。

（一）管理服务区

此区游客高度集中，景观以人工建筑为主，环境及设施承载力均很高，资源抵抗退化的能力也很强，因此，影响该区旅游环境容量的因素主要包括游客及周边居民的旅游心理容量。其中，当地居民利益与沙湖景区发展息息相关，其所能承受的心理容量要远大于景区外的游客，而过于拥挤必然会影响游客体验质量，因此，游客可接受的心理容量是该区旅游环境容量的关键限制因子。

（二）项目体验区

景区游憩体验项目集中分布于滨水区域，是沙湖游客必经之地。虽然人类活动破坏了本区沙、水资源环境，而且其程度有进一步加深的趋势，但从景区发展角度来看，将大量影响环境的高强度体验项目集中控制在特定范围内，损伤局部资源与生态环境换来整个景区的可持续发展，不失为可行之策。因此，不宜单从生态环境方面来衡量此区旅游环境容量的大小，而设施容量、场地面积、沙漠及水域对游客开放的面积、游客体验感知等应是影响其旅游环境容量重点考量的因素。

（三）观光游览区

该区集中了景区主体旅游景观资源，可分水上及徒步两类观光游览形式。其中，水上形式的旅游环境容量主要取决于游船等水上设施类型及数量、可游览水域面积、航道数量、游客体验感知、水体环境容量等因素；而限制徒步形式旅游环境容量的因素主要有沙漠及环湖地带游步道长度、游客间距需求、沙漠步道植被环境容量等。因以自然体验为主，故需重视水体、植被、结皮、生境、地貌等资源与生态环境因素对该区旅游环境容量的影响。

（四）生态保护区

鸟岛及周边湿地是景区生态保护的重点区域，鸟类又是保护的核心资源。因此，鸟类环境容量成为该保护区旅游环境容量的关键限制因子，此容量大小主要取决于观鸟距离、噪声强度、观鸟游线长度、观鸟点面积、游客间距等因素。沙湖旅游区各游憩使用分区容量的影响因素如表7-5所示。

表7-5　　　　　　　　　沙湖旅游区各游憩使用分区容量影响因素

分区类型	区域范围	容量主要影响因素
管理服务区	景区入口及周边接待服务区域	游客拥挤感知程度 当地居民旅游心理容量
项目体验区	南岸滨水及两侧项目延展地带	游憩设施容量 项目场地面积 沙漠及水域对游客开放面积 游客体验感知
观光游览区	水上游览及沿湖徒步观赏空间	游船等水上设施数量 可游览水域面积 航道数量 水体环境容量 沙漠及环湖地带游步道长度 游客间距需求 沙漠步道植被环境容量 游客体验感知
生态保护区	鸟岛周围及南部大片荒漠区域	观鸟距离 观鸟游线长度 观鸟点面积 游客间距 噪声强度 游客体验感知

六 确定各游憩使用分区的旅游环境容量

(一) 管理服务区旅游环境容量

1. 物理旅游环境容量

管理服务区空间范围如图 7-5 所示。该使用分区物理旅游环境容量假设标准如下：

a. 游客可在此区自由活动；

b. 每人所占空间面积为 1 平方米；

c. 游客或团队对间隔距离无要求；

图 7-5 管理服务区空间范围

d. 全程游览该区平均约需 3 小时；

e. 旅游服务设施及场地每日开放时间 9 小时；

f. 游客一天内周转频率 3 次；

g. 室外旅游场地及室内接待服务设施空间可用有效面积 35000 平方米；

h. 该区内当地居民 2000 人。

则根据

$$PTCC = A \times V/a \times Rf \qquad （公式 7-1）$$

可得，管理服务区日物理环境容量 PTCC $= 35000 \times 1 \times 3 = 105000$（人）

2. 真实旅游环境容量

结合上述分析确定的评估该区容量的两大主要因素：游客体验感知满意度及社区居民可接受游客量，计算其真实旅游环境容量。

（1）居民心理容量

心理容量可较好地反映旅游地居民对游客量及旅游活动的可接受程度，但其阈值无法精确量化，当前采取的相对有效的做法是在问卷与照片调查的基础上综合多种因素进行主观推测。基于调研数据，引用相关公式（周年兴，2003）[1]，可推测该区居民心理容量：

$$C_p = \frac{(A - NA_0)}{A_i} \qquad （公式 7-3）$$

$$C_d = T/T_0 \times \frac{(A - NA_0)}{A_t} \qquad （公式 7-4）$$

其中，C_P 为居民瞬时心理容量；C_d 为居民日心理容量；A 为该区空间规模；A_0 为居民人均最低空间；A_t 为游客人均最低空间；N 为旅游地居民数量；T/T_0 为游客日周转率。

合理推测将 A_0 取值为 5 平方米，则：

$$C_P = (35000 - 2000 \times 5)/1 = 25000（人）$$

$$C_d = 3 \times 25000 = 75000（人）$$

为使结果更符合实际，需对其值做进一步校正。参考改进后的居民空间及心理容量计算方法（宋子千，2003）[2]，在限制高峰段游客量方面增加

---

① 董成森、熊鹰、覃鑫浩：《张家界国家森林公园旅游资源空间承载力》，《系统工程》2008年第10期。

② 吕东珂、于洪贤：《安邦河湿地自然保护区旅游环境承载力时空分异分析及调控策略》，《黑龙江农业科学》2008年第6期。

峰值指标 K，即旅游高峰时段游客量占该日游客总量的比例，若高峰段游客量为 r，日游客总量为 R，则峰值指标为：

$$K = \frac{r}{R} \qquad (\text{公式 } 7-5)$$

实践中多以日容量为管控标准，如此则易超过高峰时段的居民瞬时心理容量，故将高峰时段居民心理容量限定为居民心理瞬时容量 C_P，则校正后的居民心理日容量计算如下：

$$C_d = \frac{C_p}{K} \qquad (\text{公式 } 7-6)$$

根据沙湖景区旅游淡、旺季日游客量分时变化统计数据可知，游客进入该区域的高峰时段为 10：00—13：00，离开高峰时段为 14：00—18：00，其中，11：00—15：00 是该区人数最多的时间段，约占日游客总量的 2/3，即 K 为 2/3，则校正后的沙湖景区居民心理日容量为：

$$C_d = 25000 \div 2/3 = 37500(\text{人})$$

（2）游客心理容量

游客心理容量指在旅游活动中游客感知舒适时对空间的需求量，可通过拥挤感知度来反映。由于该区集中了大量游客，其对拥挤感知有切身感受，故运用图像感知、游客问卷调查统计分析法，结合该使用分区功能特点，参照第三章对沙漠旅游游客行为的相关研究结论，将绝大多数游客可接受拥挤程度时的人均空间面积设定为 3 平方米，则该区游客心理容量为 $105000 \div 3 = 35000$（人）。

故在居民及游客心理容量得到同时满足的情况下，管理服务区日真实旅游环境容量 RTCC 为 35000 人。

3. 有效旅游环境容量

有效容量是在真实容量基础上在景区现实管理条件约束下所能达到的容量。本研究采用专家评估法构建指标体系（表 7-6）、赋权重并评分，对该使用分区管理容量进行计算。

表 7 - 6　　　　　　　**管理服务区管理容量专家评估指标体系**

目标层	第一层	第二层	第三层
管理服务区管理容量	管理设施	旅游标识设施	警示牌
			交通指示牌
			旅游解说牌
			纸质宣传资料
			多媒体宣传资料
			广播器材
			展览馆
			游客服务中心
		监测统计设施	游客人数统计
			视频监控系统
			报警系统
		交通运输设施	私家车
			旅游大巴
			电瓶车
			停车场
		应急医疗设施	应急医疗点
			应急医疗人员
			应急医疗设备

目标层	第一层	第二层	第三层
管理服务区管理容量	管理人员	人员数量	解说人员
			现场管理人员
			安保人员
			清洁人员
			其他工作人员
		管理经验	技术职称
			平均管理年限
			事故发生率
	管理资金	政府补贴	自治区政府补贴
			地方政府补贴
		自筹资金	门票收入
			商品销售收入
			食宿收入
			其他收入

严格来讲，研究应选取旅游、沙漠、湿地、管理等多学科领域专家对沙湖景区管理水平进行多次论证，以保证结果的准确性。但本书提出的分区管理框架重点是在学术上探讨其方法的可行性，而非最终的结果数据，因此，简化专家评估过程，对结果进行意向性调查。步骤如下：

（1）对 10 位相关领域专家进行咨询，其中，沙湖景区管理专家 4 人，旅游、生态、管理领域学者各 2 人；

（2）问卷调查采用电子邮件形式，对争议较大的指标得分再次进行反馈评估；

（3）权重满分为1，得分满分为10，计算采用综合平均法。

计算得知，该使用分区管理容量得分为6.0374，依据

$$ETCC = RTCC \times (EMC/IMC) \qquad （公式7-2）$$

可知在目前管理能力下，沙湖管理服务区日有效旅游环境容量为

$$ETCC = 35000 \times 60\% = 21000（人）$$

（二）项目体验区旅游环境容量

项目体验区空间范围如图7-6所示。沙湖景区项目体验区集中分布于湖泊南岸滨水地带，可分为沙漠及水域体验区。严格来讲，因其资源特点、项目类型及管理方式各异，应需分类讨论，但根据沙湖景区实际，该区大多数游客大部分时间集中于陆上沙漠项目体验区，只有少数游客在几处划定的临岸水域体验水上游憩项目。影响水域游客容量的因素主要是水上项目设施容量，为方便计算，将开放的水域体验区容量按照相应比例折算成沙漠体验区容量，由此得出整个项目体验区的旅游环境容量。

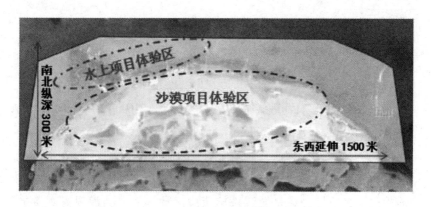

图7-6　项目体验区空间范围

1. 物理旅游环境容量

该使用分区假设标准如下：

a. 游客可在此区自由活动；

b. 每人所占空间面积至少为 1 平方米；

c. 团队间距离不低于 25 米；

d. 每一团队人数不多于 30 人；

e. 在该体验区平均游憩时间为 3 小时；

f. 沙漠（水域）体验项目及场地每日开放时间为 9 小时。

景区陆上体验活动以沙地为主，大部分旅游项目及设施均集中分布在滨湖南岸的新月形沙丘附近，游客可在此做面状旅游，故各点连接线容量可忽略不计。由于沙漠旅游季节性较强，因此，沙湖景区在旅游淡、旺季开放的沙漠、水域体验项目及其面积、位置有所不同，但不妨碍对其旅游容量进行探讨。本研究以旺季常态时期旅游活动状况为参考标准，忽略开放面积及位置的变化，设定沿湖东西延伸 1500 米（东渡口—沙雕园），南北纵深 300 米（临岸水域—沙丘南侧），即 1500m × 300m 的滨水地带为项目体验区固定核心活动区域。

按照假设标准：

最大旅游团队数为（1500÷25）×（300÷25）=720

最大游客量为 720×30=21600（人）

由 $$PTCC = V/a \times Rf$$ （公式 7-1）

可得，项目体验区日物理旅游环境容量 PTCC=21600×9÷3=64800（人）

2. 真实旅游环境容量

一般来讲，由于沙漠旅游属生态旅游范畴，故其游人密度不宜过于集中，但沙漠滨水地带往往是游憩设施集中之地，而非大漠风光观赏之所，因此，应从娱乐空间视角而不是生态资源方面来衡量此区的容量。其中，游客拥挤体验感知又是沙漠类项目体验区每日真实容量的主要影响因素。在游客拥挤感知适宜条件下所需的空间面积，可参考世界旅游组织设定的游憩活动空间容量标准（表7－7）。

表7－7　　　　　　　　游憩活动空间旅游容量标准（单位：人）

类型	每万平方米游客数	类型	每万平方米游客数
森林公园	15	体育比赛	100—200
郊野自然公园	15—17	垂钓/帆船	5—30
高密度游憩地	300—600	速度划船	5—10
低密度游憩地	60—200	徒步	40

滨水区地势平坦开阔，是来沙湖者必游之地，游人如织已成旺季常态，因此，选取高密度游憩地的最高值为所需空间标准，则450000平方米项目体验核心区域可容纳的每日真实游客量为 RTCC = 45 × 600 = 27000（人）。

3. 有效旅游环境容量

该使用分区有效旅游环境容量取决于项目设施容量、体验感知容量及其他旅游服务管理容量，采取与管理服务区相同的方法对滨水项目体验区综合管理容量做进一步评价，其涉及指标见表7－8，计算得知该分区管理容量得分为5.742，则依据

$$ETCC = RTCC \times (EMC/IMC) \qquad （公式7－2）$$

可知在当前管理能力下，沙湖景区项目体验区日有效旅游环境容量为

$$ETCC = 27000 \times 57\% = 15390（人）$$

表 7 - 8 滨水项目体验区管理容量评估指标

目标层	第一层	第二层	第三层
项目体验区管理容量	管理设施	旅游服务设施	旅游标识系统
			游客服务站点（休息餐饮等）
			废弃物处理设施
			展览及纪念馆
		滨水游憩项目设施	沙丘项目（滑沙、骑骆驼等）
			沙地项目（沙漠越野等）
			场地项目（沙雕园、水世界等）
			水域项目（水上自行车等）
			项目管理服务中心
		应急医疗设施	消防器械
			应急医疗人数
			应急医疗设备
	管理人员	人员数量	项目管理工作人员
			解说人员
			安保人员
			清洁人员
			其他工作人员
		管理经验	技术职称
			平均管理年限
			事故发生率

（三）观光游览区旅游环境容量

沙湖观光游览区可分为水上及徒步两类，观光游览区空间范围如图7－7所示。其中，水上类以湖泊为观光游览对象及空间依托，游客在行进的船上进行观赏体验，作为观光游览区的主体也是游客通向南岸滨水项目体验区的必经之地；除水上面状观光游览外，以沿湖游步道为载体的线状徒步类观光游览区也不可忽视。以下对其进行分类探讨。

图7－7　观光游览区空间范围

1. 水上观光游览区

（1）物理旅游环境容量

该使用分区假设标准如下：

a. 游客只可在船上有限制的活动；

b. 平均每艘游船最大载客量为 80 人（各大小类型船只综合折算）；

c. 平均每次发船间隔至少为 1 分钟；

d. 在湖泊乘船观光游览全程平均往返一次需 1 小时；

e. 该使用分区可游览时间共 9 小时。

照此假设，若每小时发 60 艘游船，载客量可达 $60 \times 80 = 4800$（人），则水上观光游览区日物理旅游环境容量 PTCC $= 4800 \times 9 = 43200$（人）

（2）真实旅游环境容量

游船数量、调度能力及游客体验感知是影响水上观光游览区旅游环境容量的主要因素。在旅游旺季常态时调研得知，基于游客安全及体验感知舒适的需求，每次发船间隔至少为 3 分钟，故其真实旅游环境容量 RTCC $= 43200 \div 3 = 14400$（人）。

（3）有效旅游环境容量

沙湖景区对湖泊观光游览区的管理能力主要体现在游船调度、现场管理及安全保障等方面，按照相同方法对该区管理容量进行评价（表 7 - 9），经计算得知其管理容量综合得分为 7.503，则依据

$$ETCC = RTCC \times (EMC/IMC) \qquad （公式 7 - 2）$$

可知在当前管理能力下，沙湖景区水上观光游览区日有效旅游环境容量为

$$ETCC = 14400 \times 75\% = 10800（人）$$

2. 徒步观光游览区

除水上游览，基于游步道的线状徒步类观光游览区游客容量也不应忽视，根据景区开发现状，结合近期用地开发功能分区（见图 7 - 8），徒步观光游览区主要分为沿湖观光区、沙漠游乐区及北岸滨水商业休闲区内的三条线路，由于线路状况及管理条件类似，故不再单独探讨其旅游环境容量。

表7-9　　　　　　　　水上观光游览区管理容量评估指标

目标层	第一层	第二层	第三层
水上观光游览区管理容量	管理设施	旅游服务设施	游船数量
			游船类型
			游船载客量
			游船解说设施
			废弃物处理设施
		后勤支持设施	游船调度设施及系统
			游客统计管理设施
		应急医救设施	救生员
			救生设备
			消防器械
			应急医疗药品
	管理人员	人员数量	游船管理工作人员
			解说人员
			安保人员
			清洁人员
			其他工作人员
		管理经验	技术职称
			平均管理年限
			事故发生率

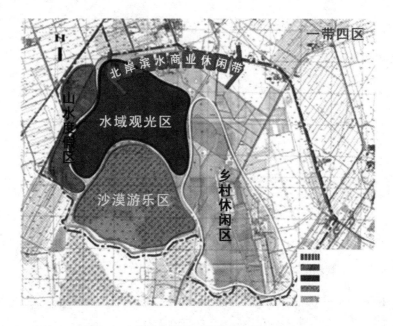

图7-8 沙湖旅游区近期用地开发功能分区

（1）物理旅游环境容量

该使用分区假设标准如下：

a. 游客需按指定线路徒步旅行；

b. 游步道均宽为1.5米；

c. 每名游客所需空间至少为1平方米；

d. 徒步游客团队最大规模不超过20人；

e. 游步道总长度为6公里；

f. 全程步行游览一周平均需2小时；

g. 该使用分区可游览时间共8个小时。

则按照

$$PTCC = A \times V/a \times Rf \qquad （公式7-1）$$

可得，徒步观光游览区日物理旅游环境容量 $PTCC = 6000 \times 1 \times 4 = 24000$（人）

（2）真实旅游环境容量

与陆上游览区相似，游客拥挤体验感知也是影响游步道容量的主要因素之一。参照相关标准，生态旅游区游客团队在游步道上的适宜间隔至少为 30 米，若照此计算，则需 120 个团队方可布满整个游步道（$120 \times 20 + 120 \times 30 = 6000$），此时共有 $120 \times 20 = 2400$（人），人均所占游步道长度为 2.5 米，故游步道真实旅游环境容量 RTCC $= 24000 \div 2.5 = 9600$（人）。

（3）有效旅游环境容量

按照相同方法对游步道管理容量进行评价（表 7 − 10），经计算得知其管理容量综合得分为 6.714，则依据

$$ETCC = RTCC \times (EMC/IMC) \qquad （公式 7 − 2）$$

可知在当前管理能力下，沙湖景区徒步观光游览区日有效旅游环境容量为

$$ETCC = 9600 \times 67\% = 6432（人）$$

表 7 − 10　　　　　　　　徒步观光游览区管理容量评估指标

目标层	第一层	第二层	第三层
徒步观光游览区管理容量	管理设施	旅游服务设施	旅游标识系统
			旅游解说系统
			垃圾回收点
			游客休憩点
			游客服务点
		支持设施	游客统计管理设施
			应急医疗服务

续　表

目标层	第一层	第二层	第三层
徒步观光游览区管理容量	管理人员	人员数量	游船管理工作人员
			管理人员
			清洁人员
		管理经验	技术职称
			平均管理年限
			事故发生率

（四）生态保护区旅游环境容量

沙湖作为宁夏典型的沙漠型景区，属生态旅游景区之列，故其整体生态环境应得到良好的保护。但较之自然本底而言，旅游活动不可避免地会对生态环境造成一些负面影响，且不同类型活动对所依托的空间资源及环境也会带来不同程度的损害，其所承受退化的能力也不尽相同。鉴于此，在整体保护的前提下，应基于各分区资源环境特征及游憩活动类型，划清生态保护的主次区域，以做到生态保护上有的放矢，资源开发上有效利用。

前已述及，沙湖管理服务区及项目体验区不构成生态保护的重点核心区域。观光游览区以湖泊为主体，过去常出现物种减少、食物链短缺、蚊虫肆虐等由于水质污染带来的生态环境问题，近年来管理者下大力气对其进行整治（如：新建拦河坝与艾依河隔离，避免流域工业生活废水排入湖泊；尽量使用电瓶船代替传统燃油船，减少化学污染物的排放；在浅水区合理种植芦苇、荷花等水生植物，对净化水质效果明显；使用挖泥船清理湖底淤泥，利用底泥种植水生植物，对水质净化也起到了一定作用；修建污水处理设施，景区周边废水污水已全部实现净化处理），逐渐使水环境恢复到了生态旅游区的标准，因此，目前该区主体旅游资源承受生态退化的能力较强。

较之上述三类区域，鸟岛（包括周边湿地）及南岸荒漠（沙丘以南地带）才可能是沙湖景区生态环境保护的核心区域（图7-9）。但绝大多数沙漠旅游活动集中在滨水沙丘地带，向南延伸的荒漠中几乎没有旅游活动，游客对其生态环境构不成直接威胁。而以观鸟体验为主的鸟岛是大部分游客的又一必游之地，同时由于旅游资源的特殊性及敏感性，其生态环境必须得到高质量的保障，因此，鸟岛及周边湿地区域才是沙湖景区核心生态保护区。以下讨论也围绕此区展开。

图7-9　生态保护区空间范围

1. 物理旅游环境容量

该使用分区假设标准如下：

a. 游客需在指定的观鸟区域活动；

b. 每名游客所需观鸟空间至少为 1 平方米；

c. 每一观鸟团队人数不多于 20 人；

d. 每次观鸟时间至少为 20 分钟；

e. 可供观鸟区域面积为 1100 平方米（观鸟栈道及观鸟台综合折算）；

f. 可观鸟时间为 8 小时。

则按照

$$PTCC = A \times V/a \times Rf \qquad （公式 7-1）$$

可得，生态保护区日物理旅游环境容量 $PTCC = 1100 \times 1 \times 24 = 26400$（人）

2. 真实旅游环境容量

研究表明，游人与水禽距离 100—200 米便可引起水鸟惊飞，因此，应格外重视（尤其在春季鸟类繁殖期间）观鸟安全距离。此外，游客在该区的数量、密度、观鸟时间及经历也是影响其观鸟体验的重要因素。调研显示，旺季时游客在此区平均停留时间约 1 小时（包括观鸟、观看鸟类表演、周边湿地观光等），故生态保护区日真实旅游环境容量 $RTCC = 26400 \div 3 = 8800$（人）。

3. 有效旅游环境容量

游客通往鸟岛必须乘坐摇橹船、电瓶船等水上交通工具，因此，来往此区的船只数量及调度能力直接影响其容量的大小。此外，沙湖管理部门可为游客提供观鸟台、观鸟栈道、观鸟设施、观鸟表演、解说人员等条件的能力也直接决定了该区可容纳的有效观鸟人数。

基于此，构建沙湖生态保护区管理容量评价指标（表 7-11）并对其进行评价，计算得知其管理容量综合得分为 7.215，则依据

$$ETCC = RTCC \times (EMC/IMC) \qquad （公式 7-2）$$

可知在当前管理能力下，沙湖景区生态保护区日有效旅游环境容量为

$$ETCC = 8800 \times 72\% = 6336（人）$$

表 7 – 11　　　　　　　　　　生态保护区管理容量评估指标

目标层	第一层	第二层	第三层
生态保护区管理容量	管理服务设施	旅游服务设施	观鸟游船数量及调度能力
			观鸟台面积
			观鸟栈道长度
			观鸟设备
			观鸟信息发布服务设施
			观鸟资料手册
		支持服务设施	游客统计管理设施
			游客预警设施
			观鸟信息发布机构
			应急医疗服务
	管理人员	人员数量	游船管理工作人员
			观鸟培训人员
			观鸟导游
			管理人员
			清洁人员
		管理经验	观鸟培训人员技能水平
			观鸟导游技能水平
			管理人员技能水平

由此可得沙湖景区各游憩使用分区的旅游环境容量综合状况（表7-12）。

表7-12　　沙湖景区各使用分区日旅游环境容量综合测评状况汇总

游憩分区	空间区域	假设标准	物理容量	限制因素	真实容量	管理因素	有效容量
管理服务区	景区入口及周边接待服务区域	a. 游客可在此区自由活动； b. 每人所占空间面积为1平方米； c. 游客或团队对间隔距离无要求； d. 全程游览该区平均约需3小时； e. 旅游服务设施及场地每日开放时间9小时； f. 游客一天内周转频率3次； g. 室外旅游场地及室内接待服务设施空间可用有效面积35000平方米； h. 该区内当地居民2000人	105000人	a. 游客拥挤体验感知满意度：人均空间面积取3平方米，心理容量值为35000人； b. 旅游地居民可接受游客量程度：人均空间面积为5平方米时，心理容量值为37500人	35000人	接待服务设施解说标识设施游客运输管理游客统计监测游客秩序管理社区关系协调	有效管理率为60%，每日有效旅游环境容量为21000人

续　表

游憩分区	空间区域	假设标准	物理容量	限制因素	真实容量	管理因素	有效容量
项目体验区	南岸滨水及两侧项目延展地带	a. 游客可在此区自由活动； b. 每人所占空间面积至少为1平方米； c. 团队间距离不低于25米； d. 每一团队人数不多于30人； e. 在该体验区平均游憩时间为3小时； f. 沙漠（水域）体验项目及场地每日开放时间为9小时	64800人	游客拥挤体验感知：按照高密度游憩地的最高允许水平即600人/10000平方米设定允许游客量	27000人	项目设施容量 场地管理能力 项目服务能力 游客安全管理 滨湖生态管理	有效管理率为57%，每日有效旅游环境容量为15390人
观光游览区	水上游览及沿湖徒步观赏空间	水上观光游览区： a. 游客只可在船上有限制的活动； b. 平均每艘游船最大载客量为80人（各大小类型船只综合折算）； c. 平均每次发船间隔至少为1分钟； d. 在湖泊乘船观光游览全程平均往返一次需1小时； e. 该使用分区可游览时间共9小时	43200人	基于游客安全及体验感知舒适的角度考虑，每趟游船发船间隔至少为3分钟	14400人	游船设施容量 水体环境管理 行船安全管理 游客安全管理 船务协调管理	有效管理率为75%，每日有效旅游环境容量为10800人

续　表

游憩分区	空间区域	假设标准	物理容量	限制因素	真实容量	管理因素	有效容量
观光游览区	水上游览及沿湖徒步观赏空间	徒步观光游览区： a. 游客需按指定线路徒步旅行； b. 游步道均宽为1.5米； c. 每名游客所需空间至少为1平方米； d. 徒步游客团队最大规模不超过20人； e. 游步道总长度为6公里； f. 全程步行游览一周平均需2小时； g. 该使用分区可游览时间共8个小时	24000人	生态旅游区游客团队在游步道上的间隔至少为30米时方可基本保证团队之间不受彼此干扰影响，满足游客体验感知需求	9600人	步道空间容量 步道服务设施 步道景观设计 游憩环境管理 游憩安全预案	有效管理率为67%，每日有效旅游环境容量为6432人
生态保护区	鸟岛周围及南部大片荒漠区域	a. 游客需在指定的观鸟区域活动； b. 每名游客所需观鸟空间至少为1平方米； c. 每一观鸟团队人数不多于20人； d. 每次观鸟时间至少为20分钟； e. 可供观鸟区域面积为1100平方米（观鸟栈道及观鸟台综合折算）； f. 可观鸟时间为8小时	26400人	游客在该区的数量、密度、观鸟距离、观鸟时间等都是影响其观鸟体验效果的重要因素，一般在此区平均停留时间约1小时	8800人	观鸟游船容量 观鸟空间容量 观鸟服务设施 观鸟活动管理 鸟岛生态管理 沙漠生态管理	有效管理率为72%，每日有效旅游环境容量为6330人

七　为每个分区制定相应的管理方案

在对沙湖景区四类游憩使用分区的景观资源特征、旅游活动特点、生态环境承受能力、限制旅游容量的主要因素及基于当前管理能力下的旅游容量做出全面评估后，专家团队需与公众团队、景区管理部门广泛协商后，提出针对各分区且可行的管理方案。

制定管理方案的最终目的是为了实现景区的管理目标，故优先解决与目标最具冲突性的问题可作为措施制定的标准之一。景区管理措施的选择一般包括以下几点：降低整个景区使用强度；减少使用出现（潜在）问题的区域；缩短或改变景区开放时间；对符合一定要求的游人开放；调整旅游设施以改变其用途；调整游客心理体验期望；改造旅游资源以增加其承受退化的能力；维持或恢复一些独具特色的景观资源等。

在制定每条管理措施的同时，都应充分考虑其对景区管理目标的影响、对来此游客的影响及旅游地居民可接受程度等各方面的适用性。较之直接管控而言，游客更易接受间接的管理方式，如通过宣传讲解旅游活动对生态环境利弊的相关知识，劝说游客到指定区域游憩体验，而非直接限制其行为。景区资源环境、生态状况、发展状况、游客体验、管理经验处于动态变化之中，不同发展阶段应采取不同的管理措施，因此本研究针对当前评估周期，就各分区旅游容量存在的主要问题提出相应的管理方案。

（一）管理服务区

完善与保护景区生态环境相关的宣传、解说及标识系统，增强游客环保意识，影响其在景区内的旅游行为；若该区短期内多次出现游客量达到或超过有效管理容量即 21000 人的水平时，则需采取团队预约、限时进入、实时监控等手段进行人数总量调控，并通过网络、媒体等平台发布客流量信息；改进门票管理，将来可考虑延长门票有效期限，增加游客可选择的游览时间，减缓游览步伐，从而分流游客并减轻旅游容量压力。

该区目前旺季常态时容量问题不甚突出，但随着周边食宿、商业业态的入驻及各种旅游活动的开展，其潜在容量隐患依然存在，需进一步加强观赏及休憩空间建设，以功能服务多样化为导向，优化服务空间布局及游客容量分流。

（二）项目体验区

大量游憩项目集中于沙丘与湖岸之间的区域，狭长条带状空间加剧了该区容量在区段及时段上超载的可能性，加之收费项目体验区与免费游览区交错分布，来此区观光的游客与参与项目体验游客相混杂，更易造成局部容量超载。鉴于此，应扩大项目体验功能区域的空间，在该区未设置项目的沙丘或沙地上增加免费游乐设施，将条带式游憩空间拓展为片状游览区，即通过完善游憩设施及扩大空间活动范围的方式，拓展滨水区域游憩空间容量的上限。

（三）观光游览区

观光游览区主要集中于湖泊、滨水南岸、北岸商业休闲地带及沿湖地带，旅游旺季时已接近或超过该区有效容量上限，而沙漠特色景观、乡村田园景观等适宜观赏游览且空间面积较大的区域还未得到有效开发，游客空间分布不甚合理。沙湖独特的"湿地—荒漠"景观是其最大的资源优势和特色所在，"沙、水"合则生彩、分则无奇，但当前以湖泊为主体的"湿地"资源已较充分开发，但"荒漠"景观未被有效利用，游客对景区

"湿地—荒漠"景观主题感知度较低,造成游客分布相对集中,从而引发容量问题。为此,需通过加强营造"湿地—荒漠"主题景观及相关产品建设来解决。沙漠及乡村田园景观虽独特,但地理空间区位不利于游客至此观赏,应以两区景观资源为依托,开辟荒漠及田园风光游览线路,打造以"湖泊、沙漠、田园"景观为主的差异化主题观光游览区。以景观观赏功能为主,切忌设置大型游乐项目,由此则既能保护该区生态环境,又可拓展旅游资源空间范围,吸引分流游客至此,缓解已开发游览区的容量压力。此外,还需加强沙湖主题营销,增加游客对景观主题产品及空间布局的认识,以均衡其在景区地域空间上的分布。

主游步道两侧景观较为单调,未能较好地发挥其观赏功能以达到增加游客游览时间的目的。应根据游客行为特征及体验需求,适当增加休憩点及观赏点,加强与主游览区域的连通性,以延长停留时间,拓展游线容量。

(四)生态保护区

每年 11 月到次年 4 月候鸟停留期间,尽量避免渡轮鸣笛、噪音等惊扰鸟类;旅游高峰期间必要时可实行预约准入制度,增加望远镜等观鸟设备,及时发布观鸟信息,并对观鸟者进行线路、安全、观鸟知识等方面的培训及管理;沙湖景区鸟类警戒距离约为 200 米,考虑到鸟类活动范围及游人、游船密集产生的噪音等对其的影响,可取 500 米作为隔离间距,旺季时可在鸟岛核心区距离 500 米之外增设几处临时观鸟台,并配备相应观鸟设施,以分流鸟岛游客容量。

八 执行方案并检测、反馈结果

上述管理方案需经专家团队及景区管理者论证可行性之后方可实施,定期检测执行效果并根据情况调整措施。检测及反馈内容主要有以下几点。

（1）实施方案所需资金及人员数量景区管理者能否接受；

（2）对部分使用分区实行容量限制措施效果如何，游客有何反应及意见；

（3）管理方案的执行对景区周边居民的影响及其反应；

（4）评估方案实施后的旅游活动对景区资源环境及社会环境方面的综合影响。

此外，景区管理及工作人员也可通过工作日志为成果检测及反馈提供第一手资料，主要内容包括在日常管理工作中所遇的突出问题及采取过的措施和效果。据此，由专家团队与管理者检测评估后，及时调整管理措施，并再次返回框架重新按照步骤进行容量测评。

第八章　沙漠型景区旅游环境容量预警系统研究

　　沙漠以其独特的自然特征和强烈的地域文化吸引着越来越多的渴望回归大自然、返璞原生态的日益繁忙的城市人。然而，沙漠多位于生态环境极其脆弱的地区，发展沙漠旅游无疑会对其自然、经济、社会等产生重大影响。沙坡头景区是典型的沙漠型旅游区，作为国家 5A 级旅游景区每年都吸引着众多的来自全国各地的游客，入境游客也逐年增加。旅游者的增加对沙坡头的资源环境、生态环境、经济环境及社会环境都产生了巨大的压力。如何实现景区旅游环境承载量与供给量的平衡是实现沙漠型景区可持续发展的重中之重。本章以沙坡头旅游环境承载力预警为研究内容，既具有理论意义又具有现实指导意义。

第一节　沙漠型景区旅游环境容量动态测评

一　旅游环境容量测评指标体系

（一）指标选取原则

1. 科学性原则

旅游环境承载力预警指标的选择必须具有科学性，只有科学的选取能够反应旅游环境系统特征的预警指标才能够使监测、评价和预测更符合实际情况，才能使计算出来的结果更具指导意义，从而为相关部门制定进一步发展的政策提供科学依据。

2. 整体性原则

旅游环境承载力影响因素复杂多样，既有自然因素也有经济、社会因素，因此在构建旅游环境承载力预警指标体系时要遵循整体性原则。指标体系中每个指标都是其重要的一部分，要树立系统性、整体性观念，准确把握每一个指标在整体中的地位和作用。

3. 可测性原则

选取旅游环境承载力预警指标时不仅要考虑完备性，还要考虑可测性。有些指标虽然可以反映旅游环境系统特征，但是难以测量，因此无法参与预警系统指标的构建。构建的旅游环境承载力预警指标体系一定要具有可测性，只有具有可测性的指标才易于把握，才能使预警系统更便于捕捉信息，使结果更具现实指导意义。因此可以量化的指标要尽可能的量化，不可量化的指标可用较具体的、可操作性强的语言加以定性描述。

4. 代表性原则

旅游系统涉及自然、经济、社会等方面，因此影响旅游环境承载力预警系统的指标也错综复杂，这些指标之间既有联系又有差异，若把所有相关的指标都列入其中，不仅会使构建的指标体系缺乏层次感，还有可能使预警结果偏离实际过多，给予错误引导。因此要有选择的取舍，选取具有代表性的指标。

5. 因地制宜原则

不同的旅游目的地所处的自然环境、经济发展水平、社会文化背景不同，因此面临的问题也就不尽相同，这就要求在选择旅游环境承载力预警指标时除了要考虑一般常选指标，还要结合景区实际情况将指标进行筛选，选取能够切实反映景区旅游环境系统特征的指标，因地制宜，使指标更具科学性，结果更具指导性。

（二）指标影响因素

影响旅游环境承载力的因素很多，包括自然环境因素，如自然资源、生态环境；经济环境因素，如经济发展水平、投资力度、基础设施、旅游服务设施、劳动力等；社会文化环境因素，如管理水平、文化传统、风俗习惯、政策法规、居民态度、旅游活动类型、旅游者特征等，这些影响因素错综复杂，也增加了旅游环境承载力研究的难度。

1. 自然环境因素

旅游地水资源、土地资源、动植物资源等自然资源的多寡、组合状况直接影响旅游资源的开发程度及旅游地的自我修复能力。若一个地区拥有丰富的土地资源，则用于开发旅游的设施建设用地就充足，能够支撑旅游地规模的扩大；若水资源充足，不仅可以为开发旅游提供水资源需求，也可以美化旅游地环境；若动植物种类多样，一方面丰富了旅游资源；另一方面又维持了生态系统的稳定，有利于提高旅游地的自我修复能力。总之，自然资源的禀赋直接影响旅游地的开发能力、发展潜力和承载能力。

生态环境对于一个旅游地的开发、治理、承载能力至关重要。生态环境要素主要包括气候、水文、土壤、植被、地质地貌等。旅游是一种享受性需求，人们往往会选择去气候适宜的地方旅游，气候潮湿、炎热的地方往往不受人青睐，除非有特别珍奇的旅游看点。四季分明的地方，同一个旅游地在不同的季节也会有明显的游客量之差，如沙漠旅游景区，每年的 7 月、8 月是其旅游旺季，"十一"过后罕有游人，从 11 月份到来年的 3 月，景区几乎不营业。由于沙漠主要分布在西北地区，其气候季节变化明显，冬季寒冷，游客稀少，夏季凉爽，游客众多。水文因素对旅游的影响主要表现在旅游项目上。如冬季沙湖的水上项目为滑冰、冰圈、冰上自行车等娱乐活动，夏季则为游艇、划船等娱乐项目。土壤、植被本身就是开展旅游不可缺少的一部分。地质地貌不仅可以丰富旅游资源，还可以影响旅游环境。若是自然形成的地貌，如山脉、峡谷等，可以开发旅游；若是旅游地处地貌类型比较复杂或地质比较脆弱的地方，则直接影响旅游地的开发，影响旅游环境承载力。

2. 经济环境

经济条件是旅游业发展的基础和根本保障。一个地区越发达，其对旅游业的支持力度就越高，对旅游业投入的人力、物力、财力也就越多，旅游系统也就越完善，应对各种风险的能力也就越强，自我修复、自我调整的能力也会增大，从而使旅游环境承载力增强，进而刺激旅游业的发展。相反，若一个地区经济不发达，当地居民基本需求难以满足，就没有能力投资旅游业。基础设施和旅游服务设施是发展旅游业必不可少的前提。基础设施包括交通、供水、供电、供暖等公共设施，旅游服务设施包括住宿、餐饮、娱乐、购物、景区内交通等服务设施，基础设施和旅游服务设施的完善与否，直接关系到景区的可进入性、服务质量、游客的满意度、游客量的多少以及活动规模等。例如交通，若旅游地公路、铁路、航空等各种交通设施都很完善，游客的选择较多，能够满足游客外出旅游选择交通工具的偏好，则旅游地的交通承载力就会增强。再如景区的娱乐设施，若是娱乐设施齐全，能够满足游客的需要，不仅可以提高游客满意度，还可以减轻旅游设施的承载压力。

3. 社会文化环境

政策法规对一个地区旅游业的影响不可忽视。一个地区若是采取优惠政策鼓励旅游业的发展，并给予法律法规的保障，使旅游业各部门运行有条不紊，那么优越的软环境就会吸引更多的旅游者。政策法规的实施效果可以通过旅游地的管理水平来体现，旅游地的管理水平对旅游地的可持续发展起着举足轻重的作用。若旅游地管理科学，不仅使各个部门工作有序，减少景区负面问题的出现，还可以在遇到紧急情况时能采取措施及时补救，降低景区损失，扩大旅游环境承载力。例如，在同等条件下，一个景区出现了环境污染问题，而另一个景区由于管理科学从而避免了此不良现象的发生，这就表明管理合理与否直接影响景区的环境承载力。

文化传统、风俗习惯的不同往往会吸引更多的旅游者，因为旅游者往往存在追新求异的心理，渴望去与居住地环境不同、民俗不同的地方。当地居民对旅游的态度会随着旅游者的增加而发生变化，起初旅游者的到来会给当地居民带来经济收益，这时居民持欢迎态度，但是旅游者的增加也会带来负面影响，如冲击当地人们的文化习俗，破坏当地的环境，出现交通拥堵、造成资源紧张等问题，这时当地居民对旅游者的态度便会由欢迎转变为排斥，当地居民的态度发生变化时，会直接影响游客的满意度，降低客流量。

旅游者特征与旅游活动类型也会影响旅游环境的承载力。旅游者特征包括旅游者的年龄、性别、职业、收入、组织形式、逗留时间、消费水平、交通方式的选择等，这些因素会影响旅游地的自然环境、经济环境及旅游者与当地居民互动的规模和频率。旅游活动类型不同，旅游者对空间要求即拥挤度的感受也不同，例如，沙漠中的篝火晚会，沙漠足球等活动，若是游客稀少，则没有那种热烈的氛围；博物馆参观、园林观赏等活动，若是游客太多，就达不到游览赏玩的目的。

（三）指标构建及解释

通过以上对指标影响因素的分析，承载力指标体系也从自然环境承载力、经济环境承载力和社会环境承载力三个方面来构建，结合景区实际调研情况，并咨询景区管理部门，在专家指导下，筛选构建旅游环境承载力预警测评指标体系（表8-1）。

表8-1　宁夏沙坡头景区旅游环境承载力预警测评指标体系

自然环境承载力	生态环境承载力	垃圾处理能力
	资源空间承载力	娱乐设施承载力

续　表

经济环境承载力	当地经济基础承载力	GDP 总量
		人均 GDP
		第三产业占 GDP 比重
		城市化水平
	旅游经济效益承载力	旅游总收入
		旅游总收入占 GDP 比重
		旅游总收入占第三产业比重
		游客规模
	基础设施承载力	交通设施承载力
		污水处理设施承载力
		供水设施承载力
		供电设施承载力
	旅游服务设施承载力	餐饮设施承载力
		住宿设施承载力
		内部交通设施承载力
		购物设施承载力
社会环境承载力	管理水平承载力	管理者的管理水平对旅游活动的承载力
	当地居民心理承载力	当地居民的心理感知对旅游活动的承载力
	旅游者心理承载力	旅游者的旅游体验对旅游活动的承载力

1. 自然环境承载力

根据以上指标影响因素中的自然环境因素的分析，自然环境承载力包括生态环境承载力和资源空间环境承载力。旅游生态环境承载力主要是指大气、土壤、水、植被等在不受到不可接受的破坏、污染下所能承受的最大旅游规模或旅游活动强度，也包括生态环境对垃圾的承受能力。资源空间承载力是指旅游者在观赏或体验旅游资源时需要占用的时间和空间，而在这一时段内（通常是指一天），旅游资源在空间上所能承受的最大旅游规模或旅游强度。

由于沙坡头为沙漠型景区，而游客对沙漠的感知是雄浑、辽阔、广袤，对沙漠植被覆盖率感知不多。沙坡头景区位于我国西北部，相对东部沿海发达地区，大气污染、水污染现象并不严重。因此，大气、水、植被可不作为选择指标。垃圾处理是任何一个旅游景区都要面对的问题，有人存在的地方就会产生垃圾，更何况客流量较大的旅游景区，因此，垃圾处理能力是一个重要指标。基于沙坡头景区的特点，资源空间承载力主要取决于娱乐设施承载力，因此，将娱乐设施承载力作为体现资源空间承载力的重要指标。

2. 经济环境承载力

经济环境承载力是指旅游目的地所依托的当地的经济基础、旅游经济效益、基础设施及旅游服务设施等所能承受的最大游客规模或旅游强度。当地经济基础好，则其对旅游业的投资就相对较大，经济基础可以通过 GDP 总量、人均 GDP、第三产业占 GDP 比重、城市化水平等指标来体现。旅游经济效益是对当地旅游经济发展水平的直接反应，若旅游经济效益好，则为旅游地进一步的发展提供了资金保障，资金的投入又有利于旅游地旅游设施的完善、服务质量的提高，从而形成良性循环。选取旅游总收入、旅游总收入占 GDP 比重、旅游总收入占第三产业比重、游客规模等指标来反映旅游经济效益。基础设施和旅游服务设施是发展旅游业的基本保障。基础设施是指旅游地所在地区的基础建设，虽然不像旅游服务设施直接作用于旅游者，但它是旅游企业或部门向旅游者提供服务不可缺少的物质基础。由于沙坡头景区冬季时一些餐饮及沙漠酒店不营业，因此不考虑供暖设施。所以基础设施的承载力通过选取交通设施、污水处理设施、供水设施、供电设施等的承载力来反映。此处的交通设施是指景区外部的交通设施，而非景区内部的交通游览设施。旅游服务设施是景区直接对游客服务的也是游客最能感知景区服务质量的凭借物。主要指吃、住、行、购等活动项目所依托的服务设施，因此选取的指标主要包括：餐饮设施承载力、住宿设施承载力、内部交通设施承载力、购物设施承载力等指标。

3. 社会环境承载力

社会环境承载力是指在不降低游客旅游质量及旅游地出现不可接受的负面影响的情况下，当地社会环境所能承受的最大游客规模或游客最大活动强度。社会环境承载力主要通过管理水平承载力、当地居民心理承载力、旅游者心理承载力来体现。

旅游地管理水平承载力是指在旅游地管理者管理能力的限度下旅游地所接受的最大游客规模或游客最大旅游强度。管理者的管理水平对旅游地旅游活动的正常开展及旅游活动规模的大小极其重要，若管理水平较高，将景区各种旅游活动的开展管理得井然有序，游客满意度较高，并在遇到重大危机时能及时采取针对性措施最大限度地降低景区损失、提高游客安全度，那么该景区就拥有较大的管理水平承载力。相反，若管理者水平低下，对景区的卫生环境、旅游服务设施的配置运营、服务人员的服务质量及游客问题的处理等各方面的管理就会陷入混乱，同时也会使景区意外事故的发生率增加，因此就会大大降低旅游活动规模。

当地居民心理承载力是指在不影响旅游地居民正常生活或使其生活质量下降的情况下旅游地所能接纳的最大游客规模或游客最大活动强度。当地居民的心理承载力会随着游客数量的增加而发生变化，若是游客数量较少，且能让当地居民从中受益，居民心理承载力就会较大；若游客数量过多，直接干扰了当地居民的正常生活，冲击了他们的文化传统、风俗习惯，给他们带来众多负面问题，这时当地居民心理承载力降低，会对游客产生厌恶感，从而降低旅游供给、游客服务质量及游客满意度。因此，游客规模要严格限制在当地居民心理所能承受的最大范围内。

旅游者心理承载力是指旅游者在旅游目的地进行旅游活动时，在不降低其旅游质量的前提下旅游地所能承载的最大游客规模或旅游活动强度。不同的旅游活动旅游者的心理承载力是不同的，但无论哪种旅游活动只要超过了旅游者的心理承载力就会降低旅游者对旅游地的旅游需求，转而寻找其他的旅游地，从而降低了旅游地的旅游回头率。

综上所述，做好社会环境承载力的研究，对科学管理旅游地、平衡旅游供给与需求、提高旅游满意度、促进旅游可持续发展有着不可忽视的作用。

（四）指标权重确定

指标权重模块是旅游环境承载力预警研究的重要内容，因此必须选用科学的指标权重确定方法才能使结果更加客观、更加接近实际。为获取比较准确的指标权重，本书先运用美国运筹学家 T. L. Saaty 教授于 20 世纪 70 年代初期提出的 AHP 法对各个指标进行权重确定，然后用信息论中的熵值法对确定结果进行修正，使最终得出的指标权重更加科学。

AHP 是将定性分析与定量分析相结合的一种简便、灵活的决策方法，这种方法将复杂问题的影响因素分成若干有序层次，由相关专家将每一层次元素两两比较的重要程度进行定量描述，然后利用数学方法计算反映每一层次元素的相对重要性次序的权值，通过所有层次之间的总排序计算所有元素的相对权重并进行排序。但当采用专家咨询方式时，由于存在较大的主观性，致使判断标度难以准确把握并丢失部分信息，熵技术可以有效保留原始信息，得出的结果相对较客观，因此本书采用熵技术对 AHP 法所求权重进行修正，使结果更加科学合理。

1. 构造判断矩阵

引入矩阵判断标度（表 8－2），通过两两比较确定同一层次各指标对于上一层次指标的权重。构造判断矩阵：

$$A = (a_{ij})_{m \times m}$$

式中：a_{ij} 表示表 8－2 中的标度法。

表 8－2   **因子相对重要性判断标度**

标　度	含　义
1	表示两个元素相比，有相同的重要性
3	表示两个元素相比，前者比后者稍重要
5	表示两个元素相比，前者比后者明显重要
7	表示两个元素相比，前者比后者绝对重要
9	表示两个元素相比，前者比后者极端重要
2，4，6，8	表示上述相邻判断的中间值
倒数	若元素 i 和元素 j 的重要性之比为 a_{ij}，则元素 j 与元素 i 的重要性之比为 $a_{ji} = 1/a_{ij}$

2. 计算权重及一致性检验

运用特征向量中的和积法对判断矩阵求最大特征值 λ_i 及所对应的特征向量，特征向量归一化后各元素即为权重 w_i，然后进行一致性检验 $CI = (\lambda_{max} - n)/(n-1)$ 并计算检验系数 $CR = CI/RI$，RI 为随机一致性指标，通过查表可以获得。如果 $CI < 0.1$，则通过一致性检验，如果 $CI \geqslant 0.1$，则需要对矩阵 A 进一步修正直至通过一致性检验。

3. 熵技术修正权重向量 w_i

首选对判断矩阵 $R = (r_{ij})_{n \times n}$ 作标准化处理得到 $\bar{R} = (\bar{r}_{ij})_{n \times n}$，$\bar{r}_{ij} = r_{ij}/\sum_{i=1}^{n} r_{ij}$，计算指标 E_j 输出的熵为 $E_j = -\sum_{i=1}^{n} r_{ij} \ln r_{ij}/\ln n$，然后求指标 E_j 的偏差度 $d_j = 10E_j$，确定指标 E_j 的信息权重 $u_j = d_j/\sum_{j=1}^{n} d_j$，最后结合 AHP 法得出的指标权重 w_i 及计算公式 $\lambda_i = u_i w_i/\sum_{j=1}^{n} u_i w_i$ 得出修正后的各指标权重 λ_i。

二 旅游环境承载力分量指标动态测评

旅游业具有典型的季节性。每一个测评指标都不同程度地反映了旅游活动对旅游环境的影响，而每一个指标在不同的旅游季节又会表现出不同的状态，这也体现了旅游系统的动态性。本书从时间序列的角度构建旅游环境承载力动态模型，计算各指标值，并找出旅游环境承载力的限制性因子。

（一）自然环境承载力的动态测评

1. 生态环境承载力的动态测评

沙坡头景区生态环境承载力主要取决于垃圾处理能力。垃圾处理分为人工处理和自然环境的自净，而依据沙坡头景区的自然环境和旅游资源特点，绝大部分垃圾需要人工处理，自然环境对垃圾的自净能力可以忽略不计。据调查，沙坡头景区的垃圾主要呈点状、线状分布（表8-3）。

表8-3　　　　　　　　　　　　景区垃圾分布

垃圾分布特征	垃圾分布位置
点状分布	景区商贸服务中心、休息场地、沙漠酒吧、沙漠饭庄
线状分布	大漠骆驼游线、北区入口至大漠驼场、南区入口至羊皮筏子项目区

通过实地调研，在旅游旺季，沙坡头景区共有68位清洁工，他们各有分工，每一座厕所配一名清洁工，在游览区、游乐场地按片、区分工。景区配有两辆六轮垃圾清运车，共有垃圾箱214个。每个环卫工人日平均清理垃圾114公斤，每位游客每天造成的生活垃圾约为0.4公斤。沙漠型旅游景区具有明显的季节性，为节约景区经营成本，在旅游平、淡季会减少环卫工人人数，一般减为旅游旺季的一半，即34人。垃圾的处理能力取决于景区垃圾的产出量及人工处理的垃圾量。因此，将景区旺季的垃圾处理能力的计算公式设为：

$$A = \frac{Q}{P} \qquad\qquad （公式8-1）$$

式中：A 代表垃圾处理能力，即垃圾处理能力对旅游活动的承载力；

Q 代表景区所有环卫工人的垃圾处理量；P 代表每位游客每日垃圾的产生量。

根据公式计算，沙坡头景区旅游旺季时环卫工人一天可以处理19380位游客产生的垃圾，同样可计算出旅游平、淡季时环卫工人一天可以处理9690位游客产生的垃圾（表8-4）。

表 8 - 4 沙坡头景区垃圾处理能力

旅游季节	参数值	承载力值	备　注
旺季	$Q = 114 \times 68$ $P = 0.4$	19380 人/天	Q、P 均为调研值
淡季	$Q = 114 \times 34$ $P = 0.4$	9690 人/天	

2. 资源空间承载力的动态测评

沙坡头旅游景区在旅游旺季营业时间是 8：00—18：00，共 10 个小时，旅游淡季时营业时间为 8：30—17：30，共 9 个小时。对沙坡头景区空间承载力的测算主要采用面积法和设施法。沙坡头旅游景区总面积 1.3 万余公顷，按人均占有空间 100 平方米，可容纳 1298700 人，因此旅游地游览面积不构成景区承载力的限制因子。景区内的娱乐设施是吸引旅游者前来旅游的重要旅游资源，因此，其娱乐设施承载力可作为景区资源空间承载力。主要娱乐设施包括南区的滑沙、羊皮筏子、黄河飞索，北区的骑骆驼和沙漠冲浪。在计算出各娱乐设施的日资源空间承载力后，用加权求和法计算出总的设施空间承载力旺季为 29471 人次/天或 33071 人次/天，淡季为 8763 人次/天或 9963 人次/天。按照木桶原理旺季取 29471 人次/天，淡季取 8763 人次/天（表 8 - 5）。

表 8 - 5 娱乐设施空间承载力

娱乐设施	瞬时承载力 （人/次）	人均每次 利用时间	旅游旺季承载力 （人次/天）	旅游淡季承载力 （人次/天）
滑沙	旺季 20 淡季 4	48 秒	11250	2250

续　表

娱乐设施	瞬时承载力 （人/次）	人均每次 利用时间	旅游旺季承载力 （人次/天）	旅游淡季承载力 （人次/天）
羊皮筏子	332	25 分钟（每次漂流）	5578	停止运营
黄河飞索	10	5 分钟	2592	2592
大漠骆驼	旺季 384 淡季 162	25 分钟	6451	2721
沙漠冲浪	旺季 180 淡季 60	长线 30 分钟 短线 15 分钟	长线 3600 短线 7200	长线 1200 短线 2400

（1）滑沙空间承载力

滑沙是去沙坡头景区必玩的旅游项目，因旅游旺季和平、淡季旅游人数的不同，滑沙道也会有增减。旅游旺季时滑沙道最多有 22 条，平、淡季时仅有 4—6 道（表 6 - 7）。滑沙道坡长约 180 米，宽约 80 厘米，坡高约 72 米。从坡顶滑到坡底速度快的游客用时 22 秒，速度慢的游客用时 70 秒，一般游客用时约 48 秒。为保证滑沙的质量以及保护滑沙道，每个滑道在使用 3 个小时左右需要清理和重塑，时间约为 5 分钟。因此，构建计算模型：

$$I_1 = \frac{T}{T_0} \times M \qquad\qquad （公式 8 - 2）$$

式中：I_1 代表旅游旺季或平、淡季滑沙承载力；T 代表营业时间，这里旅游旺季取 9 个小时，旅游淡季取 7 个小时；T_0 代表旅游者平均游玩一次需要的时间；M 代表滑沙道数，这里旺季取 20 道，平、淡季取 4 道。

因此滑沙旺季空间承载力为 11250 人次/天，平、淡季空间承载力为 2250 人次/天。

（2）羊皮筏子空间承载力

羊皮筏子是沙坡头景区最具黄河特色的娱乐项目。每只羊皮筏子准许乘坐 4 名游客，共有 83 只羊皮筏子。在旅游平、淡季（11 月至次年 3 月）此项目不运营。在旅游旺季，一般员工 8：30 上班，10 点左右游客逐渐增多，下午 5 点以后几乎没有游客乘坐。漂流距离约为 1.5 公里，漂流一次大约 25 分钟。构建计算模型：

$$I_2 = \frac{T}{T_0} \times N \qquad\qquad （公式 8 - 3）$$

式中：I_2 代表羊皮筏子在旅游旺季的承载力；T 代表营业时间，这里旅游旺季取 7 个小时；T_0 代表旅游者平均游玩一次需要的时间；N 代表羊皮筏子数量，这里取值 83。

因此羊皮筏子在旅游旺季时承载力为 5578 人次/天。

（3）黄河飞索空间承载力

沙坡头黄河飞索是一项极具刺激性的娱乐项目，又称"飞黄腾达"。由于 2015 年和 2014 年索道数是同样的，共 10 道，且营业时间及人均使用时间几近相同，因此直接取李陇堂[1]一文中所得出的最大承载力 2592 人次/天。由于在旅游平、淡季黄河飞索设施并未减少，因此承载力仍是 2592 人次/天。

（4）大漠骆驼空间承载力

2015 年沙坡头景区共有 64 支驼队，每支驼队共有 7 峰骆驼，但是头只骆驼不乘坐游客，有时供牵领驼队的工作人员搭乘。从大漠驼场到动感

---

① 李陇堂、石磊、杨莲莲等：《沙漠型旅游区体验项目承载力研究——以宁夏沙坡头景区为例》，《中国沙漠》2017 年第 5 期。

驼场再到返程驼场，最后再回到大漠驼场，全程约 25 分钟。考虑到骆驼生理需要，一天工作 7 小时是其最大承载力。由于旅游平、淡季，游客较少，因此景区减少驼队至 27 支。构建计算模型：

$$I_3 = \frac{T}{T_0} \times X \qquad （公式 8-4）$$

式中：I_3 代表骆驼在旅游旺季时的承载力；T 代表骆驼日工作时间；T_0 代表骑骆驼往返所需要的时间；X 代表搭载游客的骆驼数量。

因此，大漠骆驼在旅游旺季的承载力为 6451 人次/天，在旅游平、淡季的承载力为 2721 人次/天。

（5）沙漠冲浪空间承载力

景区总共有冲浪车 9 辆，每辆可载 20 人。沙漠冲浪线路有短线和长线之分，短线旅游用时约 15 分钟，而长线旅游会中间停留 10 分钟，共游客下车拍照等自由活动，因此，选择长线旅游的游客体验一次沙漠冲浪需要 30 分钟。沙漠冲浪车司机上班时间为早上 8 点到下午 6 点。在旅游平、淡季时要消减冲浪车数量，一般只留 3 辆。司机上班时间为 9 点到下午 5 点。构建计算模型：

$$I_4 = \frac{T}{T_0} \times P \times Q \qquad （公式 8-5）$$

式中：I_4 代表沙漠冲浪空间承载力；T 代表司机日工作时间；T_0 代表沙漠冲浪车往返所需要的时间；P 代表沙漠冲浪车数量；Q 代表每辆冲浪车的承载人数。

因此，在旅游旺季时，长线的承载力为 3600 人次/天，短线的承载力为 7200 人次/天；在旅游淡季时，长线的承载力为 1200 人次/天，短线的承载力为 2400 人次/天。

（二）经济环境承载力的动态测评

1. 当地经济基础承载力

随着国家西部大开发战略及近两年宁夏内陆开放型经济试验区的确立，再加上宁夏自身的努力，宁夏经济近几年得到快速发展，中卫市作为其所辖市也不例外，GDP 总量持续增长，人均 GDP 不断增加，城市化水平也逐年提高，从事第一产业的人口稍有下降，第三产业得到了重视。经济收入的增加提高了当地人们的生活水平，旅游作为享受型消费需求也不再是少数中卫人的需求。同时，利用丰富的旅游资源大力发展旅游业也有了一定的经济基础，表 8–6 是中卫市 2010—2014 年经济发展相关数据统计。此外，通过实地调查走访，目前当地经济发展水平已不是制约沙坡头景区发展的重要瓶颈。因此，当地经济基础承载力不构成沙坡头景区承载力的限制因子。

表 8–6　　　　　中卫市 2010—2014 年经济发展数据统计

指　标 ＼ 年　份	2010	2011	2012	2013	2014
GDP 总量（亿元）	169.23	213.48	250.41	286.83	296.86
人均 GDP（元）	14327	19624	22763	24719	26291
第三产业占 GDP 比重（%）	36.81	37.65	39.09	39.12	37.81
城市化水平（%）	24.36	31.93	32.9	35.01	37.19

2. 旅游经济效益承载力

旅游经济效益既是发展旅游业所追求的重要目标，也是一个地区旅游业发展的经济保障。如果旅游经济效益高，则会有更多的资金投入旅游产品创新、旅游设施更新、旅游宣传等方面，使当地旅游景区吸引力更强，知名度更高。旅游竞争力的提高又会带来更多的旅游收入，从而形成良性循环，这时，旅游经济效益不是景区发展的制约因子，而是促进因子。若旅游经济效益差，没有资金用来更新旅游设施、创新旅游项目、引进旅游管理人才，使当地旅游业在激烈竞争的旅游市场上不具竞争力，进而导致旅游效益进一步降低，形成恶性循环，这时，旅游经济效益承载力就是景区旅游承载力的限制因子。通过实地调查及相关资料的整理分析，中卫市旅游经济效益较好，旅游总收入近几年持续增加，且在 GDP 中所占的比重逐年增大，在第三产业中的地位不断提高。游客规模的增大也说明中卫市旅游业吸引力强，竞争力大，这也是旅游经济效益好的表现（表 8-7）。

沙坡头景区是中卫市唯一的 5A 级旅游景区，且知名度较大，每年吸引的游客数量几乎占中卫市总游客数量的一半，其旅游收入也拉动了中卫市整体旅游经济的收入，单从沙坡头景区收入来看，近几年经济收入逐年加大，这也说明沙坡头景区经济效益较好，目前不是景区进一步发展的制约因素（图 8-1 和图 8-2）。

表 8-7　中卫市 2010—2014 年接待国内外游客旅游人数和收入统计

年份 指标	2010	2011	2012	2013	2014
旅游总收入（万元）	100100	122000	144100	180800	209600
旅游总收入占 GDP 比重（%）	5.68	5.71	5.8	6.3	7.1
旅游总收入占第三产业比重（%）	14.77	15.18	14.7	16.1	18.7
游客规模（万人次）	165.88	199.03	220.26	297.0	336.84

注：数据来源于《中卫市 2014 年国民经济和社会发展统计公报》。

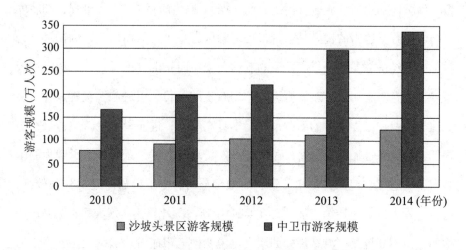

图 8 - 1　2010—2014 年沙坡头景区游客规模与中卫市游客规模

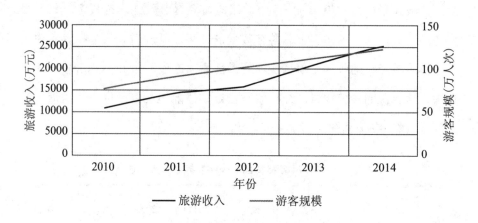

图 8 - 2　2010—2014 年沙坡头景区旅游收入和游客规模

3. 基础设施承载力

（1）供水、供电、污水处理设施承载力

供水、供电、污水处理设施是景区正常运营的基本保障。通过实际调研，沙坡头景区所用的水来源于黄河，因此水源充足。景区所需要的电力来源于中卫市供电公司，而且为保障景区旺季电力充足及供电的安全，中卫市供电公司专门成立了沙坡头景区电力巡逻队。景区的污水主要来源于厕所污水、生活污水及饲养骆驼用水。这些污水通过地下管道统一排放到就近污水处理场处理。因此景区污水处理能力不构成景区环境承载力的限制因子。

（2）外部交通设施承载力

交通设施承载力大小直接影响沙坡头景区的交通通达性。沙坡头景区的外部交通设施主要指中卫市的铁路、公路、民航等。景区距中卫火车站约17公里，距离中卫汽车客运总站21公里，距中卫沙坡头机场约15公里，周边定武高速、中迎高速、京藏高速公路为旅游大巴车、私家车前来中卫提供了交通便利，总体上景区交通通达性较高。在旅游旺季交管部门会加大对区道的疏导，防止道路过度拥挤，交通堵塞。

游客到达景区，可以自驾车，也可以乘坐旅游大巴车、出租车或班车。由于旅游大巴车和私家车对停车场的使用时间较长，因此将其作为内部交通设施承载力进行计算。根据实际调研，从中卫火车站发往沙坡头的班车从早晨7：00直至下午6：30，约30分钟一趟，共有4辆班车，每辆平均可以乘坐30人。出租车随时都有，按平均2分钟一辆计算，每辆出租车乘坐4名游客。由于景区开放时间为早晨8：00到下午6：00，游客约在早晨7点时才开始赶往景区，因此出租车往返景区的有效运营时间选在早晨7：00到下午6：30。在旅游淡季，班车停运，只有出租车，淡季景区开放时间早晨8：30到下午5：30，因此有效运营时间取早晨8：00到下午6：00。构建外部交通设施承载力的计算模型：

$$I_5 = \frac{T}{T_0} \times B \times R \qquad\qquad （公式8-6）$$

式中：I_5代表交通设施承载力；T代表通车时间；T_0代表单程行驶所需要的时间；B代表车辆数；R代表每辆车的承载人数。

因此在旅游旺季，班车的承载力为 2760 人次/天，出租车的承载力为 1380 人次/天，在旅游淡季，出租车的承载力为 1200 人次/天。

由于游客前来旅游选择的交通工具不同，因此必须计算出有效承载力，有效承载力是指承载力与旅游者乘坐某种或某几种交通工具的比例。通过 300 份的有效调查问卷，旅游旺季乘坐旅游大巴车来的游客占 10.25%，自驾车来的游客占 49.79%，乘坐班车到景区的游客占 26.94%，乘坐出租车到景区的游客占 13.02%。因此外部交通设施在旅游旺季的有效承载力应为 10244 人次/天。在旅游淡季，几乎没有旅游大巴车，自驾车来的游客比例约为 72.38%，乘坐出租车来到景区的游客比例为 27.62%，因此旅游淡季时，外部交通设施的有效承载力应该为 4345 人次/天（表 8－8）。

表 8－8　　　　　　　　　　　外部交通设施承载力

旅游季节	交通方式	有效承载时间	外部交通承载力（人次/天）	有效承载力	最小值
旅游旺季	班车（4 辆）	30 分钟/班，11.5 小时	2760	10244	10244
	出租车	2 分钟/辆，11.5 小时	1380	10599	
旅游淡季	班车				4345
	出租车	2 分钟/辆，10 小时	1200	4345	

通过以上分析，在基础设施承载力中，供电、供水及污水处理能力在旅游环境承载力中的影响不大，而外部交通设施承载力与景区旅游环境承载力关系较为密切，是其主要限制性因子之一。

（3）内部交通设施承载力

沙坡头景区的内部交通设施承载力主要指停车场的承载力。沙坡头景区分为南区黄河区和北区大漠区，停车场主要有3处：东门停车场（1个）和北区停车场（2个）。大小停车位共有6000个，其中大车位约200个（表8–9）。根据实地调研及景区管理人员的介绍，旅游旺季团队游客在景区停留时间约为4小时，散客停留时间约为6小时。在旅游淡季，几乎没有团队游客，散客在景区停留时间约为5小时。团队游客一般乘坐旅游大巴车，散客多是自驾车，乘坐火车的散客转乘出租车或班车来景区。旅游大巴车和私家车一般上午9点至10点到景区，下午3至4点离开景区，因此，停车场当日无法周转使用。团体游客所乘坐的旅游车有大型、中型和小型，承载人数不同，根据实际调研情况，这里取约数40人/辆，私家车按4人/辆计算。构建计算模型：

$$I_6 = H \times K \qquad （公式8–7）$$

式中：I_6代表内部交通设施承载力；H代表车位数；K代表每辆车的承载人数。

表8–9 停车场承载力

旅游旺季				旅游淡季			
团队		散客		团队		散客	
大车位	停留时间	小车位	停留时间	大车位	停留时间	小车位	停留时间
200	4小时	6000	6小时	200		6000	5小时
承载标准				承载标准			
旅游大巴车		私家车		旅游大巴车		私家车	
40人/辆		4人/辆		40人/辆		4人/辆	
承载力（人/天）				承载力（人/天）			

旅游旺季		旅游淡季	
团队	散客	团队	散客
旅游大巴车	私家车	旅游大巴车	私家车
8000	24000		24000
合计	32000	合计	24000
团队游客	散客	团队游客	散客

旅游大巴	私家车	出租车或班车	旅游大巴	私家车	出租车
10.25%	49.79%	39.96%		72.38%	27.62%
总合计	32000/(10.25%+49.79%)=53298		总合计	24000/72.38%=33158	

因此，计算得出停车场的旺季承载力为 32000 人/天，淡季承载力为 24000 人/天。根据问卷调查得出的各种乘车方式的比例，最终有效承载力为旺季 53298 人次/天，淡季 33158 人次/天，因此停车场能够满足游客需要，不构成景区环境承载力的限制因子。

（4）旅游服务设施承载力

① 餐饮设施承载力

旅游者在沙坡头景区的餐饮方式主要有三种：自带食品、景区内就餐、景区外就餐。通过 300 份有效调查问卷，这三种就餐方式在旅游旺季比例为：自带食品 54.21%、景区内就餐 30.23%，景区外就餐 15.56%。在旅游淡季景区餐饮接待处绝大部分停止营业，只有入口处有卖简单食品的，如方便面、面包等。因此淡季游客大都自带食品。景区内的主要就餐处有沙漠饭庄、沙漠酒吧、民族餐厅，另有 6 处景区商贸服务区，约有 1800 个就餐位。通过调研，景区商贸服务区大都是简单的餐饮，如凉皮、凉面等；沙漠饭庄、沙漠酒吧、民族餐厅会有炒菜，游客需要等待。因此，游客平均就餐时间约为 40 分钟。游客吃饭时间多集中在 11：00—14：00，即 3 个小时。构建计算模型：

$$I_7 = \frac{T}{T_0} \times E \div F \qquad （公式 8-8）$$

式中：I_7 代表餐饮设施承载力；T 代表就餐时间；T_0 代表就餐所用时间；E 代表餐位数；F 代表选择此种就餐方式的比例。

因此在旅游旺季景区内的餐饮设施承载力为 21176 人次/天。

② 住宿设施承载力

游客来沙坡头景区旅游主要有三种住宿方式：景区内住宿、景区外住宿、当日返回。通过问卷调查，旅游旺季这三种方式所占的比例分别为 0.42%、17.27%、82.31%。景区内住宿设施主要是北区沙漠区的沙漠酒店及租赁帐篷。沙漠酒店分 A、B 两区，共 26 间房，52 个床位，分沙景房、天景房、沐浴星空房和商务套房。不同的房间类型价格不同，1544 元起价，最高 2584 元。昂贵的价格导致住宿游客比较少，据调查，即使是错过黄金周，价格变动也不大。景区有 60 顶帐篷，按每顶帐篷 2 人计算，景区内住宿设施承载力为 40952 人/天。旅游淡季，沙漠酒店不营业。

中卫市有 13 家星级酒店，其中 3 家四星级，8 家三星级，2 家二星级。2013 年五一期间，中卫市星级酒店客房平均出租率 82%，十一黄金周中卫市星级酒店客房平均出租率 92%。2014 年，十一黄金周全市星级宾馆（酒店）平均入住率达 90% 以上。在五一、十一旅游旺季鼎盛期间星级酒店客房虽有达到饱和的趋势，但仍能满足需要，再加上未评定星级的酒店，在整个旅游旺季中完全能满足游客需求。

③ 购物设施承载力

沙坡头景区的购物店主要销售纪念品、沙漠旅游防护用品、沙漠游玩工具，如玩具骆驼、羊皮筏子、纱巾、披肩，还有滑沙板、小铲子、小桶等儿童沙漠游玩玩具。根据实际调研，主要的购物店有 9 家，分布在黄河区东门口、北门口，沙漠区南门口及景区内部，由于游客对先进入大漠区还是黄河区的选择具有随机性，因此不会全部聚集于某一个入口处的购物店，且每个购物店的物品、价格几乎相同，游客也不会聚集于同一家购物店，再加上购买的商品不具有太大的挑选性，所以游客购物时间比较短，笔者调查时向店主问询"会不会出现供不应求的情况"，回答是"没有"，解释道"卖的都是些小东西，会根据往常的日销售量储备，在高峰期的时候会比平常摆放的量多，再说并不是所有的游客都会购物，所以根本就不会出现缺货的问题"。因此，购物设施承载力不构成景区环境承载力的限制因子。

(三) 社会环境承载力的动态测评

1. 管理者管理水平承载力

沙坡头景区管理者的管理水平在景区的旅游环境承载力中发挥着重要的作用。一般管理者的管理数量标准采用社会调查法或专家咨询法。李艳娜、张国智（2000）系统地阐述了管理者的管理水平，即一名正式管理者对应 100 名旅游者，一名临时管理者对应 50 名旅游者。国内其他学者也有类似的观点。

根据实际调研，沙坡头景区有正式员工 312 人，临时（季节性）员工 133 人。在旅游淡季，由于游客人数较少，一些旅游项目及服务设施暂停营业，因此不需要临时员工，正式员工也有削减，只有旅游旺季时，为保证景区高效运转、保证管理质量、保证游客需要，景区会增加一些临时员工。因此在旅游旺季，景区管理者的管理水平承载力约为37850人/天，在旅游淡季时，景区管理者的管理水平承载力为5000人/天。因此管理者的管理水平在旅游高峰期有可能构成景区旅游环境承载力的限制因子。

2. 当地居民心理承载力

通过发放问卷的形式调查当地居民对发展旅游业的态度。居民态度与景区的距离、居民旅游收入、旅游者数量等有很大关系，若居住地离旅游区距离很远，那么居民的心理承载力就会很大，若是离得很近，则要考虑其他因素对居民心理承载力的影响，旅游收入可以说是最能影响居民心理承载力的因素，若居民可以从中获益且较大，往往会持支持态度，但是旅游者人数过多也会影响到居民的正常生活。因此，问卷的设计也主要从这几方面进行。问卷发放地点选在中卫市火车站附近、市中心、景区附近。共300份，收回有效问卷277份，问卷回收率92.33%。

通过问卷调查，对于旅游者人数的调查，有91.05%的居民认为"旅游者人数应该有一定数量，但不宜过多"，只有5.52%和3.43%的居民认为"旅游者越多越好"和"旅游者越少越好"。当被问及"目前旅游者的人数是否影响到您的正常生活"时，85.46%的居民选择"没有影响"或"影响不大"，只有14.54%的居民认为"严重影响"了他们的生活。就居民对发展旅游业的态度而言，约有89.87%的居民"非常支持"或"比较支持"旅游业的发展，因为旅游业的发展增加了当地的经济收入，并提高了就业率，使原本失业的一些居民通过旅游业的发展做起了小本生意，只有10.13%的居民"不支持"旅游业的发展，给出的理由是旅游业造成交通拥堵、物价上涨等问题。

从问卷调查及相关统计分析来看，绝大部分居民支持旅游业的发展，对旅游者持支持态度，并能从中获益。从社会交换理论来看，若居民能从中获益，便会对旅游业表现出积极地影响感知，心理承载力就会较大，因此，目前当地居民的心理承载力不是景区旅游环境承载力的限制因子。

3. 旅游者心理承载力

国外学者 Kreg Lindberg，Stephen McCool 和 George Stankey[1] 认为，旅游者的心理承载力约为资源空间承载力的 2/3，国内学者翁钢民（2007）[2]通过实际调研验证了其 2/3 原则。因此根据 2/3 原则，沙坡头景区旺季的旅游者心理承载力约为 19745 人次/天，淡季的旅游者心理承载力约为 5871 人次/天。所以旅游者心理承载力有可能成为景区旅游环境承载力的限制因子。

三　旅游环境承载力的综合测算

为反映旅游环境承载力预警指标对旅游环境承载力预警值的不同贡献度以及反映它们不同的重要性，在实际运算中对每个限制性指标进行综合考虑，通过赋予各个指标不同的权重值，对沙坡头景区旅游环境承载力进行综合测算。其测算过程如图 8 - 3 所示。

因此构建旅游环境承载力综合测算模型：

$$TECC = \sum_{i=1}^{n} I_i \times W_i \qquad （公式 8 - 9）$$

式中：$TECC$ 代表在旅游旺季或淡季旅游环境承载力的综合测量值；I_i 代表在旅游旺季或淡季旅游环境承载力某单项指标的测量值；W_i 代表在旅游旺季或淡季旅游环境承载力某单项指标的权重；n 代表指标个数。

根据前文权重的计算模型，在咨询 7 位相关专家的基础上，结合 Yaahp 软件，并用熵技术修正后得出指标体系权重（表 8 - 10）。

---

① Kreg Lindberg, Stephen McCool, George Stankey, "Rethingking Carrying Capacity", *Annals of Tourism Research*, Vol. 24, No. 2, 1997.

② 翁钢民：《旅游环境承载力动态测评及管理研究》，硕士学位论文，天津大学，2007 年。

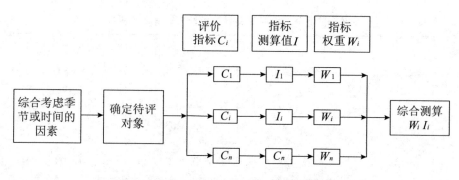

图 8 – 3 旅游环境承载力动态测评模型构建过程

表 8 – 10　　　　　熵技术修正后的旅游环境承载力预警各指标权重

指标层次	指标变量	E	d	u	λ	$W_{修}$（相对于 A）
A – B	B_1	0.8084	0.1960	0.5039	0.4875	0.4875
	B_2	0.8929	0.1071	0.2753	0.4229	0.4229
	B_3	0.9141	0.0859	0.2208	0.0896	0.0896
B_1 – C	C_1	0.9197	0.0803	0.2128	0.0827	0.0403
	C_2	0.7029	0.2971	0.7872	0.9173	0.4472
B_2 – C	C_3	0.7610	0.2390	0.3432	0.0946	0.0400
	C_4	0.5427	0.4573	0.6568	0.9054	0.3829
B_3 – C	C_5	0.7029	0.2971	0.7872	0.9173	0.0822
	C_6	0.9197	0.0803	0.2128	0.0827	0.0074

　　根据求出的指标权重，结合旅游环境承载力综合测算模型最终求出沙坡头景区在旅游旺季综合测算值（表 8 – 11）。由于沙坡头景区旅游淡季人数极少，通过实际调研并结合以上分析、运算，旅游淡季营业设施完全能满足游客需求，因此计算其综合承载力不具有较大的实际指导意义。

表 8 – 11　　　　沙坡头景区旅游旺季旅游环境承载力的综合测算值

指标测算	测算值 I_i	权重 W_i	$W_i \times I_i$
C_{11}	19380	0.0403	781
C_{12}	29471	0.4472	13300
C_{21}	10244	0.0400	410
C_{22}	21176	0.3829	8108
C_{31}	37850	0.0822	146
C_{32}	19745	0.0074	3111
合计	旅游旺季综合旅游环境承载力 25856 人次/天		

第二节　沙漠型景区旅游环境承载量动态分析

一　旅游环境承载量现状分析

(一) 沙坡头景区接待游客量年变化

沙坡头景区自 1984 年开发以来，接待的旅游者人数几乎每年都在增加，尤其是 2007 年被评为 5A 级景区以后，游客量增速加快，从 1984 年的 5 万多人次增加到 2015 年的 130 多万，绝对增加 120 多万人次 (图 8 – 4)。

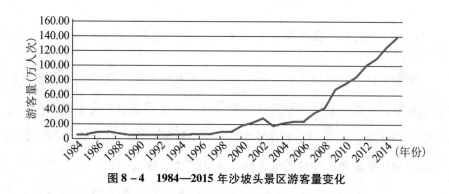

图 8 - 4 1984—2015 年沙坡头景区游客量变化

(二) 沙坡头景区接待游客量季节变化

旅游业具有典型的季节性特征,尤其是以自然景观为主的旅游景区,因此,其游客接待量存在明显的季节分布不均现象,沙坡头旅游景区是典型的沙漠型旅游景区,所处的自然条件及自身的资源特点决定了其具有明显的客流季节性差异,呈现"峰形"波动。每年的 7 月和 8 月是客流量最集中的两个月份,一是因为适宜的气候,二是因为相关单位放暑假使游客有了充足的闲暇时间,到 9 月份,暑假结束,游客量相对减少,但十一国庆节的放假又拉动了整个月份游客量的增长。从 11 月份初至次年的 3 月底是景区的淡季,不收门票,很多娱乐设施和基础服务设施停止营业,因此,客流量大大减少(图 8 - 5)。

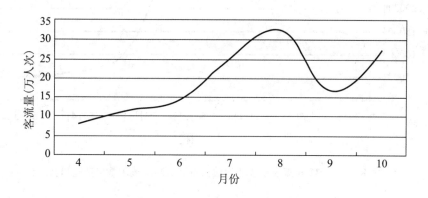

图 8 - 5 2015 年沙坡头景区旅游旺季各月份旅游环境承载量变化趋势

（三）沙坡头景区接待游客量五一、十一期间变化

国家法定节假日颁布后，每年的五一小长假、十一黄金周，各景区游客量剧增，沙坡头景区也不例外，尤其是近几年其旅游环境承载量在黄金周呈现"井喷"式上升。以 2015 年五一小长假、十一黄金周为例，据实际调研和相关报道，沙坡头景区游客量呈现"单峰"分布。

五一劳动节放假三天，5 月 1 日至 3 日共接待游客 8.28 万人次。4 月 29 日人数开始增加，在 5 月 2 日，游客量达到历史高峰 4.3 万人次，也是首次超往年十一最高峰，5 月 3 日至 5 日游客量回落（图 8 - 6）。在十一黄金周期间，10 月 1 日，游客开始大量增加，10 月 3 日达到黄金周期间最大值 4.04 万人次，随着假期逐渐结束，游客人数也在下滑，10 月 7 日已降到万人以下（图 8 - 7）。

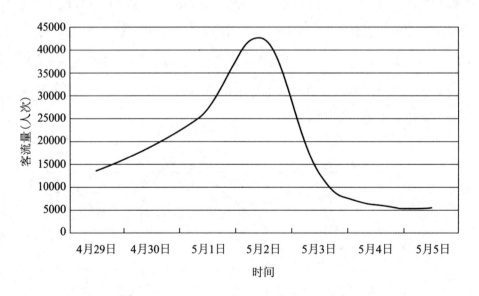

图 8 - 6　2015 年五一小长假沙坡头景区旅游环境承载量变化趋势

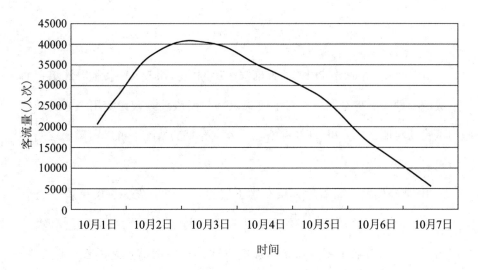

图 8 - 7　2015 年十一黄金周沙坡头景区旅游环境承载量变化趋势

二　旅游环境承载量预测分析

旅游环境承载量的预测方法有很多，可以概括为两大类：定性预测和定量预测。定性预测主要是靠专家基于评价和估计做出主观判断，判断的结果与专家的经验有很大关系。定量预测可以消除主观因素，使预测结果更加客观，常见的定量预测方法有移动平均法、指数平滑法、回归分析法、灰色预测法、人工神经网络预测法等。

人工神经网络模拟人的大脑活动，在结构上是并行的，对同一层处理单元并行处理。在神经网络中，知识的存储采取分布式方式，且具有较强的容错性，局部神经元损伤后不会影响全局的活动。神经网络的自适应能力特别强，可以通过学习获取各种能力，通过反复的训练直至网络稳定达到要求。除此之外，神经网络还可以通过已有的知识识别新的信息，具有综合推理能力。因此，本书选择人工神经网络预测方法。

（一）BP 神经网络原理及基本步骤

BP 神经网络是最常用的一种前馈多层网络与误差反向传播算法结合而形成的一种人工神经网络，对于模式识别、模拟预测较为实用。通过理论与试验的验证，3 层 BP 神经网络在隐节点充足的情况下可以实现任意的连续映射。

BP 神经网络通常有输入层、输出层和隐含层组成，每层由若干个节点，每一个节点表示一个神经元，上层节点与下层节点之间通过权连接，层与层之间的节点采用全互联的连接方式，每层内节点之间没有联系[1]。其学习分为两个过程：信息正向传播过程和误差反向传播过程。将外部信号输入到输入层，经隐含层处理向前传播到输出层，最后输出结果。若所得结果没有达到期望值，则进入反向传播过程，将实际值与网络输出值之间的误差沿原路返回，通过修改连接权重，以减小误差，然后再正向传播，经过反复迭代，直至误差达到设定范围。

（二）BP 神经网络算法的基本步骤

（1）初始化：设定结构合理的网络，将权值和阈值设置成均匀分布的较小数值，且设置期望误差 ε。

（2）将提供的训练样本输入网络，计算隐含层和输出层的输出。

隐含层的输出为：$h_j = f(\beta_j) = f\left[\sum_{i=0}^{n} V_{ij}x_i - \phi_j\right]$；

输出层的输出为：$y_k = f(\alpha_k) = f\left[\sum_{i=0}^{L} W_{jk}h_i - \theta_k\right]$；

---

① 王萍：《基于人工神经网络的旅游需求预测理论与实证研究》，硕士学位论文，西北师范大学，2004 年。

式中：输入单元 i 到隐含单元 j 的权重是 V_{ij}，而隐含单元 j 到输出单元 k 的权重是 W_{jk}；激活函数 $f(\beta_j)$ 采用 $logsig$ 函数，$f(\alpha_k)$ 采用 $purelin$ 函数。

（3）计算均方误差：$E = \dfrac{1}{p}\sum\limits_{p=1}^{p} E_p = \dfrac{1}{2p}\sum\limits_{p=1}^{p}\sum\limits_{k=1}^{m}(yk-h_j)$，如果误差满足认设定的精度 ε，则训练结束，以当前的网络参数作为下一步预测的参数；若不满足精度，则根据误差调整权值和阈值。

（4）权值和阈值调整 $\Delta w(t+1) = -\eta\dfrac{\partial E_p}{w\partial} = \alpha\Delta w(t)$

式中：w 代表权值或阈值，t 为迭代次数，η 为学习速率，α 为惯量因子或动量因子。

（5）当权值或阈值调整好后，转向第（2）步继续运行训练直至得到的误差满足提前设置的精度 ε。

整个 BP 神经网络算法的基本步骤可以用图 8-8 来表示。

（三）旅游环境承载量神经网络预测模型构建

BP 神经网络预测模型构建过程主要包括三部分：BP 神经网络的设计；BP 神经网络样本预处理与训练；利用训练好的 BP 神经网络进行预测。其构建模型流程如图 8-9。

1. BP 神经网络设计

网络设计的好坏直接影响预测效果，在进行网络设计时，本书主要考虑网络的层数，每层神经元的个数、初始值的选择、学习速率、期望误差。一般认为，隐含层数越多网络运算越复杂，使网络的训练时间延长，但通过隐含层节点数量的改变可以减小误差，使训练结果更易实现。结合沙坡头旅游景区旅游人数的实际情况，本书设计三层 BP 神经网络模型：一个输入层、一个隐含层、一个输出层。

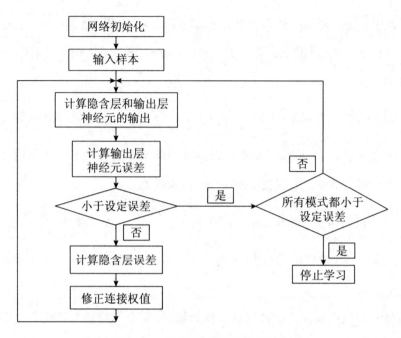

图 8 - 8　BP 神经网络学习算法流程

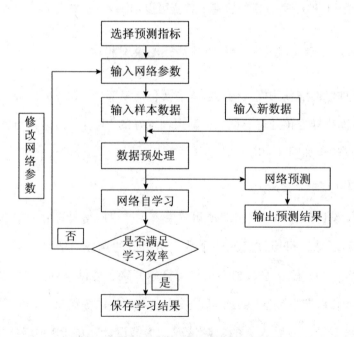

图 8 - 9　BP 神经网络预测模型构建流程

在 BP 神经网络中，输入层、输出层的节点数一般与输入层、输出层的神经元数相同。由于本书中输入的变量为旅游人数，为了得到最高的模拟精度，确定神经元数为 3，也就是将连续 3 年的"五一"或"十一"或年旅游人数值作为变量输入到输入层中。隐含层节点数量的确定相对较为复杂，太多的隐单元会导致学习时间延长，但未必会减小的误差。根据经验公式 $m' \sqrt{n + m + a}$（n 为输入层神经元数，m 为输出层神经元数，a 为 1—10 之间的常数），在多次试验的情况下，最终确定隐含层节点数为 10，输出层神经元数为 1。

关于网络函数的确定，传递函数的第一层选用 tansig 函数以使较快得到收敛，由于输出值是在（0—1）的范围，因此第二层（输出层）传递函数选用 logsig 函数，训练函数采用 traingdm 函数，学习函数设为 learngd，性能函数设为 mse，仿真网络函数采用 simuff 函数。学习速率和期望误差在多次上机模拟的比较下最终分别确定为 $lr = 0.01$，$Err = 0.0001$。

2. BP 神经网络数据输入与训练

（1）样本数据预处理

样本数据输入之前，需要对神经网络输入和输出数据进行预处理以使数据为同一个数量级。在 Matlab 软件中有三种数据预处理方法：数据归一化处理、数据标准化处理、数据主成分分析。本书采用数据归一化处理，然后将处理后的数据作为样本在 Matlab 软件中按照设计好的网络进行训练。

（2）样本训练

BP 网络的训练就是通过用误差反传原理调整网络权值，使网络模型输出值与已知的输出值之间的误差平方和达到最小或小于某值。一般的做法是：将收集的样本随机地分为训练集、测试集两部分。现将沙坡头景区 2006—2015 年的五一小长假间的旅游人数、十一国庆节期间的旅游人数和年旅游人数分别进行分组，以 2006—2008 年、2007—2009 年……2012—

2014 年的数据作为网络输入数据，以 2009 年、2010 年……2015 年各年的"五一""十一"及年总人数作为理想输出，使其构成样本训练集，然后采用批变模式对其进行训练，设定训练精度为 0.0001，随着训练次数的增加，误差越来越小，当训练集与测试集的误差曲线基本吻合达到期望误差时，训练次数为 4300。这时保存训练结果，并将其作为未来 5 年旅游人数预测的网络模型。

3. BP 神经网络预测

输入 2013—2015 年的实际数据，可以得到 2016 年的预测数据，然后将 2016 年的数据作为实际值，输入 2014—2016 年的数据，可以得到 2017 年的数据，以此类推，可以得到 2016—2020 年的"五一""十一"、年总旅游人数预测值（表 8 - 12）。

表 8 - 12　　　　2016—2020 年总旅游人数预测值（万人次）

年　份	2016	2017	2018	2019	2020
"五一"旅游人数	8.9	8.8	9.1	9.6	10.1
"十一"旅游人数	18.4	18.9	19.3	19.8	20.2
年总旅游人数	143	151	163	171	183

从图 8 - 10 和图 8 - 11 可以看出，近十年沙坡头旅游景区无论是"五一""十一"法定节假日还是年总游客人数基本上每年都在增加，虽然增长的速度有所减缓。通过 BP 神经网络未来 5 年预测分析，相对应时间段内游客数量依然递增，但从图 8 - 10 中可以看出，递增的速率较之前有所下降，而图 8 - 11 中，游客增长速度似乎较之前并未有大的减缓，这也说明沙坡头景区在旅游旺季的非节假日期间接待的游客量也在增加。从图 8 - 10 中还可以看出五一期间的游客量几近是十一期间的一半，因此景区可根据当年"五一"游客量预测"十一"游客量，提早做好优质接待游客的准备工作。

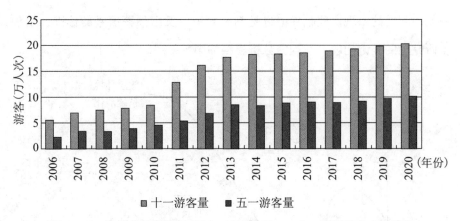

图 8 – 10 沙坡头旅游景区 2006—2020 年五一、十一期间游客人数统计

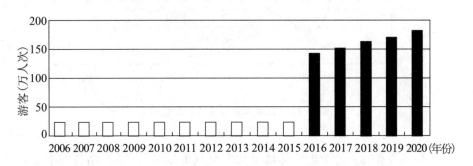

图 8 – 11 沙坡头旅游景区 2006—2020 年游客总数统计

第三节 沙漠型景区旅游环境容量预警分析

一 旅游环境容量警界区间及警度划分

旅游环境系统具有动态演化性，在一定时间内若影响因素不变则会沿着有序方向发展。若旅游环境发生变化但没有超过预定的限度，即临界值，旅游环境系统可以通过自身调节使其恢复良好状态继续沿有序稳定的方向发展。但若是超过临界值，旅游环境系统则会由有序转向无序，导致一系列问题的出现。此临界值也是判断警情、发出预警信号的标准，是预警研究中的关键问题。其预警分析模型如图（8－12）。

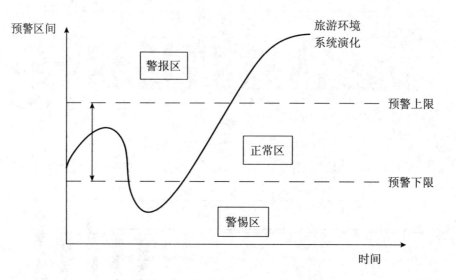

图 8－12　旅游环境系统预警分析模型

本书借鉴前人关于旅游环境承载率级别的划分①②③④，结合本书实际情况，最终将沙坡头景区旅游环境承载率划分为弱载（＜0.8）、适载（0.8—1.0）、轻度超载（1.0—1.2）、中度超载（1.2—1.5）、严重超载（＞1.5）五个级别，对应的预警状态分别用黑灯、绿灯、黄灯、橙灯和红灯来警示，此外为加大不同状态间的差异，将弱载设为警惕区，适载设为无警区，轻度超载设为轻警区，中度超载设为中警区，严重超载设为重警区（表8－13）。

① 杨锐：《风景区环境容量初探——建立风景区环境容量概念体系》，《城市规划汇刊》1996年第6期。
② 杨春宇、邱晓敏、李亚斌等：《生态旅游环境承载力预警系统研究》，《人文地理》2006年第5期。
③ 戴丽芳、丁丽英：《基于模糊综合评价的海岛旅游环境承载力预警研究》，《聊城大学学报》2012年第4期。
④ 杨松艳：《海岛旅游环境承载力及其预警研究》，硕士学位论文，中国海洋大学，2012年。

表 8 – 13 沙坡头景区旅游环境承载力分级表

警界区间	<0.8	0.8—1.0	1.0—1.2	1.2—1.5	>1.5
承载状态	弱载	适载	轻度超载	中度超载	严重超载
警示灯	黑灯	绿灯	黄灯	橙灯	红灯
警度	警惕	无警	轻警	中警	重警
区域划分	警惕区	无警区	轻警区	中警区	重警区

二 旅游环境容量现状预警分析

(一) 旅游旺季各月景区承载状态分析

根据沙坡头景区 2015 年旅游旺季各月统计旅游人数，结合旅游环境承载率计算模型：TECR = $TECQ/TECC$，可以求出各月月均旅游环境承载率（图 8 – 13）。结合表 8 – 12，各月旅游环境承载力均处于弱载状态，从图 8 – 13 各月的旅游环境承载率中可以看出，从 4 月份到 8 月份旅游环境承载率都在增长，从最低的 4 月份的 0.10 增长到最高的 8 月份的 0.41，这也说明游客随着气候的转暖不断增加，8 月份是沙坡头最适合的旅游时间，游客人数最多。旅游高峰期过后，游客人数开始回落，9 月份的旅游环境承载率由 8 月份的 0.41 降到 0.22，到 10 月份，由于国庆节的拉动，游客人数相对 9 月份有所增加，旅游环境承载率上升到 0.35。但整个旅游旺季各月旅游环境承载率均低于 0.8，这说明沙坡头景区旅游环境承载力在旅游旺季整体上处于弱载状态。

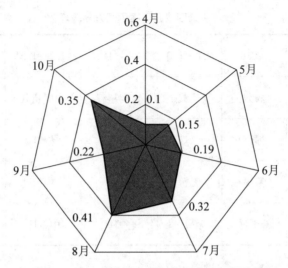

图 8 - 13   2015 年沙坡头景区月均旅游环境承载率

（二）五一、十一景区承载状态分析

五一劳动节法定放假 3 天，即 5 月 1 日至 5 月 3 日，为了更形象地反应五一前后游客人数变化及旅游环境承载率的变化，这里取 4 月 29 日至 5 月 3 日共 7 天的游客人数计算旅游环境承载率。从图 8 - 14 中可以看出，5 月 1 日旅游环境承载率为 1.04，处于轻度超载状态。5 月 2 日旅游环境承载率最高，为 1.66，景区已经处于严重超载状态。5 月 3 日游客人数的大量减少使旅游环境承载率降到 0.46，景区处于弱载状态。从整体上看，五一期间处于超载状态。

分析图 8 - 15，10 月 2 日至 5 日，旅游环境承载率均超过 1.0，处于超载状态，其中 10 月 2 日和 4 日旅游环境承载率分别为 1.47 和 1.31，景区处于中度超载，10 月 3 日旅游环境承载率达到最高，为 1.56，景区处于严重超载中，10 月 5 日的旅游环境承载率有所下降，为 1.04，景区处于轻度超载。10 月 6 日和 7 日，随着假期的结束，游客人数逐渐减少，景区处于弱载状态。从整体上看，沙坡头景区在十一假期期间处于超载状态。

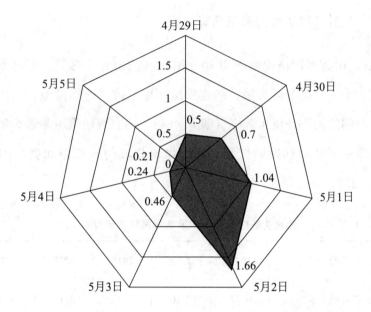

图 8 – 14 2015 年沙坡头景区五一期间各日旅游环境承载率

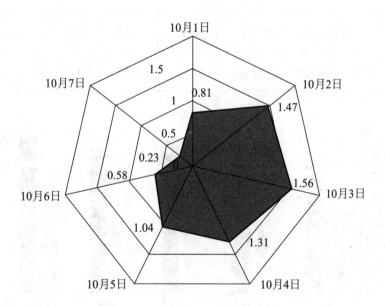

图 8 – 15 2015 年沙坡头景区十一期间各日旅游环境承载率

三 旅游环境承载力未来预警分析

根据 BP 神经网络预测的 2016—2020 年的游客年总量、五一劳动节游客量、十一国庆节游客量，结合旅游环境承载率计算模型，测算出各年相应时间的旅游环境承载率（表 8 - 14）。为直观地表示未来 5 年沙坡头景区旅游环境承载率的变化趋势，做出相应的柱状图和折线图（图 8 - 16、图 8 - 17、图 8 - 18）。

表 8 - 14　　　　沙坡头景区 2016—2020 年旅游环境承载率

年份	2016	2017	2018	2019	2020
年旅游环境承载率	0.15	0.16	0.17	0.18	0.19
旺季旅游环境承载率	0.26	0.28	0.30	0.31	0.34
五一旅游环境承载率	1.15	1.13	1.17	1.24	1.30
十一旅游环境承载率	1.02	1.04	1.07	1.09	1.12

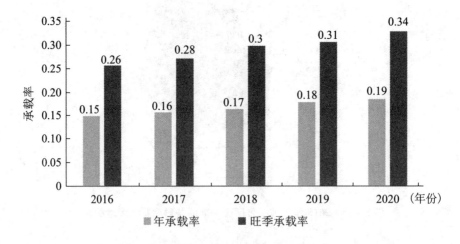

图 8 - 16　2016—2020 年沙坡头景区旅游环境年承载率和旺季承载率

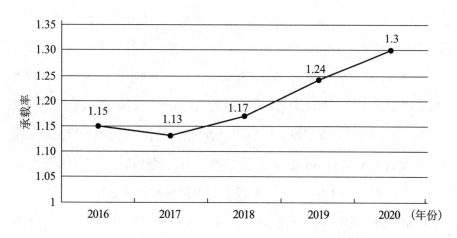

图 8 - 17　2016—2020 年沙坡头景区五一旅游环境承载率

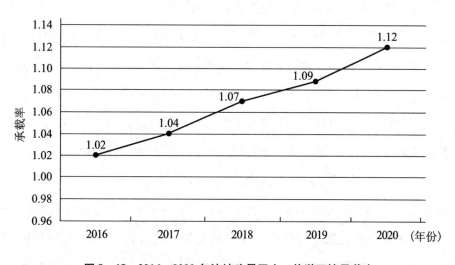

图 8 - 18　2016—2020 年沙坡头景区十一旅游环境承载率

　　由于沙坡头景区旅游旺季是每年的 4 月至 10 月，11 月至次年 3 月为旅游淡季，不收门票，游客较少，而年游客人数既包括旺季的也包括淡季的，为使得出的结果更符合实际情况，这里将年旅游环境承载率分两种情况：按一年时间来计算的旅游环境承载率和按旅游旺季（7 个月）计算的旅游环境承载率。从计算出的结果可以看出无论哪种情况景区均是处于弱载状态，且近 5 年内旅游环境承载率并没有太大的变化。这说明沙坡头景区在总体上仍有较大的接待能力。

从图 8-17 中可以看出 2016—2020 年五一节日期间，旅游环境承载率均在 1.0 以上，说明景区未来 5 年五一期间均处于超载状态。其中前三年，景区五一旅游环境承载率在 1.0—1.2，表明景区已轻度超载。后两年承载率虽未超过 1.5，但已超过 1.2，景区处于中度超载状态。从发展趋势来看，若景区不采取措施，在一定程度上会继续使承载率上升，置景区于严重超载状态中，最终使景区难以可持续发展。图 8-18 表明未来 5 年十一旅游环境承载率虽然低于五一，但也在 1.0—1.2，使景区处于中度超载状态，整体变化趋势逐年增加，且变化幅度比较均匀。

以上三幅图说明，未来 5 年沙坡头景区在旅游旺季的平日里游客人数低于景区旅游环境承载力，景区处于弱载状态，但在五一、十一法定节假日游客人数剧增，超过景区旅游环境承载力，处于超载状态中，甚至有严重超载的趋势。试分析其原因主要有两方面：自然因素和人文因素。从自然因素来讲，我国沙漠主要分布在西北，冬季气候寒冷，寒风凛冽，春季（3—4 月）风速最大，不适合旅游，只有夏季至秋初（5—8 月）适合开展旅游活动。从人文因素考虑，沙漠旅游景区非沙坡头独有，游客可选择的沙漠型旅游目的地较多，因此存在市场竞争。此外，在旅游旺季的平日里，游客没有足够的闲暇时间，因此难以外出旅游。五一、十一是法定节假日，多数单位放假，尤其是十一国庆节七天假期，这为游客提供了外出旅游的时间，特别是处在中国东部、南部等远离中国西北的旅游者。再加上此时沙漠气候比较适宜，因此游客人数较多。从五一、十一节假日的游客量来看，沙坡头景区存在一定的竞争优势。

第四节　沙漠型景区旅游环境承载力预警管理对策

一　完善基础设施和旅游配套设施，提高服务质量

旅游通达性是游客选择旅游目的地的重要考虑因素。根据沙坡头实际调研情况，在基础设施建设中最重要的应该是加强外部交通设施建设。从中卫火车站下车后到达景区还有将近20公里的路程，目前配备的沙坡头旅游班车在旅游旺季节假日中难以满足游客的需求，因此，在旺季高峰期要适当增加车辆数，同时在汽车站也要配备旅游班车。除了旅游班车外，还应增设市里到旅游景区的专线公交，不仅可以满足外来游客的需要，还可以适当缓解交通拥堵的压力，提高游客疏散速度。

加强住宿餐饮业管理，为游客提供便捷、干净、舒适的住宿餐饮环境。大多数游客当日往返，不留宿就欣赏不到沙漠景区的夜景，为此，除在景区沙漠酒店住宿外，还应该在景区周围建设沙漠酒庄、沙漠人家、沙漠小寨等集住宿、餐饮、观光为一体的住宿设施。同时，在住宿方面，既要使游客感受到别具一格的住宿环境，又要使游客感受到家的味道，身在异乡却不为异客。在餐饮方面，除了达到卫生标准，还应丰富食物种类，提供当地特色小吃，让远道而来的游客体验不一样的民族风情。

加强景区内外公共厕所的管理，既要有数量保证，又要有质量保证。在旅游高峰期，可适当增加临时移动公厕，并增加卫生管理人员，及时清理、打扫，为游客提供整洁的如厕环境。厕所内部增设化妆间、育婴室，且配备基本的洗漱用品，从而为游客提供更高的服务质量。

二 成立预警管理组织，提高管理水平

预警管理组织的主要作用是防范危机、解除危机，而其作用发挥水平的高低关键在于组织人员的构成。组织管理人员要具有较高的环境预警观念和必需的技术，同时定期进行培训，并不断进行经验总结，使之在景区无论是处于弱载状态还是超载状态都能够及时做出响应，降低风险，解除危机。

（一）处于弱载状态

当沙坡头景区处于弱载状态时，说明景区旅游资源未被充分利用，部分资源处于闲置状态。为提高旅游资源利用率，最重要的就是市场营销和旅游项目创新。在市场营销方面，景区管理部门可以采取价格优惠的政策，或是团体购票达到一定数量时可以赠几张票，或是采取答题赢门票的活动，根据答题的数量享受不同的优惠。同时，搞好宣传，请专业人员制作专门的沙坡头景区网站，其中的宣传图片要格外精美和具有代表性，此外，让游客可以在网上虚拟景区旅游，通过提前的虚拟体验引起游客实地旅游的兴趣。在旅游项目方面，由于沙坡头景区在冬春季节多大风天气，沙尘暴较严重，但景区可以尝试将沙尘暴开发为新的旅游项目，让游客穿上特制服装亲身体验沙尘滚滚极具刺激的娱乐项目，情侣游客还可以上演"你是风儿，我是沙"的感人场景。

（二）超载状态

景区处于超载状态说明游客量超过了景区本身的环境承载力，必须及时采取调控措施以最大程度降低风险，减少损失。可以从两个方面缓解超载压力：扩张性措施和限制性措施。扩张性措施主要是指通过增加配套设

施、雇用临时员工、创新旅游项目、改变旅游活动方式等以使景区旅游环境承载力得到提高。在旅游高峰期，增加餐饮座位、休息区座位等设施的数量，保证游客对基本设施的需求。雇用临时员工，保证垃圾处理及时、景区环境干净整洁。开发新的旅游项目，如沙漠 CS、婚纱摄影、沙产业等，尤其是沙产业，既充分利用了沙漠中的光能、风能等可再生资源，同时又可作为旅游资源吸引众多游客观光游览，从而获得更大的经济效益。这些旅游项目既不会产生水污染、大气污染，又不会使沙丘形态遭到严重破坏，可实现环境效益和经济效益双丰收。

限制性措施主要从旅游者人数上来考虑。首先是门票，在旅游高峰期可适当提高门票价格，并在网站上公布。若景区严重超载，可只售门票，以免远道而来的游客遗憾而归，但具体娱乐项目的票视其接待游客人数而决定是否继续出售，因为沙坡头游览面积广阔，若只是参观游览一般不会出现超载现象，但具体娱乐项目却有其固定的承载力。其次是引导和分流，在景区内开辟多条游览线路，避免游客过于集中在同一条线路上。同时，引导过热娱乐项目的游客到稍冷的娱乐项目中去，可以通过民族节目表演吸引游客，也可以巡回表演，使感兴趣的游客跟着表演队伍走出人流集中区，从而为某些娱乐项目降温。此外，还可以通过抽号排队的方式进行引导和分流。游客根据自己的号码及当前排队游客的号码约算自己的排队时间，若排队时间过长，可以先去体验其他娱乐项目，这样既不会让游客等得心烦也不会造成某个娱乐项目过热或过冷。

三　构建预警管理信息系统，建立预警反馈机制

随着现代科学技术的发展，智慧旅游逐渐兴起，旅行社、旅游饭店、旅游景区等相关部门的旅游信息管理系统在节约人力、提高效率、增强服务功能方面发挥着重要作用。沙漠型旅游景区生态环境脆弱，对旅游环境

承载力进行预警分析和预测不仅需要大量的人力、物力、财力，更需要运用地理信息技术、遥感技术、现代多媒体技术等构建预警管理信息系统，以降低成本、提高运行效率和预警精度。

建立的预警管理信息系统既要有多功能性，又要满足不同利益相关者的需求，同时还要具有规范性。所谓功能性是指所建立的系统要具有数据处理功能、信息共享功能、预警调控功能。数据处理功能能将基本数据通过键盘、扫描、转换格式等各种方式输入系统，并对数据的属性、数值、单位等进行处理，同时还要具有增加、减少、修改等满足预警系统动态性变化的数据处理功能。信息共享功能是指通过文字、图片、音频、视频等不同方式将旅行社、旅游景区、旅游交通、旅游饭店等各个部门的信息发布出来，供游客查询。预警调控功能是指能够根据预警评价和预测的结果，通过预警反馈系统向景区管理部门发出警告，使之及时对超载或弱载等现象采取针对性的调控措施。

该系统要能够满足旅游者查询旅游资源、旅游线路、旅游交通、旅游产品，了解景区社会、经济、自然环境警情的功能，从而为其选择旅游目的地提供参考；要满足景区管理部门的需求，为更好地执行管理职责，要能够通过系统了解景区状态、旅行社数量和等级、旅游饭店的数量和分布等，同时为旅游者提供信息咨询、投诉、权益维护等方面的服务；要满足当地居民了解本地旅游业发展状况、利益分配情况、参与积极性等方面的需求，评价居民心理承载力；还要满足旅游企业的需求，通过该系统可以积极宣传企业的经营理念、企业文化，大力向游客推销自己。

四 倡导文明旅游，增强环保意识

旅游是典型的环境依托型产业，保护环境不仅靠当地居民、管理者，更需要游客提高环保意识。游客来到景区不可避免地会对环境产生影响，而沙漠型景区生态环境更加脆弱，因此必须倡导文明旅游，增强环保意识，以促进景区可持续发展。

当地居民要做保护环境的典范，以身作则。景区管理者必须高度重视资源环境保护，充分利用现代科学技术，将保护环境的宣传语通过声、光、电等不同形式展示给游客，同时展示破坏环境后的危害，使游客树立环境保护和环境忧患意识。在环境保护区树立保护环境的标牌，视不同游览区给予不同程度的警示语。景区管理部门制定相关的处罚措施，对破坏环境的游客视情节轻重给予警告、罚款等不同程度的处罚。此外，在旅游高峰期，增设垃圾箱，尤其是在游客休息区、游步道等人流量比较集中的地方，为游客保护环境提供硬件设备。选用的垃圾箱既要实用又要美观，不仅不会影响景区的美感，还会成为另一种旅游资源。并且在垃圾箱上写有保护环境的标语，提醒游客时刻不忘保护环境。

主要参考文献

中文文献

倪频融：《达里雅博依绿洲的历史、现状及其演变前景》，《干旱区研究》1993 年第 4 期。

郝晓兰：《论内蒙古旅游精品带动战略的实施》，《内蒙古财经学院学报》2000 年第 4 期。

郑坚强、李森、黄耀丽：《我国沙漠旅游资源及其开发利用的研究》，《商业研究》2002 年第 17 期。

李先锋、石培基、马晟坤：《我国沙漠旅游发展特点及对策》，《地域研究与开发》2007 年第 4 期。

吴必虎：《区域旅游规划原理》，中国旅游出版社 2001 年版。

黄耀丽、魏兴琥、李凡：《我国北方沙漠旅游资源开发问题探讨》，《中国沙漠》2006 年第 5 期。

沙爱霞、陈忠祥：《宁夏沙漠旅游开发研究》，《宁夏大学学报》（自然科学版）2004 年第 1 期。

米文宝、廖力君：《宁夏沙漠旅游的初步研究》，《经济地理》2005 年第 3 期。

潘秋玲：《新疆荒漠旅游的开发前景与导向分析》，《干旱区地理》2000 年第 1 期。

何雨、王玲：《内蒙古沙漠旅游资源及其开发研究》，《干旱区资源与环境》2007 年第 2 期。

刘海洋、吴月、王乃昂：《中国沙漠旅游气候舒适度评价》，《资源科学》2013 年第 4 期。

董瑞杰、董治宝、吴晋峰：《沙漠生态旅游适宜度评价》，《中国沙漠》2014 年第 4 期。

薛晨浩、李陇堂、任婕：《宁夏沙漠旅游适宜度评价》，《中国沙漠》2014 年第 3 期。

尹郑刚：《沙漠旅游主客体系统及景区竞争优势：典型案例研究》，博士学位论文，兰州大学，2011 年。

王鑫、吴晋峰、郭峰：《基于感知形象调查的沙漠旅游行为意向研究》，《中国沙漠》2012 年第 4 期。

刘海洋、王乃昂、叶宜好：《我国沙漠旅游景区客流时空特征与影响因素——以鸣沙山、沙坡头、巴丹吉林为例》，《经济地理》2013 年第 3 期。

杨锐：《风景区环境容量初探——建立风景区环境容量概念体系》，《城市规划汇刊》1996 年第 6 期。

文传浩、杨桂华：《自然保护区生态旅游环境承载力综合评价指标体系初步研究》，《农业环境保护》2002 年第 4 期。

卢松、陆林、徐茗：《古村落旅游地旅游环境容量初探——以世界文化遗产西递古村落为例》，《地理研究》2005 年第 4 期。

王辉、杨兆萍：《新疆天池景区旅游环境容量调控研究》，《干旱区资源与环境》2008 年第 9 期。

唐占辉、马逊风、王雪峦：《长春市净月潭国家森林公园时空旅游承载力研究》，《东北师大学报》（自然科学版）2009 年第 3 期。

梁增贤、董观志：《主题公园游客心理容量及其影响因素研究——来自深圳欢乐谷的实证》，《人文地理》2011 年第 2 期。

李文博、张敏、马守春：《大昭寺景区旅游环境承载力评估指标体系研究》，《中国农学通报》2012 年第 11 期。

董瑞杰、董治宝：《巴丹吉林沙漠景区旅游环境容量》，《中国沙漠》2014 年第 5 期。

胡希军、朱丽东、马永俊：《金华市旅游社会承载力研究》，《经济地理》2005 年第 4 期。

孙睦优：《旅游环境承载力与旅游业可持续发展——以秦皇岛市为例》，《地域研究与开发》2005 年第 2 期。

汪宇明、赵中华：《基于上海案例的大都市旅游容量及承载力研究》，《中国人口·资源与环境》2007 年第 2 期。

杨秀平、翁钢民：《旅游环境可持续承载动态模型的构建》，《云南地理环境研究》2005 年第 4 期。

翁钢民、赵黎明、杨秀平：《基于旅游环境可持续承载的相关对策研究》，《东南大学学报》（哲学社会科学版）2006 年第 2 期。

侯志强：《基于 Poisson 过程分析的景区旅游承载力管理对策研究》，《亚热带资源与环境学报》2006 年第 4 期。

李江天、甘碧群：《基于生态足迹的旅游生态环境承载力计算方法》，《武汉理工大学学报》（信息与管理工程版）2007 年第 2 期。

文波、冉杰：《基于物元分析理论的黔东南旅游环境承载力研究》，《四川烹饪高等专科学校学报》2010 年第 5 期。

翁钢民、赵黎明：《旅游景区环境承载力预警系统研究》，《中国地质大学学报》（社会科学版）2005 年第 4 期。

王辉、林建国：《旅游者生态足迹模型对旅游环境承载力的计算》，《大连海事大学学报》2005 年第 3 期。

翁钢民、赵黎明、杨秀平：《旅游景区环境承载力预警系统研究》，《中国地质大学学报》2005 年第 4 期。

曾琳：《旅游环境承载力预警系统的构建及其分析》，《燕山大学学报》2006 年第 5 期。

王丽：《城市旅游环境承载力预警研究》，硕士学位论文，燕山大学，2011 年。

戴丽芳、丁丽英：《基于模糊综合评价的海岛旅游环境承载力预警研究》，《聊城大学学报》2012 年第 4 期。

赵永峰、焦黎、郑慧：《新疆绿洲旅游环境预警系统浅析》，《干旱区资源与环境》2008 年第 7 期。

吴月、范坤、李陇堂：《阿拉善腾格里风沙地貌地质公园旅游资源及其综合评价》，《中国沙漠》2009 年第 3 期。

尹郑刚：《我国沙漠旅游景区开发的现状和前景》，《干旱区资源与环境》2011 年第 11 期。

段雅婧：《阿拉善盟旅游资源综合评价》，硕士学位论文，内蒙古师范大学，2011 年。

相震：《城市环境复合承载力研究》，博士学位论文，南京理工大学，2006 年。

卢松、陆林、徐茗：《旅游环境容量研究进展》，《地域研究与开发》2005 年第 6 期。

董瑞杰、董治宝：《巴丹吉林沙漠景区旅游环境容量》，《中国沙漠》2014 年第 5 期。

周文丽：《生态旅游资源综合评价指标体系及评价模型研究》，《西北林学院学报》2007 年第 3 期。

宋爱春、孙玉红、刘月华等：《北京地区樱花景观价值综合评价》，《西北林学院学报》2014 年第 1 期。

徐新洲、薛建辉：《基于 AHP - 模糊综合评价的城市湿地公园植物景观美感评价》，《西北林学院学报》2012 年第 2 期。

程道品、林治：《模糊评价法在旅游资源评价中的应用》，《桂林工学院学报》2001 年第 2 期。

罗辉、韩春鲜、杨敏：《天池风景区旅游环境承载力分析》，《干旱区资源与环境》2008 年第 8 期。

董成森：《森林型风景区旅游环境承载力研究——以武陵源风景区为例》，《经济地理》2009 年第 1 期。

李一飞：《地质公园旅游环境容量规划及其实证研究》，硕士学位论文，中国地质大学（北京），2009 年。

韩磊：《喀纳斯自然保护区旅游环境容量评估研究》，硕士学位论文，西安建筑科技大学，2009 年。

林丽花：《林芝地区生态旅游环境容量研究》，硕士学位论文，西藏大学，2009 年。

万金保、朱邦辉：《庐山风景名胜区旅游环境容量分析》，《城市环境与城市生态》2009 年第 4 期。

成甲：《自然保护区旅游环境容量评估技术与应用》，硕士学位论文，北京林业大学，2010 年。

胡伏湘、胡希军、谭骏珊：《崀山风景区旅游环境容量分析与调控策略研究》，《生态经济》（学术版）2010 年第 1 期。

张钦凯、唐铭：《石窟类景观旅游环境容量测算与调控的探讨——以敦煌莫高窟为例》，《兰州大学学报》（自然科学版）2010 年第 S1 期。

宋珂、樊正球、信欣：《长治湿地公园生态旅游环境容量研究》，《复旦学报》（自然科学版）2011 年第 5 期。

孔博、陶和平：《西南贫困山区旅游环境容量测算——以贵州省六盘水市为例》，《中国人口·资源与环境》2011 年第 S1 期。

周国海：《名山旅游区旅游环境容量动态变化规律研究——以张家界森林公园为例》，《资源开发与市场》2011 年第 6 期。

张煌城：《永春百丈岩风景名胜区旅游环境容量评价》，硕士学位论文，福建农林大学，2011 年。

严春艳、张明：《华山风景区旅游环境容量研究》，《陕西农业科学》2013 年第 2 期。

夏圣雪、严欢、张雅玮、王依丽：《长江三角洲古镇旅游环境容量分析——以浙江乌镇西栅景区为例》，《安徽农业科学》2013 年第 10 期。

朱葛：《旅游环境容量研究——以鲅鱼圈海滨温泉度假区为例》，硕士学位论文，辽宁师范大学，2013 年。

张秀明：《临朐县黑松林旅游度假区旅游环境容量及调控措施研究》，硕士学位论文，山东农业大学，2013 年。

张满生、瞿杰：《基于旅游地生命周期理论的天柱山风景区旅游环境容量研究》，《环境与可持续发展》2013 年第 2 期。

杨波、王文：《亚龙湾热带天堂森林公园旅游环境容量研究》，《绿色科技》2014 年第 10 期。

王忠斌、杨小林、张敏、范清梅：《雅鲁藏布大峡谷景区生态旅游环境容量研究》，《林业调查规划》2014 年第 3 期。

孙元敏、张悦、黄海萍：《南澳岛生态旅游环境容量分析》，《生态科学》2015 年第 1 期。

高洁、周传斌:《典型全域旅游城市旅游环境容量测算与承载评价——以延庆县为例》,《生态经济》2015年第7期。

骆超:《新疆和田玉龙湾沙漠旅游景区开发研究》,硕士学位论文,新疆师范大学,2014年。

黄耀丽、魏兴琥、李凡:《我国北方沙漠旅游资源开发问题探讨》,《中国沙漠》2006年第5期。

王佳:《我国沿海地区旅游环境承载力预警研究》,博士学位论文,中国海洋大学,2014年。

杨锐:《风景区环境容量初探　建立风景区环境容量概念体系》,《城市规划汇刊》1996年第6期。

王辉:《沿海城市旅游环境承载力研究——以大连市为例》,博士学位论文,大连海事大学,2006年。

胡炳清:《旅游环境容量计算方法》,《环境科学研究》1995年第8卷第3期。

梁留科、周二黑、王惠玲:《旅游系统预警机制与构建研究》,《地域研究与开发》2006年第3期。

英文文献

Wager, J. Alan, "The Carrying Capacity of Wild Lands for Recreation", *Forest ScienceMonograph*, 1964.

L. Lime, G. H. Stankey, "Carrying Capacity: Maintaining Outdoor Recreation Quality", *Symposium on Northeast China Forest Experimental Station entertainment Seminar*, 1972.

Lawson F, Boyd M, "Tourism and recreation development", London: Architecture press, 1977.

R. Jaakson, *A Spectrum Model of Lake Recreation Development—A Handbook on Evaluating Tourism Resources*, London: Architecture Press, 1977.

Mieczkowski, Zbigniew, *Environmental Issues of Tourism and Recreation*, University Press of America, 1995.

Tony Prato, "Modeling Carrying Capacity for National Parks", *Ecological Economics*, Vol. 39, 2001.

E. Navarro Jurado, M. Tejada Tejada, F. Almeida Garcia, et al., "Carrying Capacity Assessment for Tourist Destinations—Methodology for the Creation of Synthetic Indicators Applied in a Coastal Area", *Tourism Management*, No. 33, 2012.

Steven R. Lawson, Robert E., Manning W. A., et al., "Proactive Monitoring and Adaptive Management of Social Carrying Capacity in Arches National Park: An Application of Computer Simulation Modeling", *Journal of Environmental Management*, Vol. 68, No. 3, 2003.